国家林业和草原局职业教育"十三五"规划教材

植物生长与环境

易官美　主编

中国林业出版社
China Forestry Publishing House

内容简介

本书以职业能力培养为目标,根据园林园艺类专业所对应的岗位群进行职业能力分析,以"知识够用、难度适宜"为原则,并结合学生毕业后必须具备的职业岗位技能选择教学内容。全书共13个单元,内容包括:植物与环境的关系、植物生长的基础——植物细胞和组织、植物根的形态结构与生长、植物茎的形态结构与生长、植物叶的形态结构与生长、植物的开花与结实、植物生长与土壤、植物生长与水分、植物生长与光照、植物生长与温度、植物生长与矿质营养、园艺设施小气候调控和植物群落与生态系统构建。每个单元包括学习目标、课前预习、单元知识点、单元小结、实践教学和思考题等,同时还设置了知识拓展,供有兴趣的学生阅读。

本书为高等职业院校园林技术、园林工程技术、园艺技术等专业通用教材,也可供中等职业院校园林园艺类专业教学参考以及农林职工职业技能培训使用。

图书在版编目(CIP)数据

植物生长与环境 / 易官美主编. —北京:中国林业出版社,2022.8(2024.8 重印)
国家林业和草原局职业教育"十三五"规划教材
ISBN 978-7-5219-1805-2

Ⅰ.①植… Ⅱ.①易… Ⅲ.①植物生长-职业教育-教材 Ⅳ.①Q945.3

中国版本图书馆 CIP 数据核字(2022)第 141154 号

中国林业出版社·教育分社

策划编辑:曾琬淋 田 苗   责任编辑:曾琬淋
电 话:(010)83143630   传 真:(010)83143516

出版发行	中国林业出版社(100009 北京市西城区刘海胡同7号)
电子邮箱	jiaocaipublic@163.com
网　　站	www.cfph.net
印　　刷	北京中科印刷有限公司
版　　次	2022 年 8 月第 1 版
印　　次	2024 年 8 月第 2 次印刷
开　　本	787mm×1092mm　1/16
印　　张	14
字　　数	325 千字　　数字资源　35 千字
定　　价	48.00 元

数字资源

未经许可,不得以任何方式复制或抄袭本书之部分或全部内容。

版权所有　侵权必究

《植物生长与环境》编写人员名单

主　　编　易官美
副 主 编　杨杰峰　付　涛　袁玉虹　雷　俊
编写人员　(按姓名拼音排序)
　　　　　　付　涛(宁波城市职业技术学院)
　　　　　　胡春梅(湖南环境生物职业技术学院)
　　　　　　雷　俊(广西生态工程职业技术学院)
　　　　　　李　文(宁波城市职业技术学院)
　　　　　　李常英(潍坊职业学院)
　　　　　　李金朝(宁波城市职业技术学院)
　　　　　　林　立(宁波城市职业技术学院)
　　　　　　刘　峰(宁波城市职业技术学院)
　　　　　　刘　军(河南林业职业学院)
　　　　　　刘少彦(福建林业职业技术学院)
　　　　　　邱迎君(宁波城市职业技术学院)
　　　　　　杨杰峰(湖北生态工程职业技术学院)
　　　　　　易官美(宁波城市职业技术学院)
　　　　　　于真真(潍坊职业学院)
　　　　　　袁玉虹(福建林业职业技术学院)

前　言

植物生长与环境是农林类专业尤其是园林园艺类专业的一门专业基础课，主要任务是了解园林（园艺）植物生长发育规律及其与环境（光照、温度、水分、土壤、空气和其他生态因子）的相互关系。在掌握植物的基本结构、生长发育条件和环境因子相关知识的基础上，通过调控植物生长环境来调节植物的生长发育进程，为植物繁育栽培、种植施工、养护管理和植物景观设计等后续专业知识的学习奠定理论基础。

根据国家职业教育教学改革的指导意见，我们以植物学、植物生理学、土壤学、肥料学、农业气象学和生态学为基础，以"贴近岗位，能力本位，知识够用"为原则，结合专业课教学内容，将原学科体系进行充分整合，形成新的结构体系，编写了本教材。全书共13个单元，内容包括：植物与环境的关系、植物生长的基础——植物细胞和组织、植物根的形态结构与生长、植物茎的形态结构与生长、植物叶的形态结构与生长、植物的开花与结实、植物生长与土壤、植物生长与水分、植物生长与光照、植物生长与温度、植物生长与矿质营养、园艺设施小气候调控和植物群落与生态系统构建。

本教材具有如下特色：

（1）根据高职学生学习特点和职业要求精简学习内容，把最基础的理论知识与最基本的职业技能要求精准对接。

（2）每个单元的知识点与学习目标和思考题一一对应，便于知识巩固以及各单元知识点的比较、应用，通过知识点的归纳和梳理形成适于本专业学习的课程体系。

（3）本教材配套较为完善的数字资源，包括教学课件、知识拓展、彩图和思考题答案等。

（4）各单元融入了一定形式的课程思政元素。

本教材由易官美负责确定编写大纲、编写思路。各单元具体编写分工如下：单元1由易官美编写；单元2由刘峰、胡春梅编写；单元3、单元5由李文、杨杰峰编写；单元4由易官美、邱迎君编写；单元6由付涛编写；单元7、单元12由刘少彦、李常英、于真真、易官美编写；单元8至单元10由袁玉虹、刘军、易官美、邱迎君、林立编写；单元 11 由雷俊、易官美编写；单元 13 由李金朝编写。刘晓燕、颉蓉等在稿件整理等方面做了大量工作。教材编写的过程中，我们参阅了许多同行、专家的文献资料等，在此一并表示诚挚的谢意！

由于编者水平有限，加上时间仓促，漏误之处在所难免，恳请同行和专家批评指正。

编　者

2022 年 2 月

目 录

前 言

单元1 植物与环境的关系 ··· 001
1.1 植物组成与类别 ··· 001
1.2 植物生长与发育 ··· 002
1.2.1 植物生长、发育概念 ··· 002
1.2.2 植物个体发育周期 ··· 002
1.3 植物环境 ··· 003
1.3.1 环境的概念及主要类型 ··· 003
1.3.2 生态因子的概念及分类 ··· 004
1.4 环境对植物的生态作用 ··· 005
1.4.1 生态因子的作用类型 ··· 005
1.4.2 生态因子的作用特点 ··· 006
1.5 植物对环境的生态适应性和生态反作用 ··· 007
1.5.1 植物对环境的生态适应 ··· 007
1.5.2 植物对环境的改善与保护作用 ··· 009
1.5.3 植物对环境的污染 ··· 010

单元2 植物生长的基础——植物细胞和组织 ··· 013
2.1 植物细胞 ··· 013
2.1.1 植物细胞的形态、结构和功能 ··· 013
2.1.2 主要植物细胞器的分布、类型和功能 ··· 016
2.1.3 植物细胞的繁殖 ··· 018
2.2 植物组织 ··· 020
2.2.1 植物组织的类型、分布与功能 ··· 020
2.2.2 植物组织的发生 ··· 026

2.2.3 植物组织的属性 …… 026

单元3 植物根的形态结构与生长 …… 034

3.1 根的类型与功能 …… 034
3.1.1 根系的类型 …… 034
3.1.2 根的种类 …… 035
3.1.3 根系功能 …… 035

3.2 根系在土壤中的分布 …… 036

3.3 根尖的结构 …… 036

3.4 根的初生生长和初生结构 …… 037
3.4.1 双子叶植物根的初生生长和初生结构 …… 037
3.4.2 单子叶植物根的初生生长和初生结构 …… 039

3.5 根的次生生长和次生结构 …… 039
3.5.1 根的次生生长 …… 039
3.5.2 根的次生结构 …… 040

单元4 植物茎的形态结构与生长 …… 044

4.1 芽的结构、类型及特性 …… 044
4.1.1 芽的结构 …… 044
4.1.2 芽的类型及特性 …… 045

4.2 茎的形态与功能 …… 045
4.2.1 茎的形态 …… 045
4.2.2 茎的功能 …… 046

4.3 茎的结构 …… 047
4.3.1 双子叶植物茎的结构 …… 047
4.3.2 单子叶植物茎的结构 …… 049
4.3.3 裸子植物茎的结构 …… 050

4.4 树木枝干的生长特性 …… 050
4.4.1 枝条的生长规律 …… 050
4.4.2 枝条的生长类型 …… 050
4.4.3 枝条的分枝方式 …… 051
4.4.4 树木的层性与干性 …… 052
4.4.5 树木的冠形 …… 052

  4.4.6　枝系的离心生长与离心秃裸 ································ 053
4.5　茎与植物栽培 ·· 053
  4.5.1　扦插繁殖原理 ·· 053
  4.5.2　嫁接繁殖原理 ·· 053

单元5　植物叶的形态结构与生长 ································ 059

5.1　叶的组成与形态 ·· 059
  5.1.1　叶片 ·· 060
  5.1.2　叶柄 ·· 060
  5.1.3　托叶 ·· 060
5.2　叶片的结构 ·· 060
  5.2.1　双子叶植物叶片的结构 ································ 060
  5.2.2　单子叶植物叶片的结构 ································ 061
  5.2.3　裸子植物叶片的结构 ·································· 062
5.3　叶的生理功能 ·· 063
  5.3.1　光合作用 ·· 063
  5.3.2　蒸腾作用 ·· 063
  5.3.3　吸收作用 ·· 063
  5.3.4　贮藏作用 ·· 063
  5.3.5　特殊作用 ·· 063
5.4　叶的衰老和脱落 ·· 063

单元6　植物的开花与结实 ······································ 066

6.1　植物的开花 ·· 066
  6.1.1　花的组成 ·· 066
  6.1.2　植物的成花诱导与花芽分化 ···························· 068
  6.1.3　花器官的形成与性别分化 ······························ 073
  6.1.4　植物开花与传粉、受精 ································ 074
  6.1.5　花期调控技术 ·· 078
6.2　植物的种子与结实 ·· 081
  6.2.1　种子的形成和结构 ···································· 081
  6.2.2　果实的形成和结构 ···································· 082
  6.2.3　种子的萌发与贮藏 ···································· 084

单元 7　植物生长与土壤 ····· 094

7.1　土壤结构及组成 ····· 094
- 7.1.1　土壤剖面形态 ····· 094
- 7.1.2　土壤组成 ····· 095
- 7.1.3　土壤有机质及其转化 ····· 097

7.2　土壤种类 ····· 099
- 7.2.1　自然土壤类型 ····· 099
- 7.2.2　绿地土壤类型 ····· 100

7.3　土壤化学特性 ····· 102
- 7.3.1　土壤吸附性 ····· 102
- 7.3.2　土壤酸碱性 ····· 104
- 7.3.3　土壤缓冲性 ····· 105
- 7.3.4　土壤肥力 ····· 105

7.4　土壤改良 ····· 107
- 7.4.1　不同类型土壤的优缺点及改良方法 ····· 107
- 7.4.2　园林绿地土壤的改良 ····· 109

单元 8　植物生长与水分 ····· 113

8.1　植物生长的水分来源 ····· 113
- 8.1.1　大气水分 ····· 113
- 8.1.2　土壤水分 ····· 117

8.2　水分的生理作用 ····· 119

8.3　植物的水分代谢 ····· 120
- 8.3.1　植物含水量 ····· 120
- 8.3.2　植物体内水分的存在状态 ····· 120
- 8.3.3　植物的需水规律 ····· 120
- 8.3.4　植物对水分的吸收 ····· 121
- 8.3.5　植物水分的散失 ····· 122

8.4　植物对水分环境的适应 ····· 122

8.5　植物生长的水分调控 ····· 123
- 8.5.1　合理灌溉 ····· 123
- 8.5.2　集水蓄水 ····· 124

| 8.5.3　地面覆盖 …………………………………………………………… 124
| 8.5.4　中耕和镇压 ………………………………………………………… 124

单元 9　植物生长与光照 ……………………………………………………………… 128

9.1　光合作用的意义及影响因素 ………………………………………………… 128
9.1.1　光合作用的意义 …………………………………………………… 128
9.1.2　影响光合作用的因素 ……………………………………………… 129

9.2　光对植物生长发育的影响 …………………………………………………… 131
9.2.1　光谱成分对植物生长发育的影响 ………………………………… 131
9.2.2　光照强度对植物生长发育的影响 ………………………………… 131

9.3　植物对光的适应 ……………………………………………………………… 132

9.4　光环境调控在植物生产中的应用 …………………………………………… 133
9.4.1　花期调控 …………………………………………………………… 133
9.4.2　引种 ………………………………………………………………… 133
9.4.3　育种 ………………………………………………………………… 134
9.4.4　延长植物营养生长期 ……………………………………………… 134
9.4.5　促进休眠与促进生长 ……………………………………………… 134
9.4.6　植物配置 …………………………………………………………… 135

单元 10　植物生长与温度 ……………………………………………………………… 140

10.1　植物与温度的生态关系 ……………………………………………………… 140
10.1.1　植物生长的三基点温度 …………………………………………… 140
10.1.2　植物对温度环境的适应 …………………………………………… 141

10.2　温度对植物生长发育的影响 ………………………………………………… 143
10.2.1　土壤温度对植物生长发育的影响 ………………………………… 143
10.2.2　空气温度对植物生长发育的影响 ………………………………… 143
10.2.3　极端温度对植物生长发育的影响 ………………………………… 144

10.3　常见温度调控的措施 ………………………………………………………… 145

单元 11　植物生长与矿质营养 ………………………………………………………… 150

11.1　植物必需矿质元素及其生理作用 …………………………………………… 150
11.1.1　植物必需元素判断标准及确定方法 ……………………………… 150
11.1.2　植物必需矿质元素的生理作用 …………………………………… 151
11.1.3　植物必需矿质元素失衡诊断及矫治 ……………………………… 154

11.2 植物对矿质元素的吸收、运输和利用 159
11.2.1 植物吸收矿质元素的方式 159
11.2.2 植物根系吸收矿质元素的部位 160
11.2.3 植物根系吸收矿质元素的特点 160
11.2.4 植物根系吸收矿质元素的过程 161
11.2.5 影响植物根系吸收矿质元素的因素 162
11.2.6 植物叶片对矿质元素的吸收 164
11.2.7 矿质元素在植物体内的运输和利用 164

11.3 植物所需矿质元素的补充途径和方法 165
11.3.1 植物所需矿质元素的补充途径 165
11.3.2 施肥时期和方法 167

11.4 植物常用的肥料 168
11.4.1 肥料的定义及分类 168
11.4.2 常用无机肥料 169
11.4.3 常用有机肥料 172

单元 12 园艺设施小气候调控 177
12.1 园艺设施的类型 177
12.1.1 简易覆盖设施 177
12.1.2 普通保护设施 181
12.1.3 现代化温室 182
12.1.4 植物工厂 182

12.2 设施栽培的应用 183
12.2.1 种苗繁殖 183
12.2.2 周年生产 183
12.2.3 优质生产 183
12.2.4 特化生产 183
12.2.5 集约化生产 183

12.3 设施栽培环境因子 184
12.3.1 设施内光照 184
12.3.2 设施内温度和湿度 184
12.3.3 设施内气体 185

12.4 设施栽培小气候调控措施和方法 186
12.4.1 光照调控 186
12.4.2 温度调控 187
12.4.3 湿度调控 188
12.4.4 气体调控 189

单元13 植物群落与生态系统构建 193
13.1 种群与群落 193
13.1.1 种群 193
13.1.2 群落 195
13.2 生态系统 198
13.2.1 生态系统概念及其特性 198
13.2.2 生态系统组成成分及三大功能类群 199
13.2.3 生态系统中生物因子之间的生态关系 199
13.2.4 物质和能量在生态系统中的传递 201
13.2.5 生态系统的生态平衡与反馈调节 203
13.2.6 生态危机与环境问题 203

参考文献 207

单元 1　植物与环境的关系

学习目标

知识目标

1. 掌握植物生长、发育的概念。
2. 掌握环境和生态因子的概念。
3. 理解生态因子与植物的相互作用。

技能目标

1. 能从宏观方面认识植物。
2. 能根据环境特征对环境因子进行分类。
3. 能对植物环境进行生态学分析。

课前预习

1. 一颗小小的种子如何长成参天大树？
2. 植物生长与发育需要哪些条件？
3. 植物与人们生活有哪些关系？

1.1　植物组成与类别

植物是有生命的，主要是由无数具有细胞壁的细胞组成的。植株固定在一定位置上生长，在生长过程中，细胞可以分化产生新的组织和器官，使植株不断长大，进而开花结果。能产生种子的植物称为种子植物，它们一般都具有根、茎、叶、花、果实和种子等器官。其中，植物的叶、花、果实、种子等器官，生长到一定程度后停止生长，然后衰老、死亡，称为有限生长器官；而植物的根、茎等器官，具有潜在的无限生长习性，只要环境条件适宜，可以无限地生长，如乔木可以形成庞大的根系和树冠，即使是千年的古树也可以长出新根和新枝。

根据种子有无果皮包被，将种子植物分为没有果皮包被的裸子植物和有果皮包被的被子植物；根据被子植物种子中子叶数目，又将其分为双子叶植物和单子叶植物；根据茎的质地，将植物分为木本植物和草本植物；根据植株高度和茎枝生长型，将木本植物分为乔木、灌木和藤本植物。

1.2 植物生长与发育

1.2.1 植物生长、发育概念

在植物的一生中，生命现象可以分为两种，即生长和发育。生长是指增加细胞数目和扩大细胞体积而导致植物体积和重量上的增加，是一个不可逆的量变过程。它是通过细胞分裂和伸长来实现的，如植物根、茎、叶的生长等。通常可用大小、轻重等对植物的生长进行度量。发育是细胞向不同方向不断分化导致植物在形态、结构和机能上发生质的变化的过程，表现为组织和器官的分化形成，如叶片分化、花芽分化、气孔发育等。通常难以用单位对植物的发育进行度量。

在植物的生活周期中，生长和发育是交织在一起的。生长是发育的基础，没有生长便没有发育。种子的萌发、叶片的增大、茎的伸长等为发育准备了物质条件，植物必须经过一定时间的生长后，或生长到一定大小后，才进行相应的发育。另外，植物某些器官的生长和分化往往要经过一定的发育阶段才能开始。

1.2.2 植物个体发育周期

种子植物的个体发育是从种子萌发开始，经过幼苗，长成植株，一直到开花结实、衰老与死亡（更新）的整个过程。种子是种子植物个体发育的开始，也是个体发育的终结。任何一个植物体，生长活动开始后，首先是地上、地下部分开始旺盛的离心生长（枝干和根系的生长点逐渐远离根、茎向外生长）。植物个体高生长很快，随着年龄的增加和生理上的变化，高生长逐渐缓慢，转向开花结实，最后逐渐衰老，潜伏芽大量萌发，开始向心更新（越接近根、茎，更新能力越强）。

许多植物的种子在春天萌发，夏、秋开花结实，冬季到来之前死亡，这类植物一生只开一次花，在一年内完成生活史，称为一年生植物，如一串红、万寿菊、鸡冠花等。还有一些植物的种子在秋季萌发进行营养生长，第二年春季抽薹开花形成果实、种子，然后死亡，这类植物在两年内完成生活史，称为二年生植物，如紫罗兰、报春花。许多木本植物具有多次结实习性，在每次开花结实时，仍然保留着大量的营养枝继续生长，这类植物生活多年，一年多次生长，一生一次开花（如竹子）或多次开花，称为多年生植物。木本植物大多为多年生植物；草本植物大多为一、二年生植物，部分为多年生植物。

(1) 木本植物个体发育周期

种子期（胚胎期） 自卵细胞受精形成合子开始，到种子发芽时为止。种子期的长短因植物而异，有些成熟后有适宜条件就能发芽，有的则需要经过休眠才发芽。生产上种子期的主要措施是促进种子形成、安全贮藏和在适宜的环境条件下播种并使其顺利发芽。

幼年期 从种子发芽到植株第一次出现花芽为止。幼年期是植物地上、地下部分进行旺盛的离心生长的时期，体内逐渐积累大量营养物质，为开花结果做准备。生长迅速的植物幼年期短，生长缓慢的植物幼年期长。如月季当年播种当年开花，银杏、云杉幼年期长达 20~40 年。幼年期对环境的适应性最强，遗传性尚未稳定，是定向育种的有利时机。

青年期　从植物第一次开花到花朵、果实性状逐渐稳定为止。此时期内植株的离心生长较快，生命力也很旺盛，但花和果实尚未达到固有的标准性状。植株能每年开花结实，但数量较少。青年期的植株，遗传性已趋于稳定。

壮年期　从生长势自然减慢到树冠外缘小枝出现干枯时为止。此期根系和树冠已扩大到最大限度，花、果数量多，性状稳定，是观赏和结实的盛期。

衰老期　从植株生长发育显著衰退到死亡为止。植株生长势逐年下降，开花枝大量衰老死亡，开花结实量减少，品质低下，出现向心更新现象，树冠内常发生大量徒长枝。

(2) 草本植物个体发育周期

一、二年生草本植物仅有 1~2 年寿命，一生中经过种子期、幼苗期、成熟期（开花期）、衰老期 4 个阶段。幼苗期一般 2~4 个月，二年生草本花卉多数需通过冬季低温，翌春才能进入开花期。自然花期 1~2 个月，是观赏盛期。衰老期是从开花量大量减少，种子逐渐成熟开始，直至枯死。

多年生草本植物一生经过的时期与木本植物相同，但因其寿命仅 10 余年，故各个生长发育阶段与木本植物相比较短。

1.3　植物环境

1.3.1　环境的概念及主要类型

环境是相对某一主体而言的客体，是指与某一特定主体周围的一切事物的总和。因此，随中心事物的不同，环境的含义也随之改变。对于植物来说，其生存空间内的一切因素，如气候、土壤、其他生物等因素的综合就是植物的环境。

环境的构成因素极其复杂，从不同的角度有不同的分类方法。

(1) 按照环境的范围划分

按照环境的范围，可以分为内环境、微环境、区域环境和地球环境等。

内环境　指生物体内组织和细胞间的环境，对生物有直接影响。

微环境　指生物个体周围的小环境。例如，土壤动物的洞穴，沙漠中含有微生物的一滴水、一粒沙都是其内部寄居生物的微环境。

区域环境　是在更广泛的地域空间形成的由不尽相同的要素组成的自然环境。例如，沙漠中的一片绿洲，海洋中的一座小岛。

地球环境　又称为全球环境或地理环境，与生物的关系尤为密切，在生物的推动下，物质和能量在全球环境中形成循环和流动。

(2) 按照环境要素划分

按照环境要素，可以分为水环境、大气环境和土壤环境。

水环境　水是自然环境的重要组成部分，是一切生命赖以生存的物质基础。整个地球的含水量极为丰富，可以分为地表水圈和地下水圈，还包含大气中的水蒸气和水滴。但是水资源在全球的分布极不均匀，有许多国家和地区都处于贫水区，尤其是用于生活和生产的淡水资源更是不足。另外，由于环境污染和生态破坏，造成地表淡水污染、地下水过度开发、海洋污染以及水旱灾害频发等问题，使得水资源更加紧张。甚至有人认为水资源将是未来人类发展的决定性因素，会成为世界各国争夺的首要对象。

大气环境 包围在地球周围的大气层是地球生物的保护伞。它让阳光通过，并且适当保持地球上的热量，调节地球表面的温度，使之适于万物生存。大气中含有多种组分，包括氮、氧、二氧化碳、水蒸气以及臭氧等，还有上千种不定组分。保持大气基本组分的稳定和正常状态是地球上的生物生存与发展的重要条件。但是18世纪以来，伴随近代工业的出现和不断发展，煤烟、粉尘、光化学烟雾、酸雨、温室效应和臭氧层破坏等大气污染问题接踵而至，并且越来越严重。由于大气的全球流动性，大气污染问题是全球共同的问题，需要全人类联合起来保护和净化这一重要的环境要素。

土壤环境 土壤是地球表面的岩石圈经历漫长的地质作用过程演化形成的。它的特性是位置固定、面积有限。由于地理分布和区域气候的限制，大部分土地不利于耕种和开垦。目前，土壤环境面临的主要问题是：过度使用，使土壤肥力下降，很多土壤变得贫瘠；自然灾害使土壤干裂、盐碱化，导致农作物减产；城市化和工业化的扩大，使大量耕地被占用；工农业生产造成土壤污染日益严重。保护土壤、恢复土壤正常的生态功能是人类面临的重要任务。

(3) 按人类的影响程度划分

可将环境分为自然环境、半自然环境和人工环境。

自然环境 是指基本未受人类干扰或干扰甚少的环境。如原始林、极地、深海、高山之巅、人迹罕至的荒漠等，它们通过自然的物理、化学和生物等过程自我维持、自我调节。随着地球上人口的增加、科学技术的进步，人类利用、征服自然的能力不断增强，同时对自然环境系统的影响也在增强，地球上的自然环境越来越少。

半自然环境 是介于自然环境与人工环境之间的类型，是指自然环境通过人工适当的调控管理，从而形成的能更好地满足人们需要的环境。如农田、人工建立的自然风景区等。大部分园林植物生活的环境属于半自然环境。半自然环境虽由人工调控管理，但自然环境的属性仍占较大比重，人们利用各种手段(特别是越来越发达的科学技术手段)进行环境改造和培育各种新品种，使环境与植物之间保持更好的协调关系，以满足人们不同的需要。

人工环境 是指人类创建并受人类强烈干预的环境。如温室、大棚、各种无土栽培液等都是人工环境，这些人工环境扩大了植物的生存范围。

1.3.2 生态因子的概念及分类

(1) 生态因子的概念

生态因子是指环境中对生物的生长、发育、生殖、行为和分布等有着直接或间接影响的环境要素，如温度、光照、水分、大气等。各种生态因子在其性质、特性强度等方面各不相同，但各因子之间相互组合、相互制约，构成了丰富多彩的生态环境。

(2) 生态因子的分类

根据性质，通常将生态因子分为5类：

气候因子　包括光照、温度、空气、水分、雷电等。其中，光照因子又可分为光照强度、光谱成分、日照时间等，其他气候因子也可分为许多独立的因子。

土壤因子　包括土壤有机质和矿物质，土壤动植物和微生物，以及土壤质地、结构和理化性质等。

地形因子　指地面沿水平方向的起伏状况(包括海洋、河流、山脉等和由它们所形成的河谷、山地、丘陵、河岸、溪流、海岸等)，以及海拔高度、坡度、坡向、坡位等。地形因子是一种间接作用因子。

生物因子　包括同种或异种生物之间的各种关系，如竞争、捕食、寄生、共生等。

人为因子　指人类对生物和环境的各种作用，包括人类对自然资源的利用、改造和破坏作用等。人为因子对生物和环境的作用往往超过其他所有因子，因为人类的活动通常是有意识、有目的的，并且随着生产力的发展，人类活动对生物和环境的影响越来越大。

上述5类因子也可以概括为非生物因子(气候、土壤、地形)、生物因子和人为因子三大类。在植物环境中，各种生态因子的作用并不是单一的，而是相互联系，共同对植物起作用。

1.4　环境对植物的生态作用

植物与环境之间的关系主要表现为作用、适应和反作用3种形式，其中环境对植物的作用称为生态作用，植物改变自身的结构与代谢活动以便与生存环境相协调的过程称为生态适应，植物反过来对环境的影响和改变称为生态反作用。

1.4.1　生态因子的作用类型

(1) 直接作用和间接作用

生态因子对植物的作用可分为直接作用和间接作用。地形因子中，坡度、坡向、坡位、海拔高度等对植物的作用不是直接的，而是通过影响光照、温度、水分、养分等因子，进而影响植物的生长发育和分布，属于间接因子；而光、温度、水分、养分等因子能直接影响植物的生长发育和分布，称为直接因子。因为各因子之间是相互作用、相互影响的，所以直接因子对植物也具有间接作用，如光照条件直接影响光合作用，同时还通过改变温度而影响其他生理活动。因此，直接因子和间接因子的划分是相对的。但区分生态因子的直接作用和间接作用对植物生长发育、繁殖及分布很重要。

(2) 综合作用

任何一种自然环境，都包含许多生态因子，各生态因子不是单独起作用的，而是配合起来共同对植物起作用。一个生态因子无论其对植物多么重要，只有在其他因子配合下才能发挥作用。如光照对植物的生长发育十分重要，但只有在水分、温度、养分及空气等因子的配合下，才能对植物起作用，缺少任何一个因子，即使光照再适宜，植物也不能正常生长发育。因此，在进行生态因子分析时，不能只片面地注意到某一生态因子，而忽略其他因子的共同作用。

各生态因子之间是相互关联、相互促进和相互制约的，环境中的任何一个因子发生变化，必将引起其他因子发生不同程度的变化。例如，改变森林内的光照条件，必然会引起森林内的温度变化,而空气温度和土壤温度的变化,又会引起空气湿度及土壤湿度的变化,并导致土壤物理性质、化学性质和微生物活动发生一系列变化。此外,一个因子的变化可改变其他因子的适宜程度或效能。如 CO_2、水分和温度条件都适宜时,充分的光照对于提高光合作用是有利的,但如果水分不足,光照的增强反而使光合作用下降。因此,环境是各生态因子的综合,它们共同对植物的生长、发育起综合作用。

1.4.2 生态因子的作用特点

生态因子对植物的作用表现在植物生长、发育、繁殖和分布等多方面,不同生态因子的作用又各不相同,因此生态因子对植物的作用是相当复杂的,但却有着普遍的规律。

(1) 生态因子的不可替代性和可补偿性

生态因子具有不可替代性。在生态因子中,光照、温度、水分、O_2、CO_2 及各种矿质养分都是植物生长发育所必需的,它们对植物的作用不同,植物对它们的需求量也不同,但它们对植物来说同等重要,缺一不可,任何一个生态因子都不能由其他因子代替。缺少其中任何一个因子,植物都不能正常生长发育,甚至会死亡。例如,当水分缺乏到足以影响到植物的生长时,不能通过调节温度、改变光照条件或矿质营养等来解决,只能通过灌溉去解决。即使是植物需要量非常少的微量元素,也不能缺少。如植物对锌元素的需要量极少,但当土壤中完全缺乏锌元素时,植物的生命活动就会受到严重影响。

生态因子在一定程度上具有可补偿性,即某因子在量上的不足,可以由其他因子来补偿,以获得相似的生态效应。例如,当光强度不足时,光合作用减弱,通过增加 CO_2 浓度,也可以达到提高光合作用的效果。如林冠下生长的幼树能够在光线较弱的情况下正常生长发育,就是因为近地表 CO_2 浓度较大程度地补偿了光照的不足。值得注意的是,生态因子的补偿作用只能在一定范围内进行部分补偿,不能以一个因子来代替另一个因子,且因子之间的补偿作用也不是经常存在的。

(2) 生态因子的主导性

虽然环境中不同的生态因子对植物来说同等重要,但在不缺乏的情况下,一般有一种或几种生态因子对植物的生存和生态特性的形成等具有决定性的作用,该因子即为主导因子。例如,光合作用时,光照强度是主导因子,温度和 CO_2 为次要因子;春化作用时,温度为主导因子,湿度和通气程度是次要因子;水是水生植物、旱生植物生存和生态特性形成的主导因子。

生态因子的主次在一定条件下是可以发生转化的,处于不同生长时期和条件下的植物对生态因子的要求和反应不同,某种特定条件下的主导因子在另一条件下会降为次要因子。主导因子往往是在同一地区或同一条件下大幅度提高植物生产力的最主要因素,准确地找到主导因子,在生产实践中具有重要的意义。在植物对主导因子的需要得不到满足的环境中,主导因子往往会变成限制因子。

(3) 生态因子的限制性

限制因子是近代生态学者根据最小因子定律和耐性定律的思想,提出的另一个综合的生态学概念。限制因子的定义是:当环境中的某个(或相近几个)生态因子的数量过少或过多,超出其他因子的补偿作用和植物本身的忍耐限度而阻止其生存、生长、繁殖、扩散或分布时,该因子就是限制因子。

光照、水分、温度、养分等都可能成为限制因子。如黄化植物多是由于光照不足造成的，这时光照是限制因子；植物因干旱生长不良时，水分是限制因子；极地没有高等植物分布，主要是受温度的限制。在植物的生长发育过程中，限制因子不是固定不变的。例如，在幼苗期，杂草可能成为限制因子；在生长旺期，水分可能成为限制因子。

在较差环境中植物的长势不好或不能生存，很大程度上是由于限制因子的限制作用，找到了限制因子，消除植物生长的限制条件，能很容易使植物成活或较好地生长发育。因此，限制因子的发现在生产实践中具有重要的意义。如果植物对某一生态因子具有较强的适应能力，或者说在较宽的范围内，该生态因子对植物没有影响或影响不大，且在环境中该生态因子的数量适中并比较稳定，那么这个生态因子一般不会对植物起限制作用；相反，如果植物对某一生态因子的适应能力较弱，或者说在该生态因子的较窄范围内能够生存，且该生态因子在环境中变动较大，那么这个生态因子往往是限制因子。如氧气在陆地上是含量丰富而稳定的，因此一般不会对植物起到限制作用；但氧气在水体中的含量有限且波动较大，因此常常成为水生植物分布的限制因子。在城市的中心区，土壤常常是限制植物成活或长势的主要原因，通过人工土壤改良，可提高植物成活率，促进植物生长。

(4) 生态因子作用的阶段性

植物生长发育不同阶段对生态因子的要求不同，因此生态因子的作用具有阶段性。例如，通常植物的生长温度不能太低，否则会对植物造成伤害，但在植物的春化阶段低温，低温又是必需的。同样，在植物的初生长期，光照长短对植物影响不大，但在有些植物的开花、休眠期间，光照长短则至关重要。如果在冬季低温来临之前仍维持较长时间的光照，植物就不能及时休眠而容易造成低温伤害。

1.5 植物对环境的生态适应性和生态反作用

1.5.1 植物对环境的生态适应

生物有机体在与环境的长期相互作用中，形成了一些具有生存意义的特征，依靠这些特征，生物能免受各种环境因素的不利影响和伤害，同时还能有效地从其生境中获取所需的物质和能量以确保个体生长发育的正常进行。生物这种为了适应环境的变化，从形态、生理等方面做出的有利于生存的改变，称为生态适应。生物的生态适应是生物在生存竞争中为适应环境形成的特定性状表现，是生物与环境长期作用的结果。

(1) 植物对环境适应的不同水平

能存活下来的植物，都在一定程度上表明它克服了环境对它的挑战，它的形态结构、生理功能，以及在种群、群落和生态系统中的行为，都对这种生态环境是适应的。

干旱环境的主要特点是缺水和光线强。如果叶片面积大，水分的蒸发量也大，为此，旱生植物的叶片表面增生了许多表皮毛或白色蜡质，以减少水分的蒸发和加强对阳光的反射。如沙漠中生活的沙枣，除了老枝是栗色外，其余部分都是银白色，特别是叶片的正、反面都有浓密的白色表皮毛(反面更密)。这种叶片还能分泌白色的蜡质，形成薄薄的鳞片，以减少水分的散失，有助于沙枣在沙漠中顽强地生活下去。

水生植物则刚好相反，在水多的环境下，植物的叶片向能够接受更多空气和阳光的方向变化。如金鱼藻，整个植株都生活在水中，因此它的茎和叶内都有贮藏空气的通气道，叶片变成丝裂状，这样就增加了光的照射面，增强了光合作用的强度。再如凤眼莲，因浮在水面上，叶片变得很宽大，叶柄膨大形成气室，这样就解决了水中空气不足的问题。

在高寒的环境里，气温极低，空气稀薄，阳光强烈。生活在这种恶劣环境中的植物，如高山雪莲，它的叶片紧贴地面，并有絮状白色表皮毛，这样的叶片既可防止高山疾风吹袭，减少热量散失，又能吸收地面热量，还可反射强烈的紫外线。

热带地区温度高，阳光强烈，水分多。生活在热带地区的植物，叶片面积大，多数呈圆形、椭圆形或盾形，而且叶片表面光滑。这种叶片既可增强水分的蒸发、降低叶面温度，又因叶面光滑，可以反射强烈的阳光。另外，热带植物的叶尖多数是尖凸的，这样落在叶面的水能很快流掉，同时也便于雨水冲洗叶面上的幼虫虫卵等，减少病虫害。

适应也是发生在种群水平上的生物学现象，在一个种群中，适应性越强的个体，其后代在种群中的比例越大。

（2）植物对环境的适应范围

任何植物对环境因子的适应性都有一定的界限范围，对某环境因子能够忍耐的最小剂量为下限临界点，能够忍耐的最大剂量为上限临界点，最适合植物生长发育的剂量为最适点，这就是植物的"三基点"。植物适应的上限和下限之间的环境范围就是植物的适应范围，又称为植物的生态幅，在该生态幅内的环境区域就是该植物的分布区。

（3）植物对环境的适应类型

植物对于环境的适应通常可分为两种类型，即趋同适应和趋异适应。

①植物的趋同适应　不同种类的植物，由于长期生活在同一环境中，受相同或相近的环境因子的影响和制约，它们在形态结构、生理生化特征等方面相似或相近，这种现象称为趋同适应。趋同适应的结果是产生生活型和生态类型等。

生活型是不同种类的植物由于对相似环境的趋同适应而在形态、结构、生理尤其是外观上所反映出来的植物类型，其从植物外观上反映了植物与环境的统一。植物生活型的分类有许多种方法，最常用的是按植物生长型划分，根据植物的大小、形态、分枝和生命周期的长短等，将植物分为乔木、灌木、半灌木、藤本、多年生草本、一年生草本、垫状植物等。

植物适应相同或相似的生态环境而在生物特征上比较一致的一类生物统称为生态类型。如喜光植物、耐阴植物、水生植物、陆生植物等。与生活型相比，生态类型包括的植物适应相同或相似的环境的范围更大，植物类别比较宽泛。

②植物的趋异适应　属于同一个种的植物个体群，由于长期生活在不同的环境中，它们的高度、叶片大小、开花时间以及其他的相关性状都有或大或小的差异，这种现象称为趋异适应。植物的趋异适应引起了植物种内的生态分化，形成不同的生态型。生态型是植物适应特定生境所形成的在形态结构、生理生态、遗传特征上有显著差异的个体群，是同一种植物的不同种群对不同环境条件发生遗传响应的产物。根据引起植物种内分化的主导因素，植物生态型可分为气候生态型、土壤生态型、生物生态型3类。

气候生态型　气候由光照、温度、水分等多种生态因子组合形成，不同区域这些组合不同（即气候不同），植物的适应方式也有较大差异，从而形成众多的气候生态型。如分布在北方的生态型表现为长日照类型，分布在南方的生态型一般表现为短日照类型，海洋性气候生态型要求环境有较小的温差,大陆性气候生态型则要求较大的温差。适应南方气候的生态型其种子发芽对低温春化没有明显要求,适应北方气候的生态型如果不经低温春化,就不能打破休眠。在有多种生态因子综合影响的气候环境中,不同的生态因子在不同条件下对植物的生态影响是不同的,从而形成以某个生态因子为主导的生态型,如光照生态型、温度生态型、水分生态型等。

土壤生态型　由于长期受不同土壤条件的作用而产生的生态型称为土壤生态型。土壤生态型的分化与土壤的水分、酸碱度、矿质元素的组成有关。如水稻、旱稻主要是由于土壤水分条件不同而分化形成的土壤生态型;对土壤中矿质元素的耐性不同也会形成不同的生态型,如羊茅有耐铅的生态型。

生物生态型　是主要在生物因素的作用下形成的生态型。同种植物长期生活在不同群落中,由于植物之间竞争等关系,可分化为不同的生态型。生物生态型中最常见的是由于人类的影响而形成的人类生态型,如同种的栽培植物和野生植物。人类对生态型的影响伴随科技发展日渐扩大,人类利用杂交、嫁接、基因重组、组织培养等手段培育的生态型能更好地适应光照、水分、土壤等一种或几种生态因子。

(4) 植物生态适应的调整

植物对于某一环境条件的适应是随着环境变化而不断变化的,这种变化表现为范围的扩大、缩小和移动,使植物的这种适应改变的过程就是驯化的过程。

植物的驯化分为自然驯化和人工驯化两种。自然驯化往往是由于植物所处的环境条件发生明显的变化而引起的,被保留下来的植物往往能更好地适应新的环境条件,所以驯化过程也是进化过程的一部分。人工驯化是在人类的作用下植物的适应方式改变或适应范围改变的过程。人工驯化是植物引种和改良的重要方式,如将不耐寒的南方植物经人工驯化引种到北方,将野生花木进行人工栽培改良等。

1.5.2　植物对环境的改善与保护作用

植物在其生命过程中对环境起着改造作用,一定数量的植物个体和群体不仅起到美化环境的作用,而且具有减轻环境污染、调节小气候、防护减灾等生态功能,是生态平衡的调控者。

净化环境　主要表现在对大气环境、土壤环境和水环境的净化作用。植物对大气环境的净化作用主要表现为维持碳氧平衡、吸收有毒气体、滞尘效应、减菌效应、减噪效应、负离子效应等方面;对土壤环境的净化作用主要表现为对土壤自然特性的维持,以保证土壤本身的自净能力,以及对土壤中各种污染物的吸收;对水环境的净化作用主要表现为通过对水体污染的拦截、吸收和代谢作用净化水体。

调节气候　植物覆盖在地表,可以减弱阳光对地表的辐射,避免温度的剧烈变化,使局地不至于出现极端温度;植物的蒸腾作用,可以起到增湿降温作用,大面积植物的共同作用甚至可以增加降水,改善当地的水分环境;植物可以降低小区域范围内的风速,形成相对稳定的空气环境,或在无风的天气下形成局部微风。因此,植物可以改善小气候,并随着其分布范围的扩大,其改善环境的作用随之增强,并在大范围内改善气候条件。

防护功能　植物可以减轻各种自然灾害对环境的冲击及灾害的深度蔓延,如防止水土流失、减少风沙危害、吸收放射性物质和电磁辐射，由抗火树种组成的植物群落还可以减少火灾的发生和控制火势的蔓延等。

美化环境 植物可以为人类提供优美的风景，让人得到美的享受。

1.5.3 植物对环境的污染

城市绿化在不断追求绿化面积、树种及景观多样性增加的同时，也会由于绿化植物选择不当、配置模式不科学、管理方式不合理等引起植源性污染。植源性污染是指绿色植物本身产生的物质含量达到某种程度时，对人体和环境产生的不利影响。比较常见的植源性污染物包括花粉、飞毛、飞絮、气味等，会给人们的日常生活带来不便，甚至对人体健康产生不利的影响。

为了避免产生植源性污染，城市绿化首先要对树种进行合理的筛选，尽量多选择无落果、无飞絮、无毒、无花粉污染的植物种类。其次，要科学地进行植物配置，如在上风口地区和居民区应少种植致敏性的植物，实行多种植物混合栽种。

单元小结

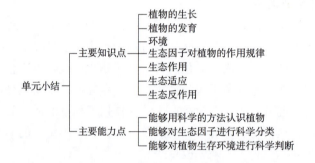

知识拓展

1. 本课程与本专业其他课程的关系

植物生长与环境是一门理实一体化的课程，该课程具有与其他专业课程关联度较高的特点，是在修完观赏植物识别、植物生理等课程后的又一门专业基础课。通过本课程的学习，可以了解植物生长发育与环境因子的关系，掌握各种环境因子影响植物生长的规律，掌握辨识环境因子的方法，能对光照、温度、水分和土壤等环境因子进行综合分析，为学习植物繁育、种植施工与养护管理、植物景观设计等园林园艺专业后续课程打下基础。在进行理论知识学习时，要注意联系植物器官结构与环境因子的关系，并结合生产实际案例加深理解。

2. 最小因子定律

1840年利比希在研究各种生态因子对作物生长的作用时发现，作物的产量往往不是受其大量需要的营养物质(如CO_2和H_2O)所制约，而是取决于那些在土壤中较为稀少而且又是植物所需要的营养物质，如硼、镁、铁等。因此，利比希得到一个结论，即"植物的生长取决于环境中那些处于最小量状态的营养物质"。他认为每种植物都需要一定种类和一定量的营养物质，如果环境中缺乏其中的一种，植物就会发育不良，甚至死亡。如果这种营养物质处于最少量状态，植物的生长量就最少。后来的研究表明，利比希所提出的理论也同样适用于其他生物种类或生态因子，因此该理论被称为最小因子定律。其基本内容是：任何特定因子的存在量低于某种生物的最小需要量时，该因子是决定该物种生存或分布的根本因素。

3. 耐受性定律

利比希定律指出了生态因子存在量过小时成为影响生物生存的因子。实际上，生态因子过量时，同样也会影响生物生存。针对

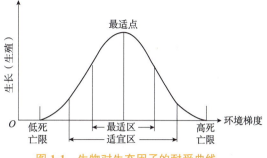

图 1-1　生物对生态因子的耐受曲线

这种现象，1913 年美国生态学家谢尔福德提出了耐受性定律。其基本内容是：任何一个生态因子在数量上或质量上的不足或过多，即当其接近或达到某种生物的耐受限度时，就会影响该种生物的生存和分布，即生物不仅受生态因子最低量的限制，而且受生态因子最高量的限制。这就是说，生物对每一种生态因子都有其耐受的上限和下限，上、下限之间就是生物对这种生态因子的耐受范围，称为生态幅。在耐受范围当中包含着一个最适区，在最适区内，该物种具有最佳的生理或繁殖状态；当接近或达到该种生物的耐受性限度时，就会使该生物衰退或不能生存。耐受性定律可以形象地用一个钟形耐受曲线来表示（图 1-1）。

4. 城市环境的特点

城市环境是指城市中影响人类活动的各种自然的或人工的外部条件的总和，包括空气、土壤、地质、地形、水文、气候、生物等自然环境及建筑、管线、废弃物、噪声等人工环境。城市是园林植物的主要生活环境，城市环境有以下特点：

人口密集，人工物资系统极度发达　人口密集是城市（尤其是一些大城市）的普遍现象，同时城市中公共建筑物、道路设施、工厂、交通运输设备、通信设备、市政管网设备等人工物资系统极度发达，为城市居民提供了丰富、便利的物质条件的同时，给环境带来很大压力。

自然环境资源有限，生态系统脆弱　自然环境资源是指空气、水、土壤、矿产等。城市人口密集，使环境资源变得极为有限（如城市水资源不丰富、负氧离子少），与此同时，工业"三废"、烟尘、酸雨、生活垃圾污染水源、空气和土壤，而城市绿地少，动植物生存空间小，生态系统缺乏自我调节能力。

城市气候发生变化，大气环境质量下降　城市气候在气温、湿度、云雾状况、降水量、风速等方面都发生了变化。城市气温高于郊区气温的热岛现象引起城市与郊区之间的小型局部大气环流从而产生城市风，加重城市的大气污染，使城市空气更加浑浊。另外，城市中还存在交通噪声污染和电磁污染等。

实践教学

实训 1-1　温室环境条件下影响植物生长发育的生态因子观察分析

【实训目的】

了解影响植物生长发育的主要生态因子。

【材料及用具】

记录笔、记录纸(表);温度计、湿度计等。

【方法与步骤】

1. 分小组进行操作。
2. 每组分别在选定环境条件下记录影响植物生长发育的生态因子。
3. 分小组讨论各种生态因子对植物生长发育的影响,并形成小组报告。
4. 小组汇报。

【作业】

生态因子观察分析实训报告(每人一份)。

【考核评估】

着重考核操作过程中的主动性和完成实训任务的科学性、小组成员的配合与协调性、实训报告的完整性和创新性。操作过程成绩占 50%,小组汇报成绩占 10%,个人实训作业成绩占 40%。

思考题

1. 影响植物生长发育的环境因素有哪些?
2. 试分析影响本地区园林植物生长发育的主要环境因素。
3. 什么是植物的生长大周期?说明其引起的原因和实践意义。
4. 简述植物生长与发育的关系。
5. 试述生态因子对植物作用的基本规律。

单元2　植物生长的基础——植物细胞和组织

学习目标

知识目标
1. 掌握植物细胞的形态、结构和功能及植物细胞有丝分裂的过程与特点。
2. 理解植物组织的概念和植物组织的类型、特征分布及功能。
3. 了解植物组织培养的基本原理及在生产上的应用。

技能目标
1. 能够识别植物细胞的组成与内部结构。
2. 会使用显微镜和制作植物组织临时切片。
3. 能运用植物细胞与组织的基本知识分析和解释植物的某些生物学现象。

课前预习

1. 植物体是怎么长大的？植物体为什么有不同的气味和味道？花与叶片为什么有不同的颜色？
2. 植物体由细胞构成，不同植物、不同部位的细胞其大小和形态都一样吗？
3. 一小块植物的茎或叶能再发育出一个新的植株吗？

2.1　植物细胞

高等植物是由无数细胞构成的多细胞植物体，这些细胞不仅有形态和构造上的分化，而且有生理功能上的分工。各个细胞之间既相互联系，又分工协作，共同完成整个植物体的生命活动。由此可知，植物的细胞既是植物体的结构单位，又是植物体的功能单位。要了解植物的生长发育规律，就必须从研究细胞开始。

2.1.1　植物细胞的形态、结构和功能

(1) 植物细胞的形状与大小

植物细胞的形状和大小取决于细胞的遗传性，所承担的生理功能和对环境的适应性。植

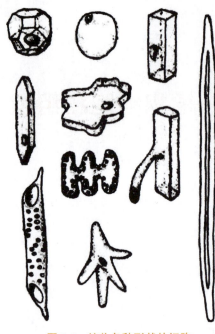

物细胞的形状多种多样,有球形、多面体、纺锤形和长柱形等(图2-1)。如纤维细胞一般呈长梭形,并聚集成束,从而具有加强和支持的作用;输送水分和养料的细胞呈长柱形,并连接成相通的"管道",以利于物质的运输;幼根表面吸收水分的细胞常常向着土壤延伸出细管状突起,以扩大吸收表面。

植物细胞的体积一般很小。在种子植物中,细胞的直径一般为 $10\sim100\mu m$,因此肉眼很难直接分辨出来,必须借助于显微镜。少数植物的细胞较大,如油松的管状细胞长达 $1\sim2mm$,肉眼可以分辨出来;苎麻茎中的纤维细胞最长可达 550mm,但这些纤维细胞在横向直径上仍是很小的。

在同一植物体内,不同部位细胞的体积与细胞各自的代谢活动及功能有关。细胞体积小,它的相对表面积就大,对物质的迅速交换和转运都较为有利。生理代谢活跃的细胞,如根、茎顶端的分生组织细胞,比代谢较弱的各种贮藏细胞要小些。细胞的大小也受水肥、光照等外界条件的影响,如植物种植过密时,植株往往长得细而高,就是由于它们的叶相互遮光,导致体内生长素积累,引起茎秆细胞特别伸长的缘故。

图 2-1 植物各种形状的细胞

(2)植物细胞的结构与功能

植物细胞由细胞壁和原生质体两部分组成,二者之间有着结构和功能上的密切联系(图2-2、图2-3)。细胞壁是包围在原生质体外面的坚韧外壳。原生质体是由生命物质——原生质所构成,包括细胞核、细胞膜和细胞质等结构,它是细胞各类代谢活动进行的主要场所,是细胞生命活动的基础。

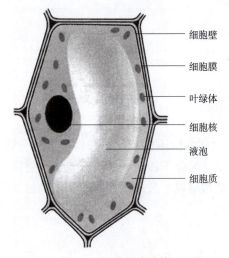

图 2-2 植物细胞结构

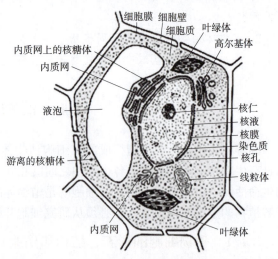

图 2-3 植物细胞亚显微结构模式图

①细胞壁及其功能 细胞壁是植物细胞特有的结构,它与液泡、质体一起构成了植物细胞与动物细胞相区别的三大结构特征(图2-4)。细胞壁的功能是使细胞保持一定形状和对原生质体起保护作用。在多细胞植物体中,不同的细胞,细胞壁的厚度和成分不同,从而影响着植物的吸收、保护、支持、蒸腾和物质运输等重要的生理活动。

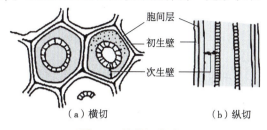

图2-4 植物细胞壁

②原生质体及其功能

细胞核 是细胞遗传与代谢的控制中心。通常一个细胞只有一个细胞核,但有些细胞也有2个以上的细胞核,如乳汁管等。细胞内的遗传物质——DNA(脱氧核糖核酸)主要集中在细胞核内,因此细胞核的主要功能是储存和传递遗传信息,在细胞遗传中起重要作用。

细胞核一般呈球形或椭圆形。在光学显微镜下观察生活细胞时,可以看到细胞核外有层薄膜,称为核膜,起着控制细胞核与细胞质之间物质交流的作用。核膜内充满均匀透明的胶状物质,称为核质;其中有一到几个折光率强的球状小体,称为核仁。核仁是细胞核内合成和贮藏RNA的场所。当细胞被固定染色后,核质中被染成深色的部分称为染色质,其余染色浅的部分称为核液。核液是细胞核内没有明显结构的基质,含有蛋白质、RNA(核糖核酸)和多种酶。

染色质是细胞中遗传物质存在的主要形式,在电子显微镜下呈现出一些交织成网状的细丝,其主要成分是DNA和蛋白质。当细胞进行有丝分裂时,这些染色质细丝便转化成粗短的染色体。

细胞膜 是紧贴细胞壁包围在细胞质表面的一层膜,其主要功能是控制细胞与外界环境的物质交换。细胞膜具有选择透性,这种特性表现为不同的物质透过能力不同,使细胞能从周围环境不断地取得所需要的盐类和其他必需的物质,而又能防止有害物质的进入。同时,细胞也能通过细胞膜将代谢产生的废物排出去,并避免内部有用的成分任意流失,从而保证细胞具有相对稳定的内环境。此外,细胞膜还有许多其他重要的生物功能,如主动运输、接受和传递外界的信号、抵御病菌的感染、参与细胞间的相互识别等。

细胞膜和下述的细胞器膜统称为生物膜,其结构是由磷脂双分子层和蛋白质分子构成的,蛋白质分子镶嵌在磷脂双分子层中(图2-5)。生物膜外表还常含有糖类,形成糖脂和糖蛋白。生物膜具有流动性和不对称性的特点。

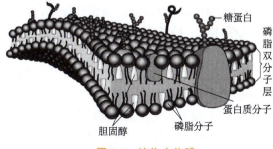

图2-5 植物生物膜

细胞质 细胞膜以内、细胞核以外的原生质称为细胞质,在结构上可分为胞基质及分布其中的细胞器和细胞骨架3个部分。

细胞质中除细胞器以外,较为均质的半透明液态胶状物质称为胞基质,细胞器及细胞核都包埋于其中。它的化学成分很复杂,包括水、无机盐、溶解的气体、糖类、氨基酸、核苷酸等小分子物质,也含有一些生物大分子,如蛋白质、RNA等,还包含许多酶类。

细胞器是散布在细胞质内具有一定形态、结构和功能的微结构。细胞中的细胞器主要有线粒体、内质网、中心体、叶绿体、高尔基体、核糖体等。其中,叶绿体只存在于植物细胞,液泡只存在于植物细胞和低等动物细胞,中心体只存在于低等植物细胞和动物细胞。

细胞骨架是指真核细胞中的蛋白纤维网络结构,是真核细胞借以维持其基本形态的重要结构。细胞骨架不仅在维持细胞形态、承受外力、保持细胞内部结构方面起重要作用,还参与许多重要的生命活动,如在细胞分裂过程中牵引染色体分离,在细胞内的物质运输中各类小泡和细胞器可沿着细胞骨架定向转运,在肌肉细胞中与结合蛋白组成动力系统,并与白细胞(白血球)的迁移、精子的游动、神经细胞轴突和树突的伸展等有关。另外,在植物细胞中细胞骨架指导细胞壁的合成。

③细胞后含物及其功能　植物细胞后含物是植物细胞内非生命物质的统称。这些物质有的存在于细胞液中,有的存在于细胞质中,或者两处都有。它们可以在细胞生活的不同时期产生和消失。包括贮藏物质如糖类、脂肪、蛋白质,生理活性物质如酶、维生素、植物激素、抗生素、杀菌素等,还有有机酸、单宁、精油、花青素、植物碱、无机盐、结晶体等。

2.1.2　主要植物细胞器的分布、类型和功能

植物细胞内重要的细胞器有以下几种。

(1) 质体

质体是植物细胞特有的细胞器。根据色素的不同,可将质体分成叶绿体、有色体和白色体3种类型(图2-6)。

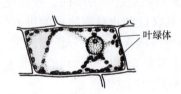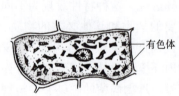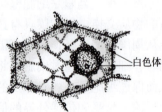

图 2-6　植物细胞内不同类型质体

叶绿体　是进行光合作用的细胞器,只存在于植物的绿色细胞中。叶绿体含有叶绿素、叶黄素和胡萝卜素,其中叶绿素是主要的光合色素,它能吸收和利用光能,直接参与光合作用。其他两类色素不能直接参与光合作用,只能将吸收的光能传递给叶绿素,具有辅助光合作用的功能。植物叶片的颜色与细胞的叶绿体中3种色素的比例有关。一般情况下,叶绿素占绝对优势,叶片呈绿色,但当营养条件不良、气温降低或叶片衰老时,叶绿素含量降低,叶片便呈现黄色或橙黄色。某些植物秋天叶片变红色,就是由于叶片细胞中的花青素和类胡萝卜素(包括叶黄素和胡萝卜素)占了优势的缘故。

有色体　包括胡萝卜素和叶黄素。有色体经常存在于果实、花或植物体的其他部分,由于胡萝卜素和叶黄素的比例不同,可使植物体的相应部位分别呈黄色、橙色或橙红色。有色体能积聚淀粉和脂类,在花和果实中具有吸引昆虫和其他动物传粉及传播种子的作用。

白色体　不含色素，呈无色颗粒状。普遍存在于植物体各部分的贮藏细胞中，起着淀粉和脂肪合成中心的作用。当白色体特化成淀粉贮藏体时，便称为淀粉体。当它合成脂肪时，则称为造油体。

以上3种质体随着细胞的发育和环境条件的变化，在一定条件下可以互相转化。如某些植物根系经光照后可以转绿，这就是白色体或有色体向叶绿体转化的外在表现。果实成熟时，叶绿体则有可能转化为其他有色体。

(2) 线粒体

线粒体是细胞进行呼吸作用的细胞器。多呈杆状，具有100多种酶，分别存在于线粒体膜上和基质中，其中极大部分参与呼吸作用。线粒体呼吸释放的能量能透过线粒体膜转运到细胞的其他部位，满足各种代谢活动的需要，因此线粒体被喻为细胞中的"动力工厂"。

(3) 液泡

液泡是植物细胞和低等动物细胞特有的细胞器，由单层膜包被，其中的水溶液称为细胞液。幼小的植物细胞(分生组织细胞)细胞质浓，细胞核大、居于中央，随着细胞伸长逐渐产生许多小而分散的液泡。以后，随着细胞的继续生长，液泡也长大，相互并合，最后在细胞中央形成一个大的中央液泡，而把细胞质的其余部分连同细胞核一起挤成紧贴细胞壁的一个薄层(图2-7)，此时细胞体积不再增大而变为一个成熟细胞，其中液泡可占细胞体积的80%以上。液泡主要参与细胞内物质的积累与移动、增加细胞体积等。

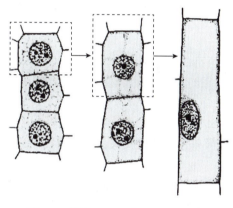

图2-7　植物细胞的液泡及其发育

(4) 内质网

内质网(ER)是细胞质内由膜组成的一系列片状囊腔和管状腔彼此相通形成的一个管道系统(实际上是一个连续的膜囊和膜管网)，为细胞中的重要细胞器。可分为粗面内质网和滑面内质网两大部分。其中，粗面内质网也称为糙面内质网或颗粒型内质网，滑面内质网也称为光面内质网或非颗粒型内质网。

内质网联系了细胞核和细胞质、细胞膜这几大细胞结构，使之成为通过膜连接的整体。内质网负责物质从细胞核到细胞质、细胞膜及细胞外的转运过程。

(5) 核糖体

核糖体是一种高度复杂的细胞器，其主要功能是将遗传密码转换成氨基酸序列并利用氨基酸单体构建蛋白质聚合物。它主要由核糖体RNA(rRNA)及数十种不同的核糖体蛋白组成(物种之间的确切数量略有不同)。核糖体蛋白和rRNA被排列成两个不同大小的核糖体亚基，通常称为核糖体的大、小亚基。核糖体的大、小亚基相互配合共同在蛋白质合成过程中将mRNA翻译为多肽链。

(6) 高尔基体

高尔基体是由数个扁平囊泡堆在一起形成的高度有极性的细胞器。常分布于内质网与细胞膜之间，呈弓形或半球形。一面对着内质网，称为形成面或顺面；另一面对着质膜，称为成熟面或反面。顺面和反面都有一些或大或小的运输小泡。在具有极性的细胞中,高尔基体常大量分布于分泌端的细胞质中。高尔基体的主要功能是将内质网合成的蛋白质进行加工、分拣与运输,然后分门别类地送到细胞特定的部位或分泌到细胞外。

2.1.3 植物细胞的繁殖

植物体的生长主要是靠细胞数量的增加和细胞体积的增大来完成的,植物体的有性繁殖是通过生殖细胞(精子和卵细胞)的结合来完成的,而细胞数量的增加和生殖细胞的形成都是通过细胞分裂来实现的。细胞分裂的方式常见的有无丝分裂、有丝分裂和减数分裂3种。

(1) 无丝分裂

无丝分裂又称为直接分裂,是比较简单而又原始的分裂方式。在细胞分裂时,细胞核先伸长,中间凹陷并分裂成两部分,然后细胞质也分成两部分,并在中间产生新的细胞壁,这样由一个细胞就分裂成为两个细胞(图2-8)。

大多数低等植物的繁殖方式是无丝分裂,高等植物愈伤组织和不定根的形成、叶柄的伸长等也是以无丝分裂方式进行的。无丝分裂过程简单,分裂速度快,这对植物的迅速生长和创伤的恢复有很重要的意义。

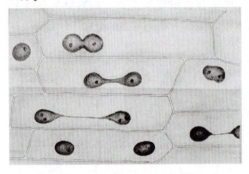

图2-8 植物细胞无丝分裂

(2) 有丝分裂

有丝分裂也称为间接分裂,是高等植物细胞增殖最为普遍的一种分裂方式。由于在分裂过程中有纺锤丝出现,因此而得名。有丝分裂比较复杂,并且要经过一个连续的过程。一般可将有丝分裂过程划分为间期、前期、中期、后期和末期5个阶段(图2-9)。

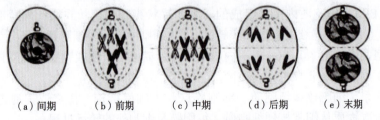

(a) 间期　(b) 前期　(c) 中期　(d) 后期　(e) 末期

图2-9 植物细胞有丝分裂

间期 细胞进行分裂的准备阶段。用光学显微镜观察间期细胞,往往看不出细胞有什么明显的变化,细胞似乎是静止的。实际上并不是这样,这时候细胞的内部正在发生很复杂的变化,主要是完成DNA分子的复制和有关蛋白质的合成。这个时期的细胞核较大,细胞质较浓,细胞壁较薄,液泡无或较分散。

前期 细胞核内出现了染色质粒,染色质粒逐渐形成染色质丝,随后染色质丝进行螺旋卷曲并逐渐缩短、变粗,形成染色体。每条染色体含有对等的两条染色单体,并列但没有分开,仅在一点上相连。这个连接点是着丝点。接着核仁、核膜逐渐消失,并开始从两极出现纺锤丝。

中期　染色体有规律地排列在细胞中部的赤道上，形成赤道板。同时，由两极伸出的纺锤丝伸向中央与染色体上的着丝点相连，形成纺锤体。此时，染色体最粗、最短而且彼此分开，是观察染色体形态与数目的最佳时期。

后期　每条染色体的两条染色单体从着丝点处分开，分别形成新的染色体。同时由于纺锤丝的收缩，把两条新的染色体分别拉向两极，从而使两极各有一套与母细胞相同的染色体组。

末期　已经到达两极的染色体开始恢复成丝状和颗粒状，并逐渐变得越来越细、越小、越扩散。新的核仁、核膜重新出现，形成了两个细胞核。这时纺锤丝集结在赤道板上逐渐形成新的细胞壁，并将细胞质一分为二，于是就由原来的一个母细胞形成了两个新的子细胞。经过一次有丝分裂后，不仅一个母细胞分裂成两个子细胞，而且每个子细胞内染色体的数目与母细胞相同，从而保证了子细胞与母细胞遗传特性的一致性。

(3) 减数分裂

减数分裂只发生在特定细胞的有性生殖过程中，即花粉母细胞和胚囊母细胞中。各种植物细胞中其染色体的数目和形状是固定的，通常为偶数并成对，属于二倍体($2n$)，但是在植物进行有性生殖的过程中，必须由精子和卵细胞这两种原始性细胞相互结合成为受精卵，即由两个原始性细胞融合成一个新的细胞。要使融合生成的新细胞（即受精卵）中所含染色体数目不变，就要使所产生的原始性细胞内所含染色体数目减半，成为单倍体(n)，这个过程则是通过减数分裂实现的（图2-10）。

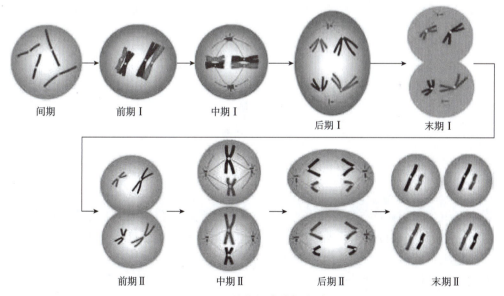

图2-10　植物细胞减数分裂

减数分裂实际上是一种特殊方式的有丝分裂，细胞连续分裂两次，而染色体在整个分裂过程中只复制一次。减数分裂的结果是细胞中的染色体数目比原始母细胞减少了1/2，减数分裂由此得名。

减数分裂在植物的进化中具有非常重要的意义：植物花粉母细胞和胚囊母细胞分别经减数分裂形成的精子和卵细胞都是单倍体，经过受精（即精子与卵细胞的结合），又恢复了亲本原有染色体数目，使物种的染色体数目保持稳定，从而保护了物种遗传上的稳定性；同时，由于减数分裂过程中同源染色体片段的交换、重组，丰富了物种遗传性的变异，促进了物种的进化。

2.2　植物组织

组织是指来源相同、形态和结构相似、执行同一生理功能的细胞群。组织的形成是以细胞的分化为基础的。由于细胞的分化，原来形态、结构和生理功能一致的细胞群变为形态、结构和生理功能各不相同的若干个细胞群，即形成了各种组织，若干组织进一步构成一个器官。

2.2.1　植物组织的类型、分布与功能

种子植物的组织可分为分生组织和永久组织两大类型，具体可简要概括如下（图2-11）：

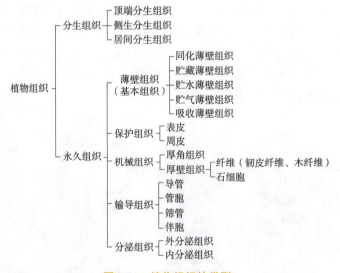

图2-11　植物组织的类型

(1) 分生组织

分生组织是指所有具有分裂能力的细胞组成的细胞群。分生组织的细胞个体小，排列紧密，无细胞间隙，细胞壁薄，细胞核大，细胞质浓，无液泡或具有分散的不明显的小液泡。分生组织在植物一生中连续地或周期性地保持强烈的分裂能力。

根据所处的位置不同，分生组织可分为顶端分生组织、侧生分生组织和居间分生组织3种类型（图2-12）。

①顶端分生组织　位于根和茎的先端，是由种子里的胚性细胞形成的，包括根尖和茎尖的生长锥及刚由生长锥分裂出来的细胞。其主要功能是使根尖和茎尖的细胞不断增多，促使根和茎能不断地进行伸长生长，并且茎的顶端分生组织还能形成叶原基和腋芽原基，叶原基可进一步形成叶芽或花芽。

②侧生分生组织　位于裸子植物和多年生双子叶植物老根及老茎的侧方，包括维管形成层

和木栓形成层。其主要功能是使根和茎侧方的细胞数目不断增多，使根和茎进行增粗生长。

③居间分生组织　位于单子叶植物茎的每一节的基部，是顶端分生组织在某些局部区域的保留，在一定时间内能保持分裂能力，以后就失去分裂能力转变为成熟组织。其主要功能是使节间伸长。有些单子叶植物的叶基部、叶鞘基部及花梗基部等也具有居间分生组织。甚至有的植物整个节间的所有细胞都具有分裂和伸长生长的能力，而到了一定时间后便全部停止分裂转变为成熟细胞，如竹笋和向日葵等。

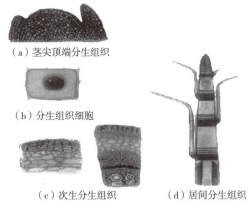

(a) 茎尖顶端分生组织
(b) 分生组织细胞
(c) 次生分生组织
(d) 居间分生组织

图 2-12　植物分生组织

(2) 永久组织（成熟组织）

永久组织是由分生组织分裂产生的细胞逐渐丧失分生能力，又经过生长和分化而形成的其他各种组织。这类组织一旦形成，一般情况下就不再分化。永久组织由于适应不同的生理功能，其细胞的形态、结构各不相同。永久组织又分为薄壁组织、保护组织、机械组织、输导组织和分泌组织。

①薄壁组织（基本组织）　是植物体内分布最广的一种组织，遍布于植物体的各个部位，如根、茎、叶、花、果实和种子等。它与其他组织结合在一起，形成植物体的基本部分。

薄壁组织是由薄壁细胞构成的。一般细胞个体大，其内具有一个大液泡。细胞的形状多样，排列疏松，具有较大的细胞间隙。有些薄壁细胞在一定的条件下能重新恢复分裂能力，形成分生组织，分生组织再进行细胞分裂形成其他组织，这对于植物的营养繁殖和创伤的恢复都具有重要的意义。

薄壁组织的主要功能与植物的营养关系密切。其中，含有叶绿体的叶肉薄壁组织能进行光合作用制造有机物，这种薄壁组织称为同化薄壁组织；在根、茎、果实和种子的胚乳里，以及百合和水仙等植物的鳞片里，具有大量贮藏各种营养物质的薄壁组织，称为贮藏薄壁组织；在秋海棠的叶内和仙人掌类的叶状茎内具有大量的贮藏水分的薄壁组织，称为贮水薄壁组织；在荷花等水生植物的变态茎内，薄壁细胞的间隙特别发达，其内充满了气体，构成贮气薄壁组织；在根尖，表皮细胞专门吸收土壤里的水分和溶于水的无机盐供植物生长需要，构成吸收薄壁组织（图2-13）。

②保护组织　是指覆盖在器官的表

(a) 同化薄壁组织

(b) 贮藏薄壁组织

(c) 贮水薄壁组织

(d) 贮气薄壁组织

(e) 吸收薄壁组织

图 2-13　植物薄壁组织

面起保护作用的组织,其主要功能是控制蒸腾,防止水分过分散失,避免或减少机械损伤和其他生物的侵害。按其来源,保护组织可分为表皮和周皮。

表皮 又称为表皮层,是幼嫩的根、茎、叶、花和果实等的表层细胞。表皮一般只有一层细胞,呈各种形状的板块状,排列紧密,除气孔以外,没有其他的细胞间隙,细胞内一般不具叶绿体,但常有白色体和有色体,还贮藏有淀粉粒和其他代谢产物如色素、单宁、晶体等。

(a) 表皮细胞的构造

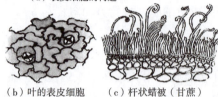

(b) 叶的表皮细胞　　(c) 杆状蜡被(甘蔗)

图 2-14　植物茎、叶表皮细胞

植物茎和叶等部位的表皮细胞,在细胞壁的表面有一层角质层,可以减少水分蒸发、防止病菌的侵入和增加机械支持(图 2-14)。有些植物(如葡萄、苹果)的果实,在角质层外有一层蜡质,具有防止病菌孢子在体表萌发的作用。有些植物的表皮还有各种单细胞或多细胞的表皮毛,具有保护和防止水分散失的作用(图 2-15)。

周皮 是取代表皮的次生保护组织,存在于有加粗生长的根和茎的表面,由侧生分生组织——木栓形成层形成(图 2-16)。木栓形成层细胞向外分化成木栓层,向内分化成栓内层,木栓层、木栓形成层和栓内层合称周皮。木栓层具多层细胞,排列紧密,细胞壁较厚,并且强烈栓化,细胞腔内通常充满空气,具有高度不透水性,并有抗压、隔热、绝缘、质地轻、具弹性、抗有机溶剂和多种化学药剂的特性,能对植物体起到有效的保护作用。具有厚木栓层的树木,如栓皮栎,其木栓层可制作工艺品等。栓内层是一层薄壁的活细胞。

在周皮的形成过程中,在原有的气孔下面,木栓形成层细胞向外衍生出一种与木栓层不同并具有疏松细胞间隙的组织,它们突破周皮,在树皮表面形成圆形、椭圆形、方形或菱形等各种形状的小突起,称为皮孔(图 2-17)。皮孔是周皮上的通气结构,周皮内的活细胞主要通过它们与外界进行气体交换。皮孔的颜色和形状常作为冬季识别落叶树种的依据。

③机械组织 是一类支持、巩固植物体的细胞群,主要特征是有加厚的细胞壁,可以支持植物体枝叶的重量和抗风、雨、雪等外力的侵袭。木本植物的根、茎内机械组织非常

图 2-15　植物表皮毛

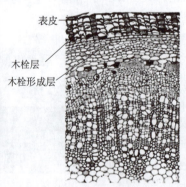

图 2-16　植物周皮

图 2-17　植物皮孔

发达。由于细胞形态、结构和细胞壁增厚方式的不同，机械组织可分为厚角组织和厚壁组织两类。

厚角组织 其细胞是活细胞，常具有叶绿体，构造特点是细胞壁仅在细胞的角隅处加厚(图2-18)。这些细胞壁主要由纤维素和果胶质构成，因此细胞壁的硬度小，具有弹性。一般分布在双子叶植物的幼茎、叶柄、花梗等部位的表皮内侧。厚角组织的存在不影响其他细胞的生长，所以在器官形成时，是最初出现的支持组织。

厚壁组织 细胞壁显著均匀地增厚，壁内仅剩下一个狭小的空腔，成为没有原生质体的死细胞，因而具有很强的支持作用。根据形态的不同，厚壁组织又分为纤维和石细胞。

纤维细胞细长，两端尖细，略呈纺锤形。细胞腔很小，中央仅留一个小孔。成熟的纤维细胞是死细胞，纺织用的纤维就是这种组织。根据所在的部位和细胞壁特化程度的不同，纤维又可分为韧皮纤维和木纤维。韧皮纤维存在于韧皮部，细胞细而长，长是宽的几十倍至几百倍，横切面为多角形，细胞腔细小。其细胞壁纤维化，主要是由纤维素组成，未木质化或木质化程度很低，这种纤维韧性很强，如麻、棉等。木纤维主要存在于植物体的木质部中，细胞壁木质化，其细胞比韧皮纤维细胞短，但硬而坚实，耐压力强，是构成木材的重要成分。

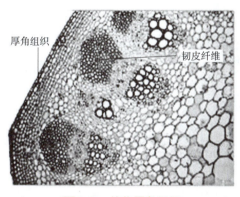 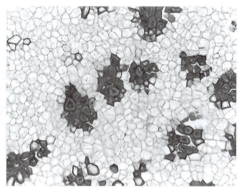

图2-18 植物厚角组织　　　　　　　　图2-19 石细胞

石细胞是细胞壁发生极度增厚，并木化、栓化而形成的。石细胞的细胞腔极小，原生质体消失，次生壁上具有明显的纹层(图2-19)，这样的细胞坚硬。常分布在叶、果实和种子中，特别是在果皮、种皮中最多，单个散生或群集而生。梨的果肉中普遍存在石细胞，劣质品种中的石细胞尤为发达。核桃、桃、椰子等坚硬的内果皮就是由石细胞组成的。在茎的皮层、髓和韧皮部中也常有石细胞存在。此外，茶树、桂花的叶片中也有星状的石细胞分布。

④输导组织　植物体内一部分细胞分化成为管状细胞，专门用来输送水分和营养物质，这些细胞组成的细胞群称为输导组织。输导组织分布于植物体的各个器官中，形成复杂而完善的输导系统。

导管和管胞是木质部中专门输送水分与溶于水的无机盐的结构。导管和管胞虽然功能相同，但是它们的结构、形状及输导的方式却各不相同。

导管　是由许多长形和管状的死细胞通过端壁连接而成的长管。一个细胞就是一个导管分子。成熟的导管细胞内原生质消失，横壁溶解成为穿孔，四周壁木质化(图2-20)。由于发育的顺序和管壁增厚的方式不同，形成了各种不同花纹的导管，如环纹导管、螺纹导管、梯纹导管、网纹导管和孔纹导管等(图2-21)。导管的长度一般为几厘米至1m，藤本植物的导管则可长达数米，如紫藤的导管长达5m。导管是一种比较完善的输水结构，水流可以顺利通过导管腔及穿孔上升，也可通过侧壁的纹孔横向运输。水在导管中的运输速度很快，如在栎树中1min可运输40cm距离。输导期的长短因植物种类而异，在多年生植物中有的达数年，甚至长达10余年。当新的导管形成后，老的导管常相继失去输水能力，这是因为导管四周的薄壁细胞胀大，通过导管侧壁上未增厚的部分或纹孔侵入导管腔内，形成大小不等的囊泡状突起(称为侵填体)，填充于导管腔内(图2-22)。单宁、晶体、树脂和色素物质甚至细胞核和细胞质也可移入侵填体。侵填体的形成，对增强抗腐力、防止病菌侵害、增强木材坚实度和耐水性有一定作用。

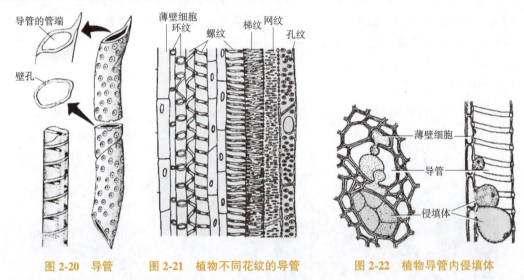

图 2-20　导管　　　图 2-21　植物不同花纹的导管　　　图 2-22　植物导管内侵填体

管胞　是梭形的死细胞，一般长0.1mm至数毫米，直径较小。管胞的细胞壁增厚并木质化，原生质消失。它与导管的主要区别是管胞的端壁不消失，也无穿孔，而为具缘纹孔。上、下排列的管胞各以斜面衔接，水流上升是通过管胞斜面上的纹孔进入另一个管胞，其输送机能较差，是蕨类植物和裸子植物输送水分和无机养料的主要通道。被子植物也有管胞的分布，协助导管起运输作用。根据花纹不同，管胞可分为环纹管胞、螺纹管胞、梯纹管胞和孔纹管胞等类型(图2-23)。

筛管和伴胞　筛管是被子植物韧皮部中输导有机养料的管状结构，它是由一些端壁相连的管状活细胞组成的，细胞长0.1~2.0mm，每个细胞称为筛管分子。成熟的筛管细胞其细胞核解体(图2-24)。相连两个细胞的横壁局部溶解，形成许多小孔，称为筛孔。具有筛孔的横壁，称为筛板。相连两个细胞的细胞质通过筛孔彼此相连形成的丝状物，称为联络索。某些植物的筛管在侧壁也有筛板，细胞质也可通过侧壁上的筛孔彼此相连，是输送有机养料的主要通道。一般双子叶植物的筛管其运输机能只能维持1~2年，筛板被胼胝质形成的垫状物即胼胝体盖住而失去了输导能力，这时就要用新的筛管来代替。竹类等单子叶植物的筛管其运输机能可以维持多年。有些植物如椴树、葡萄的筛管内，在冬天形成胼胝体而停止运输，到翌年春季胼胝体溶化，筛管又恢复正常的运输能力。筛管旁边有与筛管来源相同的小细胞，称为伴胞。伴胞也是活细胞，具有浓厚的细胞质和明显的细胞核，它与筛管相伴存在。

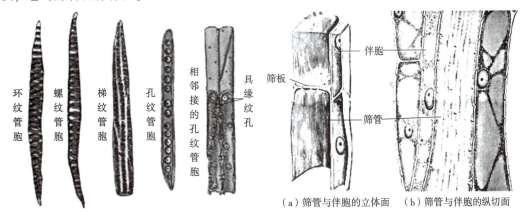

图 2-23　植物不同花纹的管胞　　　　图 2-24　植物筛管细胞

（a）筛管与伴胞的立体面　（b）筛管与伴胞的纵切面

蕨类植物和裸子植物的韧皮部没有筛管，是两端渐尖而倾斜的细长管状细胞，为了与筛管区别，故称筛胞。筛胞无筛板，相邻筛胞之间的有机物运输通过筛域进行。筛域是管壁上具有筛孔的稍凹陷区域，输导能力较差。

导管和筛管是植物体内输导组织的重要组成部分，但也是某些病原微生物侵袭植物体的途径，如某些病毒可通过媒介昆虫进入韧皮部引发病害。

⑤分泌组织　凡是由能产生、贮藏、输导分泌物的细胞构成的细胞群，称为分泌组织。根据分泌物是否排出体外，可分为外分泌组织和内分泌组织两种。

外分泌组织　是将分泌物排到植物体外的组织，如腺毛和蜜腺。腺毛是植物表皮毛的一种，是由表皮细胞分化向外延伸而成的，它将分泌的黏液或精油排出体外，如泡桐茎、叶和花序上的腺毛，以及女贞幼叶的腺毛等。蜜腺常存在于植物的花朵或叶子的表面。蜜汁是植物新陈代谢的产物，能招引昆虫帮助传粉。不同植物上的蜜腺，其形态、构造和分布的位置不同。三色堇的蜜腺分布在花的距内，油桐的蜜腺分布在叶柄顶端，樟树的蜜腺则分布在叶背面的脉腋内。

内分泌组织　是将分泌物贮存于细胞内部或胞间隙中的分泌组织，一般包括乳汁管、树脂道和分泌囊等。

乳汁管由植物体内能分泌乳汁的管状细胞组成。橡胶树、乌桕、榕树、杜仲，菊科、旋花科、萝摩科、罂粟科、桔梗科等植物都具有乳汁管。乳汁管多存在于植物体的韧皮部中，但也有的分布于表皮、皮层和木质部中。乳汁的成分很复杂，一般包括营养物质和代谢物质。这些物质对于植物体的生长、抵抗疾病等有重要作用。很多乳汁还是重要的工业原料，如橡胶、樟脑等都是从乳汁中提取的。

树脂道由许多分泌细胞及由分泌细胞围成的管状胞间隙组成，常存在于松科、柏科植物内。树脂道呈纵横态分布在植物体内，并相互连接形成完整的分泌系统。分泌细胞分泌的树脂存在于树脂道中，当植物体受到创伤时，树脂就流出体外将伤口封闭，以防止微生物的侵袭和促使伤口愈合。松树的木材中含有松脂，因此增强了木材的耐腐性。另外，松脂可提取松香，是一种重要的工业原料。

分泌囊也称油囊，是由具有分泌能力的薄壁细胞群因细胞间层溶解，细胞相互分开而形成的腔。分泌囊在被子植物中普遍存在，尤其以芸香科植物的果皮和叶片中最为常见。柑橘类果实的香味就是分泌囊中分泌物的气味。花的香味大多来自分泌囊中的分泌物——精油，它对招引昆虫传粉有重要意义。

2.2.2 植物组织的发生

植物组织是由形态结构相似、功能相同的一种或数种类型的细胞组成的结构和功能单位，也是组成植物器官的基本结构单位。在植物的系统发育过程中，多细胞群体型植物的出现为组织的发生提供了基础。在多细胞群体型植物向多细胞有机体的进化过程中，多细胞群体型植物个体的不同细胞由于所处的位置不同，受到环境的影响也不同。处于不同位置的细胞群间便出现了相异的形态特征和生理代谢活性与类型的分化。胞间连丝的形成，使得相邻细胞间能够随时进行物质、信息和能量的交换，加强了彼此的联系间。处于相同位置或同类群的细胞间更加趋于相似或具有同一性。而处于不同位置或不同类群的细胞间也因此而逐渐变得彼此不同。这样的变化被逐代保留和遗传下来，成为一种稳定的特性。于是，处于相似或相同位置、有着相似或相同的形态结构和生理功能的细胞群便成了原初类型的组织。因此，组织是植物在长期适应环境的过程中产生的，其发展和完善也是在适应环境的过程中实现的。植物的进化程度越高，其体内细胞（群）间的分工越细，植物体的结构越复杂，适应性越强。被子植物是现存植物中高度发达的植物类群，具有完善的组织分工，在形态结构和生理功能上表现出高度的统一，适应环境的能力强。

2.2.3 植物组织的属性

组织是处于细胞和器官之间的具有相对独立性的结构层次。组织以细胞为基本结构单位，每一类组织的细胞在空间上紧密排列在一起，形态、结构相似，共同完成相同的生理功能。对于形态结构简单、没有器官分化的低等植物而言，组织是其进化发展历程中的最高形式。对于形态结构复杂、具有器官分化的高等植物而言，组织同时又是构成器官的基本结构单位。在高等植物体内，几种不同的组织有机配合、紧密联系，形成不同的器官，不同的器官之间互相配合，更有效地完成有机体的整个生命活动过程。因此，由细胞到组织，由组织到器官再到植物体是一个有机整体。

对多细胞植物体而言，细胞、组织或器官都有其相对的独立性和全息性，在一定的条件下，一个活细胞、组织或器官都可发育成完整植株。此外，组织与组织之间在一定程度上可相互转化。

植物组织中，细胞的形态、结构与其生理功能是相适应、高度统一的。例如，叶肉细胞含有许多叶绿体，执行光合作用，制造有机物质；茎干具有发达的管状系统，输导水分和营养物质；根系的根尖部分表皮细胞外壁凸出，形成毛状结构，扩大了根的表面积，能够更多地接触土壤，从中吸收水分和溶于水的无机盐养分。

单元小结

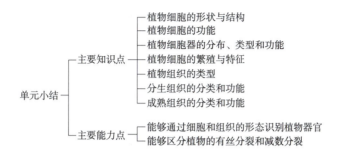

知识拓展

1. 细胞的发现

1665 年，英国皇家科学学会的罗伯特·胡克用荷兰人列文虎克发明制作的显微镜观察了一小片软木，看到软木是由许多蜂窝状的小格子组成的，他将每一个格子称作"细胞"。

1838—1839 年，德国植物学家施莱登和动物学家施旺根据对植物和动物进行观察获得的大量资料提出：一切动植物有机体都由细胞组成；每个细胞是相对独立的单位，既有自己的生命，又与其他细胞共同组成整体生命。这是第一次明确地指出了细胞是有机体结构的基本单位，是生命活动的基本单位，从而建立了细胞学说。恩格斯高度评价了细胞学说，把它与能量守恒和转化定律、生物进化论并列为 19 世纪自然科学的三大发现。细胞学说为生物科学的发展奠定了坚实的基础。

20 世纪初，电子显微镜研制成功，大大提高了显微镜的分辨率，从而使人们看到了光学显微镜下所看不到的更为精细的细胞结构。

20 世纪 60 年代，研究者利用组织培养技术，将植物离体细胞培养成完整的植株，这一事实表明了离体的单细胞具有遗传上的全能性。施莱登、施旺更进一步证明了细胞是生物体的结构和功能的基本单位，是生命活动的基本单位，也是生物个体发育和系统发育的基础。

2. 胞基质

胞基质是细胞生命活动不可缺少的部分。在生活的细胞中，胞基质处于不断运动状态，它能带动其中的细胞器在细胞内做有规则的、持续的流动，这种运动称为胞质运动。胞质运动对于细胞内物质的转运具有重要的作用，促进了细胞器之间生理上的相互联系。胞基质不仅是细胞器之间物质运输和信息传递的介质，而且是细胞代谢的一个重要场所，许多生化反应如厌氧呼吸及某些蛋白质的合成等，就是在胞基质中进行的。同时，胞基质为各类细胞器行使功能提供必需的原料。

3. 液泡

液泡中的细胞液是含有多种有机物和无机物的酸性水溶液。含有各种酸性水解酶，可以分解蛋白质、核酸、脂类及多糖等；有的是细胞代谢产生的贮藏物，如糖、有机酸、蛋白质、磷脂等；有的是细胞代谢产生的次生代谢物，如草酸钙、花青素等。甘蔗的茎具有浓厚的甜味，是因为细胞液中含有大量蔗糖；一些果实的细胞液含有丰富的有机酸而有酸味；柿子因含大量单宁而具涩味；有些含丰富的植物碱，如烟草的细胞液含尼古丁，茶叶和咖啡的细胞液含咖啡因等。许多植物的颜色与细胞液有关，酸性时呈红色，碱性时呈蓝色，中性时呈紫色，如牵牛花在早晨为蓝色随后渐转红色就是这个缘故。细胞液还含有很多无机盐，有些盐类因过饱和而形成结晶，常见的有草酸钙结晶。高浓度的细胞液使细胞在低温时不易冻结，在干旱时则不易丧失水分，提高了抗寒和抗旱的能力。

4. 叶绿体

叶绿体具有双层膜，在绿色植物和藻类中普遍存在的叶绿体是光合作用的场所。叶绿体有自己特有的双链环状 DNA、少量 RNA、核糖体和进行蛋白质生物合成的酶，能合成出一部分自己所必需的蛋白质，是植物细胞的"养料制造车间"和"能量转换站"。

5. 有丝分裂

有丝分裂由弗莱明 1882 年首次发现于动物。特点是有纺锤体、染色体出现，子染色体被平均分配到子细胞。这种分裂方式普遍见于高等动植物和低等植物。

动物细胞有丝分裂的过程，与植物细胞基本相同，不同之处在于：

（1）动物细胞有中心体，在细胞分裂的间期，中心体的两个中心粒各自产生了一个新的中心粒，因而细胞中有两组中心粒。在细胞分裂的过程中，两组中心粒分别移向细胞的两极。在这两组中心粒的周围，发出无数条放射线，两组中心粒之间的星射线形成了纺锤体。

（2）动物细胞分裂末期，细胞的中部并不形成细胞板，而是细胞膜从细胞的中部向内凹陷，最后把细胞缢裂成两部分，每部分都含有一个细胞核。这样，一个细胞就分裂成了两个子细胞。

有丝分裂的重要意义，是将亲代细胞的染色体经过复制（实质为 DNA 的复制）以后，精确地平均分配到两个子细胞中去。由于染色体上有遗传物质(DNA)，因而在生物的亲代和子代之间保持了遗传性状的稳定性。可见，细胞的有丝分裂对于生物的遗传有重要意义。

实践教学

实训 2-1　植物细胞结构及有丝分裂的观察

【实训目的】

认识植物细胞的基本结构及有丝分裂的不同时期；学会使用光学显微镜；学会徒手制作临时装片。

【材料及用具】

光学显微镜、载玻片、盖玻片、解剖刀、刀片、解剖针、镊子、吸管、纱布、吸水纸；碘液、45%醋酸洋红溶液、浓盐酸、75%和95%乙醇、蒸馏水、冰醋酸、无水乙醇；洋葱根尖纵切片、刺槐或油松种子、洋葱、植物嫩茎。

【方法与步骤】

1. 认识光学显微镜

光学显微镜镜体一般由机械部分和光学部分组成，前者是用以支持光学部分的支架，后者起调节光线和放大物像的作用(图 2-25)。

(1)机械部分

镜座　为显微镜的基底部分,用以固定和支持全镜。

镜臂　位于镜座之上,形稍弯曲,便于握取。

目镜筒　连接于镜臂的上边。

转换器　固定于镜筒的下端,呈盘状,盘上有4孔,用于安装物镜,转动可选择所需倍数的物镜。

调焦手轮　位于镜臂左、右两侧,旋转可使载物台垂直移动26.5mm范围。靠内侧大的为粗调焦手轮,每转能使载物台移动3.77mm;靠外侧小的为细调焦手轮,每转能使载物台移动0.2mm,操作时必须先调整粗调焦手轮,看到物像后再用细调焦手轮调准焦点。

载物台　用以放置载玻片的方形平台,中央有一个通光孔,让光线通过。载玻片用压片夹夹紧。载物台下方有调节钮,能使载玻片纵向或横向移动。

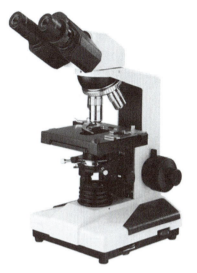

图2-25　光学显微镜

(2)光学部分

聚光器　位于载物台通光孔的下方,由几个透镜组成,用以聚集来自钨卤素灯的光线使之照射在标本上。聚光器可以上、下移动调节光线亮度。聚光器装有孔径光阑,扳动其操纵杆可使光阑扩大或缩小,以调节入射光束的大小。

物镜　置于转换器的圆孔中,低倍物镜有4倍和10倍两种放大倍数,高倍物镜通常放大倍数为40倍,油镜放大倍数为100倍。

目镜　装在镜筒的顶端,常用10倍目镜。目镜的作用是把物镜放大了的实像进一步放大。显微镜的放大倍数为目镜的放大倍数乘以物镜的放大倍数。

2. 学习光学显微镜的使用方法

①右手持镜臂,左手托镜座,保持镜体直立,轻放于实验桌上,镜座离桌边5~6cm。

②转动转换器,使10倍物镜与镜筒成一直线,然后打开电源开关,调节亮度控制钮,直到获得所需亮度。

③把待观察的玻片标本放在载物台上,有盖玻片的一面朝上,用弹簧夹夹住,使待观察的材料正对通光孔。

④根据两眼间距调节两个目镜间的距离。

⑤将孔径光阑调至最小孔径,上、下移动聚光器,对焦到标本面上。

⑥转动粗调焦手轮,使载物台向上移动,当玻片几乎接触到10倍物镜时,双眼通过10倍目镜观察,边观察边转动粗调焦手轮,使载物台徐徐下降,直至视野中出现放大物像为止。

⑦转动细调焦手轮,直到观察到清晰物像。移动玻片寻找目标时,要向视野中相反方向移动,因视野中是放大的虚像。

⑧需要用高倍镜观察时,先将要观察的目标移至视野中央,然后转动转换器,改用40倍物镜,若能看到模糊物像,则转动细调焦手轮,即能看到清晰物像。转动细调焦手轮时要格外小心,防止物镜镜头压碎玻片。

⑨使用结束后,取下玻片,断开电源,将显微镜放回箱中。

3. 制作洋葱鳞片表皮临时装片(图 2-26)

①用吸管吸清水并滴一滴在载玻片中央。

②用解剖刀切取一小块(用解剖刀在洋葱鳞片内表皮上划一"井"字,四边各长约 1cm)洋葱鳞片,用镊子夹住洋葱鳞片内表皮的一角轻轻撕下。

③将撕下的洋葱鳞片内表皮展平置于载玻片中央的水滴中(注意表皮外面应朝上)。

④用镊子夹住一片盖玻片,将其一端先接触到载玻片中央的水滴,再斜放下盖玻片,避免产生气泡。

⑤用吸管吸取少量稀释碘液,滴加在盖玻片的一端。

⑥在另一端用吸水纸吸取,反复多次直至标本被染色为止。

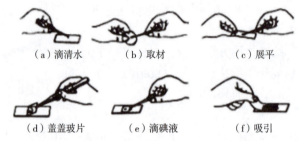

(a) 滴清水　　(b) 取材　　(c) 展平
(d) 盖盖玻片　(e) 滴碘液　(f) 吸引

图 2-26　制作洋葱鳞片表皮临时装片

4. 观察洋葱鳞片表皮细胞结构(图 2-27)

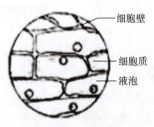

图 2-27　观察洋葱鳞片内表皮细胞结构

将制作好的洋葱鳞片表皮临时装片放在显微镜载物台上,先用低倍镜观察,可看到许多长形的小室,这就是细胞。再换用高倍镜仔细观察,可以观察到细胞以下结构:

细胞壁　包围在细胞最外边。

细胞质　幼小细胞的细胞质充满整个细胞,形成大液泡时,细胞质紧贴着细胞壁成一薄层。

细胞核　在细胞质中有一个被染色较深的圆球状颗粒,此即细胞核,有时还可以看到其中的核仁。

液泡　如果把光线调暗一些,可见细胞内较亮的部分,这就是液泡。幼小细胞的液泡小,数目多;成熟的细胞通常只有一个中央大液泡。

5. 利用洋葱根尖纵切片观察细胞有丝分裂

取洋葱根尖纵切片,用光学显微镜观察。要求先用低倍镜找到根尖的分生区。分生区的特点是:细胞呈正方形,排列紧密,有的细胞正在分裂。将分生区细胞移至视野中心,再换用高倍镜观察,可见细胞正处于不同的有丝分裂时期。对照图 2-9 仔细辨认它们分别属于有丝分裂哪一时期。注意观察各个时期细胞内染色体变化的情况。

在一个视野里,往往不容易找全有丝分裂各个时期的细胞。可慢慢地移动装片,在附近的分生区细胞中寻找。

6. 植物细胞分裂涂片制作与有丝分裂观察

材料准备　将刺槐或油松种子用温水浸种 1~2d,取出后放到培养皿中催芽,待胚根长到 0.5~1.5cm 时即可使用。

固定 将培养好的刺槐或油松根尖从端部取长0.5~1.0cm的一段，放入固定液(无水乙醇3份、冰醋酸1份，随配随用)内，经15~60min，取出后用95%乙醇洗净(即洗去冰醋酸味)，再移入70%乙醇内保存。固定的作用是用药剂把活组织杀死，使其停留在某个生长阶段不再发生变化。

解离、染色 将固定好的根尖放入盐酸-乙醇解离液中，15min后，待材料脆化、易于压散即可取出。解离时间长一些(3~4h)，染色效果会更好。取出材料后放入一个广口瓶中，在瓶口上蒙上一块双层纱布并扎牢，再将瓶口对准自来水龙头用自来水冲洗几分钟。冲洗好后用醋酸洋红染色12h左右。快速染色时，可把材料浸入染色液中5~10min，然后在酒精灯上微微加热(注意勿使染色液煮开或干涸)。

制片 把染色后的根尖放在载玻片上，加上一滴染液，盖上盖玻片，其上再盖上数层吸水纸。用左手按住吸水纸，右手用解剖针柄或细玻璃棒对准根尖所在位置轻轻敲打数十下后，移去吸水纸，将制好的切片对光检查，若已成为均匀的薄层，即可进行镜检。

镜检 先用低倍镜观察一般情况，然后换用高倍镜观察染色体排列情况，找出细胞分裂的各个时期。

7. 练习徒手切片

徒手切片法是随时将观察材料制成玻片标本以供观察的常用方法。截取植物嫩茎一段，用左手的拇指和食指捏紧(食指比拇指稍高一些)，右手执刀片，将刀片托于左手食指之上，刀口向着操作者自身方向(图2-28)。切取材料时，利用右手臂部移动的力量带动手中的刀片迅速地做水平切割移动。要一次切下一片薄片，尽量薄些(1.0~2.0μm)，勿将材料做拉锯式切割。切去一片后，左手食指、拇指尖向下微缩少许后继续切。切下的薄片放在有水的培养皿中，选取其中最薄的透明状切片镜检。对于用手难以执住的细薄柔软材料，可将其夹于较硬的植物材料中(如接骨木的髓部、胡萝卜等)，一同切下。

(a)切片　(b)将薄片放入有水的培养皿中

图2-28 徒手切片法示意图

【作业】

1. 绘制洋葱鳞片表皮细胞图(每人一份)。

①选位、勾勒轮廓图　依据显微镜下看到的实际情况，选择典型状态的细胞，在绘图纸中央稍偏左的位置上用2H铅笔轻轻勾画出细胞的轮廓。图的大小要适中，各部分的比例要正确。

②绘结构图、注字　在勾好轮廓图的基础上，用2B铅笔准确、清晰地绘出细胞的结构图。绘图时细胞的明暗部位应用点的疏密表示，点要圆而整齐。绘好图后要注字，字要尽量注在右侧且上下对齐，各指示线要平行。图的下方注上本图的全称。

2. 绘制有丝分裂各个时期的细胞简图(每人一份)。

【考核评估】

着重考核操作过程中的主动性和完成实训任务的科学性、小组成员的配合与协调性、实训作业的完整性和创新性。操作过程成绩占50%，个人实训作业成绩占50%。

实训 2-2　植物组织结构及形态观察

【实训目的】

能识别常见植物组织所在位置和形态结构，理解植物组织结构与功能的关系。

【材料及用具】

光学显微镜、载玻片、盖玻片、尖嘴子双面刀片、滴管、滴瓶、布块等；洋葱根尖纵切片、接骨木或杨树茎横切片、女贞和泡桐茎横切片、橡皮树和桑树叶柄横切片、松属和南瓜茎切片；天竺葵、胡颓子、梨果实、橘子等新鲜材料。

【方法与步骤】

1. 观察分生组织

取洋葱或其他植物根尖纵切片，或用新鲜材料做临时切片，先放在低倍镜下找到根尖生长点的部位，再用高倍镜观察分生组织细胞的形态和结构。

取杨树或接骨木茎的横切片，放在显微镜下观察形成层的位置及细胞结构的特征。

2. 观察保护组织

用镊子撕取一小块天竺葵叶片的下表皮，以清水装片，放在显微镜下观察。可见其下表皮(保护组织)的细胞壁嵌在一起，彼此之间分布许多由两个半月形的保卫细胞组成的小圆孔，这就是气孔。还可以看到保卫细胞内含有叶绿体。保卫细胞的细胞壁结构与表皮细胞不同，这与它的功能有密切关系。

用镊子刮取胡颓子或悬铃木叶片的下表皮附属物少许，以清水装片，放在显微镜下观察。在显微镜下可见胡颓子的表皮毛为多细胞构成的放射状鳞片，悬铃木的表皮毛是由分枝形的细胞构成的。以上这些是初生保护组织。取接骨木或杨树 2~3 年生茎的横切片或临时切片，放在显微镜下观察，可以看到茎的最外面有几层扁长方形的排列紧密而整齐的细胞，这就是次生保护组织。由于细胞壁木栓化，被染成了黄色。

3. 观察薄壁组织

取女贞、泡桐、杨树等嫩枝的横切片或临时装片，放在低倍镜下观察，可看到在表皮的内侧有多层薄壁细胞，呈六角形或椭圆形，具有细胞间隙，细胞内具有大液泡，有时还能看到外面几层细胞内含有叶绿体，这就是皮层薄壁组织。将切片的中央部分移至视野内观察，没有叶绿体，而常有淀粉、单宁等物质，这就是髓心薄壁贮藏组织。

4. 观察机械组织

取橡皮树、桑树的叶柄横切片或临时切片，或取南瓜茎的横切片，放在显微镜下观察，可见皮层最外几层细胞其细胞壁在角隅部位都加厚了，这就是厚角组织。

取桑树、杨树等 2~3 年生茎的横切片，放在显微镜下观察，在皮层内可见束状排列的一轮被染成红色的厚壁细胞，这就是厚壁组织。

用镊子挑取梨的果肉(必须带有小砂粒)放在载玻片上，轻轻敲碎果肉后摊平，用清水装片，放在显微镜下观察，可见许多成堆的矩形厚壁细胞，其细胞腔极小，在细胞壁上还有分支的纹孔，这就是石细胞。石细胞也可用桑叶、樟树茎等进行观察。

5. 观察输导组织

将松属和杨属等木材切成火柴棍大小,用离析法处理。取离析好的松属和杨属木材少许,以清水装片,放在显微镜下观察,在杨属木材的装片中可以看到两端具有单穿孔的导管分子,还可以看到不同类型的导管。在松属木材的装片中可以看到有许多两端不具穿孔的管胞分子,其壁上有同心圆状的具缘纹孔。取南瓜茎或葡萄茎的纵切片,放在显微镜下观察,可见许多节状、在节部膨大的导管分子;其节部有横隔筛板;筛板上、下两端常见漏斗状的细胞质素,即筛孔。

6. 观察分泌组织

横切橘皮做清水装片,放在显微镜下观察,可见近外皮处有许多油囊,其中含有挥发性油脂,这就是橘类的分泌囊。

取橡皮树或桑树的叶柄,用徒手切片法在皮层部分制作纵切片,放在培养皿中(皿内加入1%的氢氧化钠溶液),待切片透明后,用清水洗净,置于显微镜下观察,可见黄色的结构,这就是乳汁管。

【作业】

1. 绘出薄壁组织、叶表皮保护组织和石细胞、韧皮纤维细胞结构图,并说明它们所在部位及形态特征与功能的关系(每人一份)。
2. 绘出导管、管胞、筛管和伴胞、松类树脂道和乳汁管的细胞结构图(每人一份)。

【考核评估】

着重考核操作过程中的主动性和完成实训任务的科学性、小组成员的配合与协调性、实训作业的完整性和创新性。操作过程成绩占50%,个人实训作业成绩占50%。

思考题

1. 简述植物细胞的结构和功能。
2. 典型的植物细胞和动物细胞在结构上的差异是什么?这些差异对植物生理活动有什么影响?
3. 高等植物细胞有哪些主要的细胞器?这些细胞器的结构、形态与生理功能有何联系?
4. 谈谈植物细胞形态与功能的联系。
5. 植物细胞有丝分裂有几个阶段?每个阶段的特点是什么?

单元 3　植物根的形态结构与生长

学习目标

知识目标

1. 熟悉植物根的种类及生理功能。
2. 掌握根的初生生长与初生结构。
3. 掌握根的次生生长与次生结构。

技能目标

1. 能识别植物根的类型。
2. 会用显微镜观察根的初生结构与次生结构。
3. 能绘制根的初生结构与次生结构图。

课前预习

1. 种子在萌发时，是先长根还是先长芽？
2. 日常吃的胡萝卜和莲藕是植物的根还是茎？它们有什么特点？
3. 植物的根是如何生长的？在根的增长和增粗过程中，不同的结构是如何协调作用的？

3.1　根的类型与功能

根系是植物所有地下部分根的总称。

3.1.1　根系的类型

植物根系按照形态分为直根系和须根系两大类（图 3-1）。

直根系　由发达的主根及各级侧根组成，主根较各级侧根粗壮而长，侧根与母根常成锐角，使整个根系呈开展状，以利于支持和固着。大多数双子叶植物和裸子植物的根系均为直根系，如松柏、杨柳等的根系。

须根系　主根不明显，主要由不定根组成的根系。这类根系在胚根发育时，主根退化或者停止生长，然后从胚轴和茎上长出不定根，组成须根系。须根系的根不增粗，每条根的粗细类似,丛生如须。大多数单子叶植物和蕨类植物的根系为须根系,如玉米、小麦、水稻等的根系。

3.1.2 根的种类

根据根发生的时间和位置的不同,可以将根分为定根和不定根两大类。

定根 植物的根起源于种子的胚根,种子萌发时,胚根最先突破种皮向下生长形成根,此为主根。主根生长到一定程度时,在一定部位从内部侧向生出许多支根,称为侧根。当侧根生长到一定长度时,又能从侧根上生出新的侧根。一般情况下,从主根上生出的侧根称为一级侧根,从一级侧根上生出的侧根称为二级侧根,以此类推。由于主根和侧根都来源于胚根,它们的生长位置相对固定,因此称为定根。

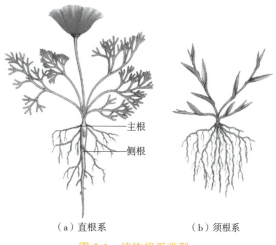

图 3-1 植物根系类型

不定根 许多植物不仅能产生定根,还能从茎、叶或胚轴上生出根,这些根发生的位置不固定,称为不定根。不定根与主根类似,也能不断产生侧根,该特性被广泛应用于园林植物繁殖中,包括利用不定根进行扦插、压条、组织培养等。

3.1.3 根系功能

(1)支持和固着作用

植物之所以能够牢固地竖立在土壤中,靠的就是发达的根系。根系深深扎入土壤,起到固定和支持的作用。

(2)吸收和输导作用

植物正常生长所需要的水分和矿质元素都是依靠根系从土壤中获得的,其中根毛区是主要的吸收部位。根系吸收的水分和矿质元素通过根中的输导组织运往地上部分,同时输导组织也可以运输地上部分合成的营养物质以供根的生长和多种生理活动所需。

(3)合成作用

根系还能够合成多种有机物质,如合成生长素以及植保素等,起到维持植物正常生长、抵御病原微生物的侵染等作用。

(4)分泌作用

根系能够分泌近百种物质,包括氨基酸、有机酸、糖类、固醇、生物素和维生素等。这些物质可以缓冲根在生长过程中与土壤的摩擦,使根形成促进吸收的表面,并帮助植物抵御其他微生物的侵害,也可以促进根际微生物的生长,同时这些根际微生物对植物的代谢、吸收、抗病性都有利。

(5)繁殖和贮藏作用

许多植物的根内具有发达的薄壁组织,是贮藏有机物或者无机物的重要器官,如萝卜、甜菜的块根。有些植物的根系还具有较强的繁殖能力,能产生不定芽,发育形成新的植株,如芦荟。

3.2　根系在土壤中的分布

根系在土壤中的分布包括水平分布和垂直分布。根系水平分布的密集范围一般在树冠垂直投影的内、外侧，是生产上施肥的最佳范围。根系垂直分布的密集范围一般在40~60cm的土层内，而其扩展的最大深度可达4~10m甚至更深。根系的分布情况不仅取决于各种植物根系的特性，同时也受到土壤条件（如水分、通气状况、温度、肥力、土壤结构等）的影响。了解植物根系在土壤中的分布状况，对合理利用土壤，在有限的土壤面积中获得最大的产出有着重要意义。

根系在土壤中分布广泛，一般直根系入土较深，属于深根系。其侧根在土壤中的伸延范围也较广，如木本植物的根系其伸延直径可达10~18m，常超过树冠好几倍；草本植物如南瓜，其根系伸延直径达6~8m。须根系主要分布在较浅的土层，属于浅根系。如大麦、小麦、水稻、燕麦、蒜、葱等，其根系均属浅根系。但深根系和浅根系也是相对的，会受到土壤条件的影响而改变。同一种植物，如果生长在雨水较少、地下水位较低、土壤肥沃、通气和排水良好的土壤中，它的根系比较发达，可以到达较深的土层。相反，如果生长在地下水位高、通气排水不良、土壤肥力差的地区，其根系不发达，多分布在较浅的土层。因此，要充分了解根系的特性，辅助深耕改土、合理施肥，为根系生长创造良好条件，从而提高植物地上部分的产量。另外，也可通过将深根系和浅根系的植物间作或套种，充分利用土壤垂直空间，发挥土壤的有效利用率。

3.3　根尖的结构

植物根尖分为4个部分，分别为根冠、分生区、伸长区和成熟区（图3-2）。

(1) 根冠

根冠位于根尖的最前端，像一顶帽子一样套在分生区外面，起到保护分生区细胞的作用。根冠细胞形状不规则，排列不整齐，无细胞间隙，细胞内含有丰富的内质网、高尔基体、线粒体等细胞器。中央的细胞小，排列紧密，含有淀粉粒。外层细胞大，排列疏松，会分泌一些由高度水合的多糖物质和氨基酸组成的黏液。这些黏液可以减少根尖向前生长时与土粒之间的摩擦，有利于根尖在土壤中向下生长；能溶解或螯合某些矿物质，有助于土壤基质中营养物质的释放，并有利于根系对营养物质的吸收；还可以促进根系周围微生物的生长和代谢。根生长时，根冠外层细胞与土壤颗粒摩擦，不断脱落、死亡，而内部的分生组织细胞不断分裂补充形成新的根冠，使其保持一定的形状与厚度。

(2) 分生区

分生区位于根冠之后，长1~2mm，由顶端分生组织细胞构成。该区细胞始终保持分裂能力，产生的细胞一部分补充到根冠，以补偿根冠中损伤脱落的细胞；大部分细胞进入根后方的伸长区，是产生和分化成根各部分结构的基础；少部分细胞始终存在于分生区以保持分生区的体积和功能。

分生区的顶端分生组织包括原生分生组织和初生分生组织。原生分生组织位于前端，由原生分生组织的原始细胞及其最初的衍生细胞构成,细胞分化少。初生分生组织位于原生分生组织后,由原生分生组织的衍生细胞构成,逐渐分化为原表皮、基本分生组织和原形成层,这3个部分以后分别发育为表皮、皮层和维管柱。在很多植物根尖分区的最先端中央部分有一团细胞,其有丝分裂活动弱于周围的细胞,称为不活动中心。

(3) 伸长区

伸长区位于分生区后方,细胞来源于分生区。伸长区的细胞多数已停止分裂,并开始纵向伸长。细胞液泡化程度加强,体积增大,伸长的幅度可以达到原始细胞的数十倍。伸长区是分生区向成熟区的过渡,该区的细胞逐渐分化出不同的组织,形成最早的筛管和环纹导管。伸长区也是使根尖不断向土壤深处延伸的动力所在。

(4) 成熟区

成熟区的细胞由伸长区细胞分化形成,位于伸长区的后方,该区各部分的细胞停止伸长,分化出各种成熟组织。成熟区表皮通常有根毛产生,因此又被称为根毛区。根毛由表皮细胞外侧壁向外凸起延伸形成,成熟的根毛长 0.5~10mm。

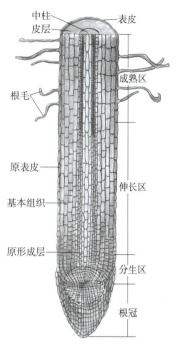

图 3-2 植物根尖结构

根毛形成后,细胞核和部分细胞质转移到了管状根毛的末端,细胞质沿细胞壁分布,中央为一个大液泡。根毛的形成,大大增加了植物根系的吸收面积,但是根毛的寿命很短,一般 10~20d 后死亡,表皮细胞也随之死亡。靠近伸长区的根毛是新生的,随着根在土壤中推进,老的根毛死亡,靠近伸长区的细胞不断分化出新根毛,代替死亡的根毛行使功能,保证根的吸收功能永远保持在根尖部分。根尖这样的特性,为在树冠冠幅下施肥而不是在树干周围施肥提供了理论依据。

另外,在植物移栽过程中,先端活跃的根毛区常常被破坏,会造成植物对水分的吸收大大下降。因此,移栽时必须充分灌溉以及适量修剪,降低根冠比,以减少蒸腾,从而提高移栽树木的成活率。

3.4 根的初生生长和初生结构

3.4.1 双子叶植物根的初生生长和初生结构

由根尖顶端分生组织经过细胞分裂、生长和分化形成各种成熟组织的过程,称为根的初生生长。在这一过程中形成的组织和结构,分别称为初生组织和初生结构。根尖成熟区的初生结构由外至内包括表皮、皮层和维管柱3个部分(图3-3)。

(1) 表皮

表皮是根最外侧的一层细胞,由原表皮发育而来。表皮细胞略呈长方形,其长轴与根的纵轴平行,在横切面上近似于长方形。表皮细胞的细胞壁薄,由纤维素和果胶组成,有利于水分和溶质的渗透及吸收。表皮外壁通常无或仅有一薄层角质层,无气孔分布。表皮

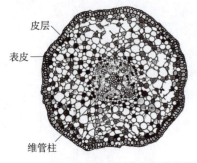

图 3-3 双子叶植物(柳树)根初生结构

细胞排列紧密，无细胞间隙。一部分植物表皮细胞的外壁向外延伸形成根毛，扩大了根的吸收面积。水生植物和个别陆生植物根的表皮不具有根毛，某些热带兰科附生植物的气生根表皮也无根毛，而由表皮细胞形成多层紧密排列的细胞构成根被，具有吸水、减少蒸腾和机械保护的功能。

(2) 皮层

皮层位于表皮和维管柱之间，由基本分生组织分化而来，一般由多层薄壁细胞组成，在根的横切面上占有较大的比例。皮层的薄壁细胞体积比较大，排列疏松，有明显的细胞间隙，细胞中常贮藏着丰富的后含物。皮层除了有贮藏营养物质的功能外，还有横向运输水分和矿物质至维管柱的作用。一些水生植物和湿生植物的皮层中可发育出气腔和通气道，以保障根系的正常生理功能。另外，根的皮层还是合成作用的主要场所，可以合成一些特殊的物质。皮层又可进一步分为外皮层、皮层薄壁细胞和内皮层3个部分。

外皮层　为多数双子叶植物皮层的最外一层或数层细胞，细胞形状较小，排列紧密，无细胞间隙。当根毛枯死，表皮破坏后，外皮层的细胞壁增厚并栓化，起临时保护作用。

皮层薄壁细胞　位于内、外皮层之间，由多层薄壁细胞构成，细胞体积大，排列疏松，有明显的细胞间隙，细胞中常含有各种后含物。

内皮层　位于皮层最内一层，细胞排列紧密，无细胞间隙。双子叶植物在内皮层细胞的径向壁和横向壁有一条木栓化的带状增厚，称为凯氏带。凯氏带不透水，从根系吸收的水分和矿质元素不能通过细胞间隙、细胞壁进入，必须全部经过内皮层的质膜及原生质体才能进入维管柱，起到选择性通透的作用，同时也减少了溶质的散失，维持维管柱内溶液的一定浓度，使水和溶质源源不断地进入维管柱。

(3) 维管柱

维管柱也称为中柱，是皮层以内的部分，由原形成层分化产生，包括中柱鞘、初生木质部、初生韧皮部和薄壁组织4个部分。

中柱鞘　位于维管柱的最外部，其外侧与内皮层相接，通常由一层薄壁细胞组成，有些植物的中柱鞘也可由数层细胞组成。中柱鞘细胞排列整齐，分化程度低，具有潜在的分化能力，可以分化产生侧根、不定芽、乳汁管、树脂道等。当双子叶植物根开始次生生长时，维管形成层及木栓形成层都发生于中柱鞘。

初生木质部　位于根的中央，由导管和管胞组成。初生木质部的形成方式为由外向内逐渐发育成熟的外始式。外部横切面呈辐射状，由管径较小的环纹导管或螺纹导管组成，称为原生木质部。靠近轴心的部分成熟较晚，由管腔较大的梯纹导管、网纹导管或孔纹导管组成，称为后生木质部。初生木质部的主要功能是输导水分及无机盐等，初生木质部的辐射棱角与中柱鞘紧紧相接，缩短了径向运输的距离，有利于根吸收的溶液迅速进入导管向地上部分运输。

初生韧皮部　主要运输有机物。初生韧皮部形成若干束，分布于初生木质部辐射角之间，与初生木质部相间排列。在同一根中初生韧皮部的束数与初生木质部的束数相等，其发育方式也是外始式，即原生韧皮部在外侧，后生韧皮部在内侧。前者常缺伴胞，后者主要由筛管和伴胞组成。

薄壁组织　位于初生韧皮部与初生木质部之间，起着贮藏的作用。在双子叶植物中，是原形成层保留的细胞，将来发育成形成层的一部分。双子叶植物根中一般没有髓，后生木质部一直分化到根的中央，但有些双子叶植物（如花生、蚕豆等）的主根直径较大，后生木质部没有分化到维管柱的中央，就形成了髓。

3.4.2　单子叶植物根的初生生长和初生结构

单子叶植物的根与双子叶植物的根初生结构基本一致，从外向内依次为表皮、皮层和中柱。

单子叶植物根的皮层，靠近表皮的一层至数层细胞为外皮层，在根发育的后期往往转变为木栓化的厚壁组织，起到机械支持和保护的作用。

单子叶植物皮层薄壁细胞与双子叶植物稍有不同，如水稻的老根中，部分皮层薄壁细胞互相分离，形成大的气腔。气腔间由解离的皮层薄壁细胞及残留的细胞壁所构成的薄片隔开。水稻根、茎、叶中的气腔互相连通，有利于通气，以保障水稻在湿生环境中正常生长。

单子叶植物内皮层的加厚方式也与双子叶植物不同。在根发育后期，其内皮层细胞呈五面增厚，只有外切向壁未加厚。从横切面来看，内皮层细胞的细胞壁呈马蹄形加厚。

由于单子叶植物常为一年生，因此在根发育的后期，中柱鞘细胞壁加厚并木质化，不能恢复分生能力产生木栓形成层，初生木质部与初生韧皮部相间排列。初生韧皮部和初生木质部之间的薄壁细胞不能恢复分裂能力，不产生形成层和次生结构。有些植物如水稻在根发育的后期，除韧皮部外，所有细胞的细胞壁木质化而变为厚壁组织，整个维管柱既保持输导功能，又起着坚强的支持作用。单子叶植物维管柱的中央常常有发达的髓，由薄壁细胞组成。

3.5　根的次生生长和次生结构

大多数双子叶植物和裸子植物的根在完成初生生长之后，开始出现维管形成层和木栓形成层，进而产生次生维管组织和次生保护组织，使根不断增粗，这个生长过程称为次生生长或增粗生长。在次生生长过程中产生的结构，称为次生结构（图3-4）。

3.5.1　根的次生生长

（1）维管形成层的分化

维管形成层位于初生韧皮部内侧与初生木质部之间，在植物根进行次生生长时，由原形成层保留下来的未分化的薄壁细胞开始分裂，形成维管形成层片段。随后维管形成层逐渐向左、右两侧扩展，并向外推移，直到初生木质部辐射角处与中柱鞘细胞相接。这时，在这些部位的中柱鞘细胞也恢复分裂能力成为维管形成层的一部分，并与先前产生的维管形成层相接。至此，维管形成层成为完整连续的波状维管形成层环。维管形成层环的横切面轮廓，在二原型根中略呈卵形，在三原型根中呈三角形，在四原型根中呈四角形。此后，维管形成层环中的各部分进行等速分裂，形成根的次生结构。

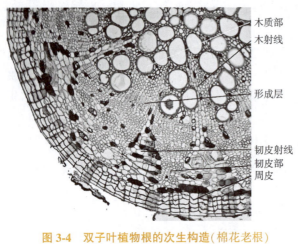

图 3-4　双子叶植物根的次生构造(棉花老根)

维管形成层向内分裂，在初生木质部外侧形成新的木质部，称为次生木质部；向外在初生韧皮部内侧分裂产生新的韧皮部，称为次生韧皮部。次生木质部与次生韧皮部为内、外相对排列，中间由维管形成层隔开。在根次生增粗过程中，维管形成层向内分生的次生木质部成分较多，向外分生的次生韧皮部成分较少。因此，在根的次生结构中，次生木质部所占的比例远大于次生韧皮部。同时，早期形成的韧皮部尤其是初生韧皮部，由于承受内侧生长的压力较大，被挤毁消失，而新产生的次生木质部总是加在早期形成的木质部外侧，对早期形成的木质部影响较小，以致初生木质部能在根中央被保存下来。

维管形成层在正对初生木质部辐射角处，由中柱鞘发生的形成层段也分裂形成径向排列的薄壁细胞，称为维管射线(简称射线)。在较粗的老根中，次生木质部和次生韧皮部中都有射线的形成，分别称为木射线和韧皮射线。射线具有横向运输水分和养料的功能，组成根维管组织内的径向系统，而导管、管胞、筛管、伴胞、纤维等组成维管组织的轴向系统。

次生生长是大多数双子叶植物和裸子植物特有的，在每年的生长季节内，其维管形成层的细胞分裂活跃，不断产生新的次生维管组织，导致根一年一年地变粗。

(2) 木栓形成层的分化

随着根中次生维管组织的不断增加，维管柱不断增粗。为了更好地适应内部组织的变化，在初生表皮和皮层被撑破之前，中柱鞘细胞恢复分生能力，进行切向分裂，形成几层中柱鞘细胞，其外层的细胞形成木栓形成层。木栓形成层进行切向分裂，向外产生由数层木栓细胞组成的木栓层，覆盖在根外层起保护作用；向内产生少量的薄壁细胞组成栓内层。木栓形成层和它所形成的木栓层、栓内层共同组成周皮。

3.5.2　根的次生结构

维管形成层和木栓形成层的分化导致了根的次生结构的形成，次生结构自外向内依次为周皮、初生韧皮部(常被挤毁)、次生韧皮部(含径向的韧皮射线)、形成层和次生木质部(含木射线)，辐射状的初生木质部仍保留在根中央。

周皮　由木栓层、木栓形成层和栓内层组成，属于次生保护组织。木栓层含多层细胞，排列紧密，成熟后细胞壁栓质化，导致外面的表皮和皮层得不到水分和营养而脱落。

初生韧皮部　位于周皮内侧，常被挤毁，只留下韧皮纤维。

次生韧皮部　位于初生韧皮部内侧，被子植物的次生韧皮部由筛管、伴胞、薄壁细胞、纤维等组成，径向排列的成束薄壁细胞形成韧皮射线。

形成层　位于次生韧皮部内侧，向内、外增生新的维管组织，使根的直径不断增大。形成层细胞的分裂不仅包括切向分裂，还有径向分裂及其他方向的分裂，使形成层周径扩大，以适应根内部的增长。

次生木质部　位于初生木质部外侧，形成层细胞进行切向分裂，向内分裂的细胞分化成导管、管胞、木纤维、木薄壁细胞。

单元小结

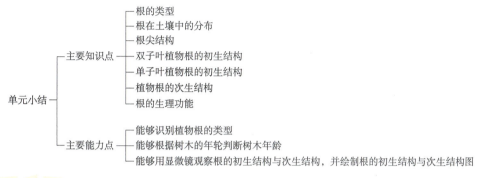

知识拓展

1. 植物根的一些特性

俗话说，根深叶茂。植物的根不仅起着固定植物的作用，同时还担负着在土壤中寻找和摄取养分的主要任务，称得上"植物生命的支柱"。可以毫不夸张地说，没有根，就没有叶、没有花，当然也不会有果。

根是植物六大器官之一，除了少数气生根以外，一般指植物在地下的部位，是植物在长期适应陆地生活的过程中形成的地下营养器官。植物的根没有节和节间的分化，其顶端能向下生长，具有向地性，能产生侧根，形成庞大的根系，以利于植物固着和对水分、营养物质的吸收。具有次生生长的植物，它们的根还能进行横向的加粗生长。

2. 苗木移栽技术要点

随着园林园艺产业的发展，苗木的买卖及运输越来越普遍及频繁。在苗木的运输中，移栽技术的好坏关系到移植后树木的成活率，更加关系到成本的控制。现以胸径15cm以上的乔木为例，结合本单元学习内容，介绍苗木移栽的技术要点。

首先应做好移植前的准备工作，有条件的情况下，苗木在移植前1~2年应进行断根，同时保证苗木起挖土球的完整性。务必在挖土球之前截去多余的树枝。树干在有条件的情况下，应打好草绳，草绳的粗度不宜小于人的食指，起挖前还应将截枝集中外运或燃烧处理，防止病虫害的发生与传播，个别的树洞之中有残留越冬的虫害，可用药物注射法杀灭。然后是起挖，国外以机械起挖为主，国内以人工起挖为主。对于人工挖掘，要选择有经验的施工队伍，对土球进行挖掘。挖掘土球前应用3根以上木杆对苗木进行支撑，没有条件进行木杆支撑的应用较粗的绳进行加固，保证挖掘过程当中树体不会被风吹倒或断根倾倒，以保证土球的完整和人员安全。挖掘土球的土坑四周应留出有利于人员挖掘的空间，以便操作。接着是起运，应选择大于苗木重量范围的起重机，起重臂的长度应不低于树高的两倍，以便操作，直径低于1.5m的土球，可用吊装带缠绕树干基部以上50cm处直接吊装，树干吊装处要用草毡进行缠绕，特别在生长季节，更应该加大缠绕的厚度，注意草毡缠绕的方向应与吊装带缠绕的方向保持一致，否则会造成苗木难以起吊或在吊运过程当中滑动。最后是栽植，要求在栽植的两周前将种植坑挖掘好并进行大水浇灌，种植坑应大于土球直径的1.5倍，深度视情况而定，应不低于土球的深度，或者种植完成后保持苗木原生长地的露地高度。对于反季节种植的落叶乔木和常绿乔木，以夏季为例，最好剪去苗木的树冠，如果非带全冠不可，也应剪去树冠的末梢部分，切忌一枝不去地在夏季移植落叶乔木或常绿乔木。

实践教学

实训3-1　植物根结构观察

【实训目的】

掌握根尖的结构，会识别根的初生结构及次生结构。

【材料及用具】

显微镜；洋葱或蚕豆根尖纵切片、刺槐幼根横切片、鸢尾根横切片、蚕豆老根横切片、椴树根横切片。

【方法及步骤】

1. 根尖结构观察

选取洋葱或蚕豆根尖的纵切片在显微镜下观察。找出根尖的四大分区，即根冠、分生区、伸长区、成熟区（根毛区），并观察四大区中的细胞特点。

2. 双子叶植物根的初生结构观察

选取刺槐幼根横切片，在显微镜下观察表皮、皮层和维管柱的结构特征。

3. 双子叶植物根的次生结构观察

选取蚕豆老根或椴树根横切片，在显微镜下先用低倍镜观察周皮、次生韧皮部、维管形成层和次生木质部，然后转到高倍镜，详细观察周皮、次生木质部、次生韧皮部、木射线、韧皮射线等结构。

4. 单子叶植物根的观察

选取鸢尾根横切片，在显微镜下观察表皮、皮层和维管柱的主要特征。

5. 调查校园或公园植物根的分蘖方式

在校园或者公园中任选2~3种植物，挖取根系，然后调查这几种植物根系的分蘖方式及根系的类型，并形成小组调查报告。

【作业】

根据观察情况，绘制洋葱或蚕豆根尖的结构图，并标出四大分区的位置；绘制植物根的初生结构和次生结构，并标出每种结构的名称；根据调查结果，绘制植物根系图片，并标注根系类型或者分蘖方式。

【考核评估】

考查对根尖四大分区特点的掌握程度，对植物根初生结构、次生结构的掌握程度及是否会分辨它们的区别，对根系类型及分蘖方式的了解程度。操作过程成绩占50%，小组汇报成绩占10%，个人实训作业成绩占40%。

思考题

1. 侧根是如何形成的？
2. 根尖是如何分区的？
3. 根有哪些生理功能？

单元 4　植物茎的形态结构与生长

学习目标

>> **知识目标**

1. 了解茎的形态、结构与功能特点。
2. 掌握芽的结构、类型及特性。
3. 理解树木茎枝的生长特性。

>> **技能目标**

1. 能够从外部形态识别、判断植物茎各部分的名称。
2. 能够从内部结构中指出植物水分、营养的运输途径。
3. 能够根据植物种类对植物茎枝特性、冠形进行判断。

课前预习

1. 植物的茎生长在植物的什么部位？
2. 植物的茎在生产中有哪些应用？
3. 植物的茎与根有什么关系？

4.1　芽的结构、类型及特性

4.1.1　芽的结构

芽是枝、花或花序的雏体。以后发育成枝的芽称为枝芽，通常又称为叶芽；发育成花或花序的芽称为花芽。枝芽的结构决定着主干与侧枝的关系和数量，也就决定着植株的长势和外貌。花芽决定着花或花序的结构和数量，并决定开花的早晚和结果的多少。

把植物的枝芽纵切开，用解剖镜或放大镜观察，可以看到生长锥、叶原基、幼叶和腋芽原基。生长锥是枝芽中央顶端的分生组织。叶原基是生长锥下面的一些突起，是叶的原始体，即叶发育的早期。由于芽的逐渐生长和分化，叶原基越往下越长，较靠下的已长成较长的幼叶。腋芽原基是在幼叶叶腋内的突起，将来形成腋芽，腋芽以后会发展成侧枝(图 4-1)。

4.1.2 芽的类型及特性

根据芽在枝上的位置、芽鳞的有无、芽将形成的器官性质和芽的生理活动状态等特点，可以把芽划分为以下几种类型，不同类型芽具有不同特性。

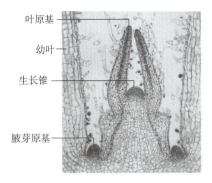

图 4-1 芽的结构

(1) 按芽在枝上的位置划分

可分为定芽和不定芽。定芽又可分为顶芽和腋芽两种。顶芽是生在主干或侧枝顶端的芽。腋芽是生在枝的侧面叶腋内的芽，也称侧芽。定芽在枝上按一定规律排列，称为芽序，常与叶序相同，有互生、对生、轮生等。不是生在枝顶或叶腋内的芽，称为不定芽，如榆、刺槐等生在根上的芽。不定芽常用作植物的营养繁殖体。

(2) 按芽鳞的有无划分

可分为裸芽和被芽。多数多年生木本植物的越冬芽，不论是枝芽还是花芽，外面都有鳞片包被，称为被芽，也称为鳞芽。鳞片是叶的变态，有厚的角质层，有时还覆着茸毛或分泌树脂黏液，借以减弱蒸腾作用和防止干旱、冻害，保护幼嫩的芽。它对生长在温带地区的多年生木本植物(如悬铃木、杨、桑、玉兰、枇杷等)的越冬起很大的保护作用。所有一年生植物、多数二年生植物和少数多年生木本植物的芽，外面没有鳞片，只被幼叶包着，称为裸芽，如常见的赤杨、枫杨等的芽。

(3) 按芽将形成的器官性质划分

可分为叶芽、花芽和混合芽。发育后形成枝条的芽称为叶芽，形成花或花序的芽称为花芽，既长枝叶又开花的芽称为混合芽。如石楠、白丁香、海棠等的芽就是混合芽。一般来说，叶芽瘦长，较小。芽的萌发能力又称萌芽力，萌芽力强的树种耐修剪，树冠易成形，如紫薇、女贞等。枝条上的叶芽萌发后能够抽成长枝的能力称为成枝力，成枝力强的树种树冠密集，幼树成形快，如悬铃木等。

(4) 按芽的生理活动状态划分

可分为活动芽和休眠芽。活动芽是在当年生长季节中萌发的芽，一般一年生草本植物的芽多属于活动芽。温带的多年生木本植物，许多枝上往往只有顶芽和近上端的一些腋芽活动，大部分的腋芽在生长季节不生长，保持休眠状态，称为休眠芽或潜伏芽。有些多年生植物的植株上，休眠芽长期潜伏着，不活动，只有在顶芽缺失、植株受到创伤或虫害时，才打破休眠开始活动，形成新枝。园林修剪上去除顶芽可促使休眠芽转为活动芽，产生大量侧枝。休眠芽的形成，能够使养分在一段时间内集中供应，控制侧枝发生，使枝叶在空间合理安排，并保持充沛的后备力量，从而使植株得以健壮地成长，这是植物长期适应外界环境的结果。

4.2 茎的形态与功能

4.2.1 茎的形态

茎由胚芽发育而成，除少数生于地下外，一般都生长在地上。多数植物的茎顶端能无限地向上生长,连同着生的叶形成庞大的枝系。高大乔木的茎(即树干)长可达几十米,而矮小的植物如蒲公英等其茎节极度短缩呈莲座状。多数植物的茎呈圆柱形,少数呈三角柱形(如莎草)、方柱形(如一串红、薄荷)或扁平柱形(如昙花、仙人掌)。

茎上着生叶的部位称为节。两个节之间的部分称为节间。在节上着生叶,叶腋和茎顶端具有芽。着生叶和芽的茎称为枝或枝条。由于枝条伸长生长的强弱不同,因此节间的长短不同。木本植物中,节间显著伸长的枝条,称为长枝;节间短缩,各个节间紧密相接甚至难于分辨的枝条,称为短枝。节间长短还因植物种类、植物体不同部位、生育期和生长条件变化而有所不同。银杏、落叶松、苹果等植物枝条有长、短枝之分,在短枝上的叶因节间短缩而呈簇生状态。花多着生在短枝上,短枝是开花结果枝,故又称为花枝或果枝。

落叶植物的枝条,叶片脱落后在茎上留下的疤痕称为叶痕。叶痕内的点状突起是叶柄和枝条间的维管束断离后留下的痕迹,称维管束痕。有的茎上还可以看到芽鳞痕,这是顶芽展开时,外围的芽鳞片脱落后留下的痕迹。有的枝条上可以看到皮孔,这是枝条与外界进行气体交换的通道。植物的叶痕、芽鳞痕、皮孔等的形状因植物种类不同而有所差异,可作为鉴别植物种类和生长年龄等的依据(图4-2)。

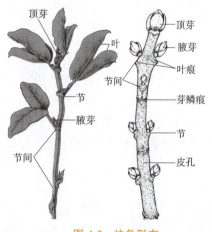

图4-2 枝条形态

除正常茎外,有些植物的茎还发生形态、功能上的可遗传的变态,如皂角的分枝刺、葡萄的茎卷须、天门冬的叶状枝、竹的根状茎、百合的鳞茎等。

4.2.2 茎的功能

大多数茎是植物地上部分的枝干,是连接根、叶,输送水、无机盐和有机养料的营养器官,其主要功能有:

输导功能 根系从土壤中吸收的水分和无机盐通过茎输送到植物地上各个部分。叶的光合产物也要通过茎运送到植物的各个部分。

支持功能 大多数茎是地上部分的主轴,支持枝、叶、花在空间的合理配置,保证了植物正常的光合作用、开花、传粉,以及果实、种子的发育成熟和传播,同时可抵御强风和冰雪的侵蚀。

贮藏和繁殖功能 茎中的薄壁细胞贮藏大量的营养物质,特别是在秋、冬季,茎中储存的营养物质对植物第二年春季的发芽展叶、开花、生长等具有决定性的影响,有些旱生和沙生树木的茎具有储水功能,雨季能迅速吸收水分储存起来供旱季消耗。不少植物的茎还有形成不定根和不定芽的习性,可用扦插、压条等方法进行营养繁殖。

光合作用 绿色幼茎的外表皮细胞中含有叶绿体,可进行光合作用。一些植物如假叶树、仙人掌等的叶退化、变态或早落,茎呈绿色扁平状,可终生进行光合作用。

4.3 茎的结构

4.3.1 双子叶植物茎的结构

(1) 初生结构

茎的顶端分生组织经细胞分裂、生长和分化所形成的结构,称为初生结构。双子叶植物茎的初生结构包括表皮、皮层和维管柱3个部分(图4-3)。

表皮 是幼茎最外面的一层细胞,来源于初生分生组织的原表皮,是茎的初生保护组织。在横切面上表皮细胞呈长方形,排列紧密,无细胞间隙,细胞外壁较厚,形成角质层。表皮有气孔,是进行气体交换的通道。表皮细胞一般不含叶绿素,有的植物茎的表皮含花青素,使茎呈红色、紫色或黄色等。有些植物表皮上有时还分化出各种形式的毛状体,包括分泌挥发油、黏液等的腺毛。毛状体中较密的茸毛可以反射强光、减弱蒸腾作用,坚硬的毛可以防止动物危害,而具钩的毛可以使茎具攀缘特性。

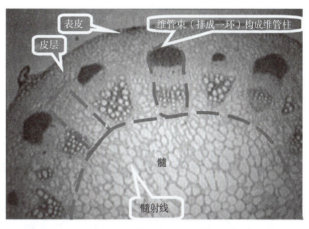

图4-3 茎的初生结构

皮层 位于表皮和维管柱之间,由基本分生组织发育而来,以薄壁组织为主,细胞排列疏松,有明显的细胞间隙。靠近表皮的几层细胞常分化为厚角组织。薄壁组织和厚角组织的细胞中常含有叶绿体,能进行光合作用,幼茎因而常呈绿色。有些植物的茎也可以看到石细胞。

维管柱 是皮层以内的部分,也称中柱。多数双子叶植物的维管柱包括维管束、髓和髓射线3个部分。

维管束是指由初生木质部和初生韧皮部共同组成的分离的束状结构。多数植物的维管束在韧皮部外侧,由筛管、伴胞、韧皮薄壁细胞和韧皮纤维所组成,主要功能是输导有机物。木质部在维管束的内侧,由导管、管胞、木薄壁细胞和木纤维所组成,主要功能是输送水分和无机盐,并有支持作用。形成层在初生韧皮部和初生木质部之间,多由一层具有分生能力的细胞所组成,它能不断分裂,产生新的次生结构。

> **小贴士**
>
> 茎的初生生长包括顶端生长和居间生长。在生长季节,顶端分生组织的细胞不断进行分裂、伸长生长和分化,使茎的节数增加,节间伸长,同时产生新的叶原基和叶芽原基,这种由于顶端分生组织的活动而引起的生长称为顶端生长。禾本科、石竹科、蓼科、石蒜科植物的茎在进行顶端生长时,开始所形成的节间不伸长,待植株发育到一定

阶段，遗留在节间的居间分生组织的细胞分裂、生长和分化成熟，使节间明显伸长，这种生长方式称为居间生长。

图 4-4 木本植物茎的结构

（2）次生结构

多年生双子叶植物的茎，在初生结构形成以后，侧生分生组织活动使茎增粗。茎中的侧生分生组织与根中一样，包括维管形成层和木栓形成层两类。维管形成层和木栓形成层细胞分裂、生长和分化产生次生组织的过程称为次生生长，次生生长所形成的次生组织组成了次生结构。双子叶植物茎的次生结构自外向内依次是表皮、周皮（木栓层、木栓形成层、栓内层）、皮层（有或无）、韧皮部（初生韧皮部、次生韧皮部）、形成层、木质部，有的茎还有髓（图4-4）。

维管形成层产生的次生结构　初生分生组织中的原形成层在形成成熟组织时，并没有全部分化成维管组织，而是在维管束的初生木质部和初生韧皮部之间留下了一层具有潜在分生能力的组织，称为束中形成层。当束中形成层开始活动时，髓射线内与束中形成层部位相当的细胞恢复分生能力，成为分生组织，称为束间形成层。束间形成层产生后就与束中形成层衔接起，在横切面上看，形成层就成为完整的一环，称为维管形成层，简称形成层。

维管形成层产生后，细胞不断分裂，向内分裂产生次生木质部，加在初生木质部的外侧；向外分裂产生次生韧皮部，加在初生韧皮部内侧。在维管形成层的细胞分裂过程中，形成的次生木质部的量远比次生韧皮部多，所以木本植物的茎主要由次生木质部占据。树龄越大，次生木质部所占的比例越大，而次生韧皮部分布在茎的周边参与形成树皮。束内形成层还能在次生韧皮部和次生木质部内形成数列薄壁细胞，在茎横切面上呈辐射状排列，称为维管射线，具有横向运输与贮藏养分的功能。

在多年生木本植物茎的次生木质部中，可以见到许多同心圆环，称为年轮，年轮的产生是形成层每年季节性活动的结果。在有四季气候变化的温带和亚热带，春季温度逐渐升高，形成层解除休眠恢复分裂能力，这个时期水分充足，形成层活动旺盛，细胞分裂快，生长也快，产生的次生木质部中导管大而多，管壁较薄，木质化程度低，色浅而疏松，构成早材，也称为春材。夏末秋初，气温逐渐降低，形成层活动逐渐减弱，直至停止，产生的导管少而小，细胞壁较厚，色深而紧密，构成晚材，称为秋材。同一年的早材与晚材之间的转变是逐渐的，没有明显的界限，但经过冬季的休眠，当年的晚材与第二年的早材之间形成了明显的界限，称为年轮界线，同一年内产生的春材和秋材则构成一个年轮。

没有季节性变化的热带地区，植物茎的次生木质部中没有年轮产生。温带和寒带的树木，通常一年只形成一个年轮。因此，根据年轮的数目，可推出树木的年龄。随着年轮的增多，树干不断增粗，靠近形成层部分的次生木质部颜色浅，导管有输导功能，质地柔软,材质较差,称为边材。木材的中心部分,是较早形成的木质部,导管被树胶、树脂及色素等物质所填充,失去输导功能,薄壁细胞死亡,质地坚硬,颜色较深,材质较好,称为心材。心材的数量是随着茎的增粗而逐年由边材转变增加的。

木栓形成层产生的次生结构　多数植物茎的木栓形成层是由紧接表皮的皮层薄壁细胞恢复分裂能力而形成的,但也有一些植物是由表皮细胞、厚角组织转变而成,有的就在初生韧皮部发生。木栓形成层主要进行平周分裂,向外分裂形成木栓层,向内分裂形成栓内层。木栓层层数多,其细胞形状与木栓形成层类似,细胞排列紧密,无细胞间隙。木栓层、木栓形成层和栓内层共同组成周皮。木栓形成层的活动期有限,一般只有一个生长季,第二年由其里面的细胞再转变成木栓形成层,形成新的周皮。这样多次积累,就构成了树干外面看到的树皮。树皮极为坚硬,能更好地起保护作用。

当木栓层形成后,由于木栓层不透水、不透气,所以木栓层以外的部分因水分及营养物质的隔绝而死亡并逐渐脱落,木栓层便代替表皮起保护作用。在表皮上原来气孔的位置,由于木栓形成层的分裂,产生一团疏松的薄壁细胞,向外凸出形成裂口,称为皮孔,它可起到气孔的作用,是茎进行气体交换的通道。

4.3.2　单子叶植物茎的结构

单子叶植物的茎尖与双子叶植物的茎尖在结构上是相同的,但对于发育成熟的茎来说,二者又有所不同(图4-5)。下面以毛竹为例说明单子叶植物茎的特点。

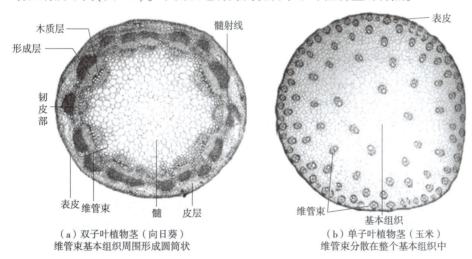

(a)双子叶植物茎(向日葵)
维管束基本组织周围形成圆筒状

(b)单子叶植物茎(玉米)
维管束分散在整个基本组织中

图4-5　双子叶植物茎与单子叶植物茎

- 单子叶植物茎内一般只有初生结构而没有次生结构,维管束内无形成层,属于有限维管束。茎的增粗是依靠细胞体积的增大来实现的,因此毛竹的粗细在笋期已经定型。有些单子叶植物如棕榈、丝兰等也能产生次生组织使茎增粗,其方式是在外侧的基本组织中产生一圈分生组织,经分化衍生成新的维管束,从而使茎增粗。
- 维管束的数目很多,散生在茎的基本组织中。在横切面上,靠近外侧的维管束较小,分布较密,越靠近内侧,维管束越大,分布越稀。每个维管束都有维管束鞘。
- 除了依靠茎尖外,在节基部的分生组织也能使茎伸长。

- 皮层与髓的界限不明显，有些禾本科植物的茎中髓细胞消失，产生髓腔，使节间中空。

4.3.3 裸子植物茎的结构

裸子植物都是木本植物，茎的结构基本上与双子叶植物的木本茎大致相同，二者都是由表皮、皮层和维管柱3个部分组成，长期存在着形成层，产生次生结构，使茎逐年加粗，并有显著的年轮。不同之处是维管组织的组成成分中有着以下特点：

多数裸子植物茎的次生木质部主要是由管胞、木薄壁组织和射线组成，绝大多数无导管，无典型的木纤维。管胞兼具输送水分和支持的双重作用，与双子叶植物茎中的次生木质部比较，显得较为单纯和原始。在横切面上，结构显得均匀整齐。

裸子植物茎的次生韧皮部的结构也较简单，由筛胞、韧皮薄壁组织和射线组成。一般没有伴胞和韧皮纤维，有些松柏类植物茎的次生韧皮部中也可能产生韧皮纤维和石细胞。

有些裸子植物特别是松柏类植物，茎的皮层、维管柱中常分布着许多管状的分泌组织，称为树脂道(如松脂是在松树的树脂道中产生的)，这在双子叶植物木本茎中是没有的。

4.4 树木枝干的生长特性

4.4.1 枝条的生长规律

枝条的生长包括加长生长和加粗生长。加长生长主要是枝、茎尖端生长点的向前延伸(竹类为居间生长)，生长点以下各节一旦形成，节间长度就基本固定了。幼年树的枝条生长期较成年树长。生长在温带地区的树木，枝条多数一年中生长一次；生长在热带、亚热带地区的树木，一年中能抽梢2~3次。枝条的加粗生长是形成层细胞分裂、分化、增大的结果。加粗生长比加长生长稍晚，其停止也稍晚。在同一株树上，下部枝条停止加粗生长比上部枝条稍晚。新梢生长越旺盛，则形成层活动越强烈而且时间越长。秋季由于叶片积累大量光合产物，因而枝条加粗明显。

树木在生长季的不同时期抽生的枝，质量不同。生长初期和后期抽生的枝，一般节间短，芽瘦小；速生期抽生的枝，不但长而粗壮，营养丰满，而且芽健壮饱满、质量好，为扦插、嫁接繁殖的理想材料。在一根长枝条上，基部和梢部的芽质量较差，中部的芽质量最好；中短枝中、上部的芽较为充实饱满；树冠内部或下部的枝条，因光照不足，芽的质量欠佳。

4.4.2 枝条的生长类型

枝条的生长方向与根相反，多数是背地性的。除主干延长枝、突发性徒长枝呈垂直向上生长外，多数枝条因对空间和光照的竞争而呈斜向生长，也有水平方向生长的。依树木枝条的伸展方向和形态，可分为以下生长类型。

(1) 直立生长

枝条有明显的负向地性，一般都有垂直于地面生长的趋势，但枝条伸展的方向取决于背地角的大小。多数树种主干和枝条的背地角在 0°～90°，处于斜生状态，但也有许多变异类型。枝条直立生长的程度因树种特性、营养状况、光照条件、空间大小、机械阻挡等而异。从总体上可以分为以下类型：

垂直型　一般树木的主干都有垂直向上生长的特性，也有一些树种的分枝有垂直向上的生长趋势。枝条呈垂直向上生长的树种如紫叶李、千头柏、侧柏、冲天柏等，一般容易形成紧抱的树形。

斜伸型　枝条多与树干主轴呈一锐角斜向生长，一般容易形成开张的杯状、圆形或半圆形的树形，如榉树、榆树、合欢、樱花、梅等。

水平型　枝条与树干主轴呈直角，沿水平方向生长，一般容易形成塔形、圆柱形的树形，如冷杉、杉木、雪松、柳杉、南洋杉等。

扭旋型　枝条在生长中呈现扭曲和波状形，如龙游梅、龙桑、龙爪柳等。

(2) 下垂生长

枝条生长有十分明显的向地性，当芽萌发呈水平或斜向伸出以后，随着枝条的生长而逐渐向下弯曲，有些树种甚至在幼年时也难以形成直立的主干，必须通过高接才能直立。这类树种容易形成伞形树冠，如垂柳、龙爪槐、垂枝三角枫、垂枝樱、垂枝榆等。

(3) 攀缘生长

枝条细长柔软，自身不能直立，但能缠绕或附有能攀附他物的器官，如卷须、吸盘、吸附气根、钩刺等，借他物支撑向上生长。枝条能缠绕者，如紫藤、金银花等；具卷须者，如葡萄等；具吸盘者，如地锦等；具吸附气根者，如凌霄等；具钩刺者，如蔷薇类等；铁线莲等则以叶柄卷络他物。

(4) 匍匐生长

枝蔓细长，自身不能直立，又无攀附器官的藤本或无直立主干的灌木，常匍匐于地面生长。攀缘藤本在无物可攀时，也只能匍匐于地面生长。在热带雨林中，有些藤本如绳索状，匍匐于地面或呈不规则的小球状铺于地上。匍匐灌木有偃柏、砂地柏等。这种生长类型的树木，在园林中常用作地被植物。

4.4.3　枝条的分枝方式

枝条在生长时，分别由顶芽和侧芽形成主干和侧枝。由于顶芽和侧芽的性质和活动情况不同，所产生的枝的组成和外部形态也不同，因而分枝的方式各异。在长期进化过程中，每种植物都会形成一定的分枝方式。茎的分枝一般有单轴分枝、合轴分枝和假二叉分枝 3 种类型。

单轴分枝　由顶芽不断向上生长形成主轴，侧芽发育形成侧枝，主轴的生长明显并占优势，这种分枝方式称为单轴分枝，也称为总状分枝，如松、杨、杉、银杏等的分枝方式。

合轴分枝　没有明显的顶端优势，顶芽只活动很短的一段时间后便死亡或生长极为缓慢，紧邻下方的侧芽长出新枝，替代原来的主轴向上生长，一段时间后又被下方的侧芽所取代，如此形成分枝的方式称为合轴分枝。大多数树种的分枝方式属于这一类，且大部分为阔叶树，如白榆、刺槐、悬铃木、榉树、柳树、杜仲、槐树、香椿、苹果、梨、桃、樱花等。

假二叉分枝 是合轴分枝的一种特殊形式。指有些具对生叶(芽)的树种顶梢在生长期末不能形成顶芽，下面的侧芽萌发抽生的枝条长势均衡，向相对侧向分生侧枝的生长方式。假二叉分枝的树木与顶端分生组织本身一分为二的真二叉分枝不同，实际上是合轴分枝方式的一种变化。具有假二叉分枝的树木多数树体比较矮小，属于高大乔木的树种很少，如丁香、女贞、卫矛和桂花等。真二叉分枝多见于低等植物，在部分高等植物如苔藓植物中的苔类、蕨类植物中的石松和卷柏等，也具有真二叉分枝。

有些植物，在同一植株上有两种不同的分枝方式。如杜英、玉兰、木莲、木棉等，既有单轴分枝，又有合轴分枝；女贞，既有单轴分枝，又有假二叉分枝。很多树木在幼苗期为单轴分枝，长到一定时期以后变为合轴分枝。单轴分枝在裸子植物中占优势，合轴分枝则在被子植物中占优势。因为顶芽的存在抑制了腋芽的生长，顶芽依次死亡或停止生长可促进大量腋芽的生长和发育，保证枝叶繁茂，光合作用面积扩大。同时，合轴分枝还有形成较多花芽的特性。

4.4.4　树木的层性与干性

所谓层性，是指中心干上主枝分层排列的明显程度，是顶端优势和芽的异质性共同作用的结果。有些树种的层性一开始就很明显，如油松等；而有些树种则随年龄增大，弱枝衰亡，层性才逐渐明显起来，如雪松、马尾松、苹果、梨等。具有明显层性的树冠，有利于通风透气。树木的层性会随中心主枝生长优势和保持年代的长短而变化。

干性指树木中心干的长势强弱及其能够发芽的时间。凡中心干(枝)明显，能长期保持优势生长者为干性强，反之为干性弱。干性强弱是构成树干骨架的重要生物学依据，对研究园林树形及其演变和整形修剪有重要意义。

不同树种的层性和干性强弱不同。凡是顶芽及其附近数芽发育特别良好，顶端优势强的树种，层性、干性就明显。如银杏、松、杉类干性很强；柑橘、桃等由于顶端优势弱，层性与干性均不明显。

4.4.5　树木的冠形

树木的冠形主要指树木轮廓的大小、形状及侧枝和小枝数目的多少，而芽的性质、数量和侧枝在主干枝长度上的差别是决定冠形的重要因子。多数树木，根据其芽和侧枝的生长速度，冠形可分为有单轴主干的圆柱形、塔形和无单轴主干的杯形、球形及伞形等。在许多树种中，冠形受活跃的顶端分生组织控制。在裸子植物中，如松、云杉、冷杉等，每年顶梢的伸长生长比下面的各级侧枝多，容易形成单一主茎的圆锥形树冠。而多数被子植物如栎类、槭树类等，顶端优势弱，各级侧枝的生长速度几乎与顶梢一样，甚至比顶端还要快些，容易形成杯形、开心形等宽阔树冠。一般阔叶树的冠形是卵形至长卵形。

树木的分枝角度、分枝量、枝条生长量和生长期及顶端优势程度等，都受遗传因子的控制，但也因环境影响而改变。例如，一些树种在湿润肥沃的土壤中能长成大树，而在炎热、干旱条件下却保持灌木状。空旷地生长的树木有很大的树冠，其中无单轴主干的树种其树冠易于形成该属或该种的特有形状。在雨林中生长的树木则趋于窄冠。另外，树木衰老时，由于顶端优势逐渐丧失，冠形会发生改变，如油松会逐渐变成平顶的冠形。一株完整的树木，顶端优势是否明显，可以通过摘去顶芽或顶梢看顶端优势能否消除来判断。

4.4.6　枝系的离心生长与离心秃裸

树木枝干的生长都有负向地性的特点，即向上生长，产生分枝并逐年形成各级骨干枝和侧枝，在空中扩展。这种以根颈为中心，向两端不断扩大空间的生长(根为向地性生长)，称为离心生长。树木离心生长的能力是有限的，因树种和环境条件不同而异。在特定的生境条件下，树木只能长到一定的高度和体积。

在枝系离心生长的过程中，随着年龄的增长，生长中心不断外移，外围生长点逐渐增多，竞争能力增强，枝叶生长茂密，造成内膛光照条件和营养条件恶化，通风不良，湿度大，内膛骨干枝上先期形成的小枝、弱枝光合能力下降，得到的养分减少，长势不断削弱，由根颈开始沿骨干枝向各枝端逐年枯落，这种现象称为离心秃裸。

4.5　茎与植物栽培

茎是植物营养繁殖的重要器官之一。植物的硬枝和嫩枝扦插繁殖、压条繁殖、嫁接繁殖以及根状茎和块茎的分生繁殖都是用植物的茎来完成的。

4.5.1　扦插繁殖原理

截取一段合适的枝条插入基质中，保湿诱导插入部分长出不定根进而形成新植株的繁殖方法，称为扦插繁殖。扦插能否生根，关键在于不定根能否及时形成。其生根的途径有两种。

(1) 皮部生根

大多数植物的茎都存在根原始体或根原基，其位于髓射线的最宽处与形成层的交叉点上。形成层进行细胞分裂，向外分化成钝圆锥形的根原始体，侵入韧皮部，通向皮孔。在根原始体向外发育的过程中，与其相连的髓射线也逐渐增粗，穿过木质部通向髓部，从髓细胞中取得营养物质。生根部位大多是皮孔和芽的周围。

(2) 愈伤组织生根

其不定根的形成要通过愈伤组织的分化来完成。首先在茎切口的表面形成半透明的由薄壁细胞组成的初生愈伤组织；然后初生愈伤组织的细胞继续分化，逐渐形成与茎相应组织发生联系的木质部、韧皮部和形成层等组织；最后充分愈合，在适宜的温度、湿度条件下，从愈伤组织中分化出根。这种生根途径需要的时间长，生长缓慢。凡是扦插成活较难、生根较慢的树种，其生根部位大多是愈伤组织。

> **小贴士**
>
> 在同一植物中，插穗取自植株基部较取自上端的成活率高；就同一枝条而言，又以中、下部为优，因为中、下部发育较好，贮藏物较丰富，过氧化物酶的活性也较高；取自健壮、年龄较小的植株的插穗，其成活率也较高。

4.5.2　嫁接繁殖原理

将一株植物的枝条或芽接到另一株有根系并切去上部的植物上，利用植物具有创伤愈合能力的特性，使它们彼此逐渐愈合成为一个新植株的繁殖方法，称为嫁接。用来嫁接的枝条或芽称为接穗，承受接穗并具有根系的部分称为砧木。

用嫁接的方法既可保持接穗品种的优良特性，又可利用砧木的一些特性改变接穗果实的品质、植株的大小以及增强对环境的适应力和抗逆性等。嫁接能够成活，主要是依靠砧木和接穗结合部位伤口周围的形成层的再生能力。嫁接后，伤口附近的形成层薄壁细胞进行分裂形成愈伤组织，逐渐填满接口缝隙，使接穗与砧木的新生细胞紧密相接，形成共同的形成层，向外产生韧皮部，向内产生木质部，形成能够独立生长发育的新植株，由砧木根系从土壤中吸收水分和无机养分供给接穗，并由接穗的枝叶制造有机养分输送给砧木。

嫁接成活的关键：一方面取决于嫁接技术，砧木和接穗的形成层要对接齐，尽量扩大砧木和接穗之间的接触面，而且切口要密切贴合，使愈伤组织很快填满砧木和接穗间的空隙；另一方面取决于砧木与接穗间细胞内物质的亲和性，这种亲和性由植物之间亲缘关系的远近所决定，一般亲缘关系越近，亲和力越强。品种间嫁接要比种间嫁接成活容易。

单元小结

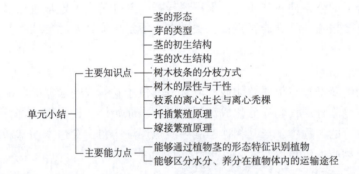

知识拓展

1. 分蘖

分蘖是禾本科植物的特殊分枝方式。植物生长初期，茎基部节间很短，不伸长且密集在一起，这些节称为分蘖节。每个分蘖节上都有一个腋芽，当幼苗生长到一定时期，有些腋芽开始活动，迅速生长为新枝，同时在这些分蘖节上产生不定根，这种分枝方式称分蘖。如小麦、水稻等的分枝方式。

从主茎上长出的分蘖称为一级分蘖，由一级分蘖长出的分蘖称为二级分蘖，以此类推。能抽穗、结实的分蘖称有效分蘖。不能抽穗或虽能抽穗但不能结实的分蘖称为无效分蘖。在生产上，一定要采取有效措施促进有效分蘖的发生，以达到高产的目的。

2. 茎的变态

茎的变态类型很多，按所处位置可分为地下茎的变态和地上茎的变态两大类。

地下茎的变态虽然结构发生明显的变化，转变为贮藏器官或营养繁殖器官，但仍具有茎的基本特征。常见的有以下几种类型：根状茎（如芦苇、莲、姜、竹等）、块茎（如马铃薯等)、鳞茎(如洋葱、大蒜、水仙、百合等)、球茎(如荸荠、慈姑等)。

地上茎的变态类型很多,通常有以下几种:肉质茎(如许多仙人掌科植物等)、匍匐茎(如草莓、蛇莓等)、叶状茎(如假叶树、竹节蓼等)、茎卷须(如南瓜、葡萄等)、茎刺(如柑橘、山楂等)。

3. 树木层性的形成

中心干上部的芽萌发为强壮的中心干延长枝和侧枝,中部的芽抽生弱枝或较短小的枝条,基部的芽多数不萌发而成为隐芽。随着树木年龄的增长,中心干延长枝和强壮的侧枝也相继抽生出生长势不同的各级分枝,其中强枝成为主枝(或各级骨干枝),弱枝生长停止早,节间短,单位长度叶面积大,生长消耗少,营养积累多,易成为花枝或果枝,成为临时性侧枝。随着中心干和强枝的进一步增粗,弱枝死亡。从整个树冠看,在中心干和骨干枝上有若干组生长势强的枝条和生长势弱的枝条交互排列,形成了各级骨干枝分布的成层现象。

实践教学

实训4-1 茎的结构解剖与观察

【实训目的】

能识别双子叶植物茎的初生结构和次生结构,熟悉单子叶植物和裸子植物茎的结构。

【材料及用具】

显微镜、放大镜、镊子;向日葵茎、油松幼茎、椴树茎、毛竹茎、梨茎、薄荷茎的横切永久制片;3年生杨树冬态枝条。

【方法与步骤】

1. 茎的形态观察

取3年生杨树的冬态枝条,观察外部特征,辨认节、节间、叶腋、顶芽、腋芽、叶痕、芽鳞痕、枝痕、皮孔等。

用镊子将杨树枝条上的芽取下,并将芽逐层剥下或将芽纵剖,用放大镜观察其结构。

2. 双子叶植物茎的结构观察

(1)草本植物茎的初生结构

取向日葵茎横切永久制片,先在低倍镜下观察,可见幼茎初生结构由表皮、皮层和维管柱3个部分组成。然后在高倍镜下详细观察各部分的细胞组成与结构特点。

①表皮 表皮细胞是从原表皮的细胞分裂、分化发育而来的。表皮细胞较小,只有一层,排列紧密,细胞外壁可见角质化的角质层。有的表皮细胞转化成表皮毛,有单细胞的,也有多细胞的。

②皮层 是表皮以内、维管柱以外的部分。这部分细胞是基本分生组织分裂、分化而来的。靠近表皮的几层细胞较小,是厚角细胞,细胞在角隅处加厚,其内侧是数层薄壁细胞,即基本组织。在基本组织中,有由分泌细胞围起来的分泌腔。

③维管柱　比较发达，由于没有明显的内皮层和维管柱鞘细胞，所以维管柱与皮层的界限常难以区分。

维管束　多呈束状，在横切面上许多维管束排列成一圈，染色较深，很易识别。每个维管束都由初生韧皮部、束内(中)形成层和初生木质部组成。韧皮部在木质部外，称为外韧维管束，束内有形成层存在，为无限维管束。它们都是由原形成层发育来的。

初生韧皮部包括原生韧皮部和后生韧皮部，其为外始式，维管束最外侧是原生韧皮纤维。在韧皮纤维内侧是筛管、伴胞和韧皮薄壁细胞。

束内形成层是原形成层保留下来的仍具有分裂能力的分生组织。在横切面上，细胞扁平状，细胞壁薄。

初生木质部包括原生木质部和后生木质部，其导管分化方向是内始式。

髓射线　是存在于两维管束之间的薄壁细胞，它连接皮层和茎中央的髓。

髓　位于茎中央的薄壁细胞，排列疏松，常具贮藏功能。

(2) 草本植物茎的次生结构

取薄荷茎横切片观察，其构造特点为：表皮长期存在，表皮上有气孔，无木栓层；次生结构不发达，大部分或完全是初生结构；髓部发达，髓射线较宽。

(3) 木本植物茎的初生结构

取梨茎横切永久制片，先在低倍镜下观察，然后置于高倍镜下观察，注意比较其初生结构与向日葵茎的初生结构有何不同。

(4) 木本植物茎的次生构造

取椴树茎横切片于显微镜下观察，由外向内可见：

①表皮　在茎的最外层，由一层排列紧密的表皮细胞组成。细胞在横切面上略呈扁长方形，外壁角质化，并有角质层。在2~3年生的枝条上，表皮已不完整，有些地方已被皮孔胀破并脱落。

②周皮　由木栓层、木栓形成层、栓内层共同组成。

木栓层　在横切面上是一些在同一半径线上排列整齐的扁平细胞。细胞壁栓质加厚，是死细胞。

木栓形成层　椴树茎的木栓形成层产生于皮层靠外层的薄壁细胞，是由皮层细胞恢复分裂能力以后形成的。木栓形成层的细胞在横切面上呈扁平状，细胞质浓，只有一层细胞。刚形成的木栓层细胞是活细胞，也呈扁平状，与木栓形成层的细胞很难区别。

栓内层　一般只有1~2层，从横切面上看，这两层细胞是具有细胞核的活细胞，细胞质很浓，往往被染成较深的颜色。

③皮层　在维管柱外，仅由数层薄壁细胞组成，有的细胞内含有晶簇。

④韧皮部　在形成层以外，细胞排列成梯形，其底边靠近形成层。纤维细胞成群地与筛管、伴胞和韧皮薄壁细胞间隔排列。髓射线与韧皮部相间排列。

⑤形成层　因分裂出来的细胞还没有分化成木质部和韧皮部的各类细胞，所以看上去这种扁长形的细胞有4~5层之多。

⑥木质部　在形成层之内，在横切面上占有最大面积。由于细胞直径、大小及细胞壁

厚薄不同，可看出年轮的界限。

⑦髓　位于茎的中心，由薄壁细胞组成。在髓的外部紧靠初生木质部处有数层排列紧密、体积较小的薄壁细胞，这些细胞含有丰富的贮存物质，有的含有黏液，制片过程中染色较深，称环髓鞘。在髓部，有的细胞含有晶体，有些细胞是圆形和多角形的石细胞群。

⑧髓射线　髓的薄壁细胞辐射状向外排列，经木质部时，是一或两列细胞，至韧皮部，薄壁细胞面积扩大，并沿切向方向延长，呈倒梯形，这是由原来初生结构中的髓射线与次生生长的维管射线合并而成。

⑨维管射线　在每个维管束之内，由木质部和韧皮部之间的横向运输的薄壁细胞组成。

3. 单子叶植物茎的结构观察

与双子叶植物的茎比较，主要不同点是：其维管束内无束中形成层，维管束呈散生状态，分布于基本组织中，因此没有皮层和髓的明显界限。常见的有两种类型，一种是具髓腔茎（空心茎），如毛竹；另一种是不具髓腔茎（实心茎），如玉米。

取毛竹茎横切片，在显微镜下观察其结构。在毛竹节间的横切面上，可见表皮、基本组织和维管束3个部分。

表皮　由一层细胞构成，细胞排列紧密，细胞壁厚，外壁硅质化或角质化，有少数气孔。表皮内侧有几层小而壁厚的细胞，是茎外侧的机械组织。

基本组织　表皮以内除维管束外，均为薄壁组织。靠近表皮的薄壁组织细胞小而密，常含叶绿体，呈绿色；靠内侧的细胞较大，有间隙，不含叶绿体；茎中央的薄壁组织在发育过程中破裂而形成髓腔，髓腔周围由10多层髓细胞组成的内环层，十分坚硬，称为竹黄。随着竹龄增加，薄壁组织细胞壁逐渐增厚并木质化，成为坚硬的竹秆。

维管束　散生在薄壁组织内，靠外侧的维管束小，排列较密。越近内侧的维管束越大，分布越稀疏。维管束只有机械组织，少有输导组织。每个维管束外侧被厚壁的纤维细胞包围，称为维管束鞘。维管束包括初生木质部和初生韧皮部，初生韧皮部在外侧，初生木质部在内侧。木质部通常只有3个导管，常排列成"V"字形。木质部与韧皮部间无形成层。

4. 裸子植物茎的次生结构观察

取油松幼茎横切片置于显微镜下观察，注意裸子植物茎与一般双子叶植物木本茎的结构基本相同，都有表皮、周皮等，但油松茎皮层、维管柱中具有大量的树脂道。此外，在韧皮部内只有筛胞而无筛管。

【作业】

茎的结构观察分析实训报告（每人一份）。

【考核评估】

着重考核操作过程中的主动性和完成实训任务的科学性、小组成员的配合与协调性、实训报告的完整性和创新性。操作过程成绩占50%，个人实训作业成绩占50%。

思考题

1. 茎的功能有哪些？
2. 双子叶植物茎的初生结构由哪几部分组成？各有什么作用？
3. 茎的分枝方式有哪些？
4. 树木的层性与干性在生产中有哪些应用？
5. 茎与植物栽培有什么关系？

单元 5　植物叶的形态结构与生长

🌲 学习目标

≫ 知识目标

1. 了解叶的组成、形态与生理功能。
2. 掌握双子叶植物、单子叶植物及裸子植物叶片的构造。

≫ 技能目标

1. 能够辨别不同种类植物叶的类型。
2. 会用显微镜观察双子叶植物、单子叶植物及裸子植物叶片的构造。
3. 会绘制双子叶植物、单子叶植物及裸子植物叶片的结构图。

🌲 课前预习

1. 植物的叶由哪几部分组成？
2. 仙人掌的刺实际上是叶片还是茎？
3. 为什么单子叶植物的叶片失水后会向上纵卷，而双子叶植物的叶片失水不表现出纵卷的症状？

5.1　叶的组成与形态

植物的叶一般由叶片、叶柄和托叶组成(图 5-1)。同时具有这 3 个部分的叶称为完全叶，如桃、梨、月季等的叶。而缺少 3 个部分中的任一部分或两部分的叶称为不完全叶，如丁香、莴苣、荠菜等的叶。根据叶柄上着生叶片的数目，叶又可分为单叶和复叶两类。如果一个叶柄上只生一个叶片，不论是完整的或者是分裂的，都称为单叶，如桃、梨、杏的叶。如果一个叶柄上着生两个或两个以上完全独立的小叶片，则称为复叶，如花生、蔷薇等的叶。

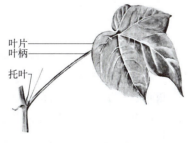

图 5-1　叶的组成

复叶很少出现在单子叶植物中，普遍存在于双子叶植物里。

5.1.1 叶片

叶片是叶中最重要的组成部分，大多为绿色扁平状，该形状具有较大的表面积，能缩短叶肉细胞与叶表面的距离，有利于叶片对光能的吸收、气体交换以及水分、养分的输入和光合产物的输出。叶片的形态包括叶形、叶尖、叶基、叶缘、叶脉等。

叶形　是指叶片的形态，包括针形、披针形、倒披针形、剑形、条形、圆形、矩圆形、椭圆形、卵形、倒卵形、匙形、扇形、镰刀形、心形、倒心形、肾形、提琴形、盾形、箭头形、戟形、菱形、三角形、鳞形等。

叶尖　是指叶片尖端部分，其类型包括芒尖、尾尖、骤尖、渐尖、锐尖、凸尖、钝形、截形、倒心形、二裂形等。

叶基　是指叶片基部连接叶柄的部位，其类型包括楔形、渐狭、下延、钝圆、截形、心形、偏斜形、箭形、耳形、戟形、盾形、抱茎、穿茎、合生穿茎等。

叶缘　指的是叶片边缘，其类型有全缘、浅波缘、深波缘、皱波缘、睫毛缘、齿形、钝齿、粗锯齿、细锯齿、重锯齿等。

叶脉　其类型包括分叉状脉、掌状网脉、羽状网脉、直出平行脉、弧形平行脉、射出平行脉、横出平行脉等。

5.1.2 叶柄

叶柄位于叶片基部，起着连接叶片和茎的作用，是两者之间水分和营养物质交流的通道，同时还具有支持叶片的功能。叶柄通过自身长短的变化和扭曲，使叶片在空间伸展，避免上、下叶片相互遮挡，以接收较多阳光，有利于光合作用。

5.1.3 托叶

托叶通常着生在叶柄基部的两侧，也有的着生在叶腋处，成对而生。根据植物类型的不同，托叶具有不同的形状，如梨的托叶是线形的，刺槐的托叶特化为刺，菝葜属的托叶是卷须状。托叶的大小也不同。一般托叶具有保护正在发育的幼叶的功能，也有保护幼芽的功能，如木兰属植物的托叶；有的具有攀缘的功能，如菝葜的托叶；还有的能进行光合作用，如豌豆的托叶。大多数植物的托叶在叶片成熟后不久就脱落了，会留下环状的托叶痕，因此在观察植物的时候，要避免把托叶已脱落的叶误认为无托叶的叶。

5.2　叶片的结构

5.2.1 双子叶植物叶片的结构

双子叶植物的叶片扁平，由表皮、叶肉和叶脉3个部分组成（图5-2）。由于叶片上、下两面受光不同，其内部结构也有所不同。一般把向光的一面称为上表面、近轴面或腹面，背光的一面称为下表面、远轴面或背面。

（1）表皮

表皮来源于原表皮，有上表皮和下表皮之分。表皮细胞是表皮的主要组成部分，是活的薄壁细胞。表皮细胞多为有波纹边缘的不规则的扁平体,细胞彼此紧密嵌合,没有细胞间隙。在横切面上,表皮细胞的形状十分规则,呈扁平长方形,外切向壁较厚,并覆盖有角质膜,有的还有蜡质层。上表皮的角质膜一般比下表皮的发达,具有控制水分蒸腾、机械加固以及防止微生物入侵的功能。

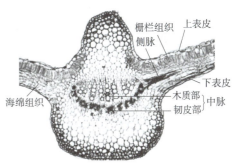

图 5-2　棉花叶过中脉横切

表皮上分布有气孔器,与光合作用及蒸腾作用密切相关。气孔器通常呈散乱的状态分布,没有一定的规律。气孔器由两个肾形的保卫细胞组成,两个保卫细胞之间的空隙称为气孔,是叶片与外界环境之间进行气体交换的通道。由于肾形保卫细胞四周的细胞壁厚度不一,导致保卫细胞膨胀或收缩时,四周扩展或收缩程度有差异。当保卫细胞从临近细胞吸水膨胀时,靠近气孔位置的细胞壁膨胀幅度小于远离气孔的细胞壁,气孔就张开;当保卫细胞失水而收缩时,气孔就关闭。一般来说,上表皮的气孔器数量要小于下表皮;同一叶片上,在近叶尖、叶缘部位气孔器数量较多。

表皮上常有表皮毛,是由表皮细胞向外凸出分裂形成的,主要功能是减少水分的蒸腾,加强表皮的保护。

有些植物的叶尖和叶缘有排水器,在空气湿度较大的环境下,叶片的蒸腾作用弱,植物体内的水分就从排水器溢出,在叶尖或叶缘集成水滴,这种现象称为吐水。吐水现象也是根系吸收作用正常的一种标志。

(2) 叶肉

叶肉是叶片上、下表皮之间的绿色组织的总称,内含丰富的叶绿体,是进行光合作用的主要场所。有的双子叶植物的叶片,叶肉细胞在近轴面(腹面)分化成栅栏组织,在远轴面(背面)分化成海绵组织,具有这种叶肉组织结构的叶称为两面叶或异面叶。而有的双子叶植物以及单子叶植物没有背面和腹面之分,没有栅栏组织和海绵组织的分化,或者在上、下表皮都有栅栏组织的分化,称为等面叶。

(3) 叶脉

叶脉就是叶片中的维管束,它的内部结构因叶脉的大小而不同。主脉或大的侧脉由维管束和机械组织组成,所以叶脉不仅有输导作用,还具有机械支持的作用。双子叶植物的叶脉多为网状脉,在叶的中央纵轴有一条最粗的叶脉,称为中脉。从中脉上分出细一些的侧脉,侧脉再分出更细的细脉,细脉末端称为脉梢。

叶脉的输导组织与叶柄的输导组织连接,叶柄的输导组织又与茎、根的输导组织相连,从而使植物体内形成一个完整的输导系统。

5.2.2　单子叶植物叶片的结构

单子叶植物的叶,就外形讲,叶柄常为鞘状包茎,叶脉多数为平行脉,内部结构也比较复杂。现以禾本科植物的叶片为例进行介绍(图 5-3)。

(1) 表皮

禾本科植物的表皮细胞包括近矩形的长细胞和方形的短细胞两类。长细胞是表皮的主

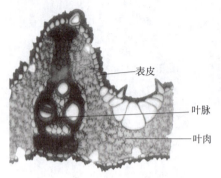

图 5-3 禾本科植物叶片结构

要组成部分,其长轴与叶片的纵轴平行,呈纵行排列,细胞的外侧壁不仅角化,而且高度硅化,形成一些硅质和栓质的乳突,导致禾本科植物叶片普遍偏硬。长细胞也可与气孔器交互组成纵列,分布于叶脉相间处。短细胞为正方形或稍扁,可分为硅质细胞和栓质细胞,两者成对或单独分布在长细胞列中并与长细胞交互排列。

禾本科植物叶片的上表皮还分布有一些具有薄壁的大型细胞,其长轴与叶脉平行,称为泡状细胞。从横切面来看,泡状细胞呈扇形排列,分布在两个维管束之间。泡状细胞能贮藏大量水分,干旱时,泡状细胞因失水而缩小,带动叶片向上卷起,从而减少水分蒸发;当大气湿润时,蒸腾作用减弱,泡状细胞吸水胀大,使叶片展开恢复正常。

禾本科植物叶片表皮上的气孔器由两个长哑铃形的保卫细胞和外侧的一对近似菱形的副卫细胞组成。气孔器在表皮上与长细胞相间排列成纵行,称为气孔列。成熟的保卫细胞形状狭长,两端膨大、细胞壁薄,中部细胞壁特别增厚。当保卫细胞吸水膨胀时,薄壁的两端膨大程度大于中部,于是气孔开放;缺水时,两端收缩,气孔就关闭。禾本科植物叶片上、下表皮的气孔数目几乎相等,这个特点与叶片生长直立,没有背、腹结构之分有关。但是气孔在近叶尖和叶缘的部分分布较多。气孔多的地方,有利于光合作用,也增强了蒸腾失水。

(2) 叶肉

禾本科植物叶片中的叶肉没有栅栏组织和海绵组织的分化,为等面叶。不同禾本科植物的叶肉细胞在形态上有不同的特点,甚至不同品种或植株上不同部位的叶片中,叶肉细胞的形态也稍有差异。水稻的叶肉细胞,细胞壁向内皱褶,但整体为扁圆形,成叠沿叶纵轴排列,叶绿体沿细胞壁内褶分布;小麦、大麦的叶肉细胞,细胞壁向内皱褶,形成具有"峰、谷、腰、环"的结构,增加了细胞的周长,可使更多的叶绿体排列在细胞边缘,有利于光合作用的进行。

(3) 叶脉

禾本科植物的叶脉为平行脉,中脉明显粗大,与茎内的维管束结构相似,侧脉大小均匀。维管束均为有限维管束,没有形成层。木质部和韧皮部的排列类似双子叶植物。维管束外有 1~2 层细胞包围,形成维管束鞘。在采用不同光合途径的植物中,维管束鞘细胞的结构有明显区别。

5.2.3 裸子植物叶片的结构

裸子植物的叶多是常绿的,如松柏类的叶,少数植物如银杏是落叶的。叶的形状常呈针形,横切面的形状各不相同。如马尾松的针叶是 2 针一束,横切面

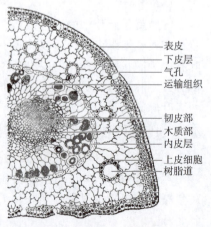

图 5-4 松叶部分横切面

是半圆形，而白皮松和华山松叶片的横切面都是三角形。现以马尾松为例，介绍针叶内部结构（图5-4）。

马尾松叶片的表皮细胞壁厚，外层有较厚的角质层。表皮内有多层厚壁细胞，称为下皮层。表皮上气孔内陷。叶肉细胞的细胞壁向内凹陷，形成褶皱。叶绿体沿褶皱分布，增加了光合面积。叶肉间有环形的树脂道，在叶肉中央有明显的内皮层和维管束。木质部在近轴面，韧皮部在远轴面。初生木质部由管胞和薄壁组织组成，初生韧皮部由筛胞和薄壁组织组成。在韧皮部外常常分布一些厚壁组织。

5.3　叶的生理功能

5.3.1　光合作用

叶片通过光合作用制造出植物生长所必需的有机物，是植物生长发育的主要能量来源。此外，光合作用吸收二氧化碳、释放氧气，有助于维持大气成分的平衡，为地球生物创造良好的生存环境。

5.3.2　蒸腾作用

蒸腾作用是植物根系吸水的主要动力，能够促进植物对水分和矿质元素的吸收，也可以降低叶片表面的温度，避免叶片在强光下受损害。

5.3.3　吸收作用

叶片具有吸收能力，特别是向叶面喷洒叶面肥时，肥料可以被叶片很快吸收，提高植物对肥料的利用率。

5.3.4　贮藏作用

许多多肉植物的叶片特化成肉质叶，在生长季节，大量的水分和营养物质储存在叶片中，环境条件不好时，可以利用贮藏的物质维持生存。

5.3.5　特殊作用

有的植物叶片还有特殊的功能，并形成了与之相适应的特殊形态。如猪笼草的叶呈囊状，便于捕食昆虫；豌豆复叶顶端的叶变成卷须，有攀缘作用；小檗属的叶变态形成针刺状，起保护作用。

5.4　叶的衰老和脱落

叶有一定的寿命，多数植物的叶生活到一定时期便会从枝条上脱落下来，这种现象称为落叶。叶在脱落前，要经历衰老的过程。叶衰老时，代谢活动减弱，水分减少，气孔关闭，叶绿素分解，只剩下叶黄素和胡萝卜素，因此衰老的叶呈黄色，光合作用下降。叶脱落前，靠近叶柄基部的5~25层细胞发生细胞学和化学上的变化，形成离区。离区中的几层细胞形成离层，离层的细胞之间彼此分离，仅有维管束还连在一起，但是叶柄的维管束失去输导的作用。在重力或者风吹雨打等机械作用下，叶从离层处断裂而脱落。

单元小结

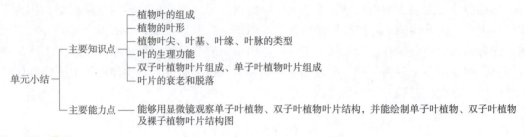

实践教学

实训 5-1　植物叶片结构观察

【实训目的】

掌握双子叶植物、单子叶植物和裸子植物叶的构造特点。

【材料及用具】

显微镜；夹竹桃叶片横切永久制片、松树针叶横切永久制片、水稻叶片横切永久制片。

【方法与步骤】

1. 双子叶植物叶片结构观察

取夹竹桃叶片横切永久制片，首先在低倍镜下看清上表皮和下表皮、叶肉和叶脉，然后切换高倍镜，观察叶肉内细胞形态，包括栅栏组织、海绵组织及维管束的细胞形态。

2. 单子叶植物叶片结构观察

取水稻叶片横切永久制片，首先在低倍镜下看清上表皮和下表皮、叶肉和叶脉，然后切换高倍镜，观察叶肉内细胞形态，包括叶肉细胞、泡状细胞及维管束的细胞形态。

3. 裸子植物叶片结构观察

取松树针叶横切永久制片，首先在低倍镜下看清半圆形的叶片横切面，然后切换高倍镜，观察叶肉内细胞形态，包括气孔、树脂道、叶肉细胞、维管束的细胞形态。

4. 植物叶片形态特征调查

调查校园及周边公园内的植物，从叶缘、叶形、叶基三个方面考虑，找到具不同形态特点的叶片，并拍照记录，形成小组报告。

【作业】

绘制双子叶植物、单子叶植物和裸子植物叶片结构，并标出各个结构的名称。结合调查情况，将调查结果进行整理汇总，并注明各个叶片叶缘、叶形和叶基的特点。

【考核评估】

考查对双子叶植物、单子叶植物和裸子植物叶片横切面结构的掌握情况，以及对叶片形态特征的掌握情况。操作过程成绩占50%，小组汇报成绩占10%，个人实训作业成绩占40%。

思考题

1. 比较双子叶植物和单子叶植物叶片结构的异同。
2. 叶的生理功能有哪些？
3. 旱生植物的叶在其构造上是如何适应旱生条件的？
4. 松树针叶的结构有何特点？
5. 一般植物叶片下表面气孔多于上表面，这有何优点？沉水植物的叶为什么往往不存在气孔？

单元6 植物的开花与结实

学习目标

知识目标

1. 熟悉被子植物典型花的基本构造和各组成部分的功能。
2. 理解春化作用和光周期与植物成花诱导的关系。
3. 理解花芽分化的概念及影响花芽分化的条件。
4. 熟悉开花的条件与开花习性。
5. 理解植物的双受精过程以及植物花期调控的原理及途径。
6. 熟悉种子、果实的形成和构造,以及种子、果实的采后生理特点及贮藏途径。

技能目标

1. 能识别植物花、果实、种子等生殖器官的组成与内部结构。
2. 能运用生殖器官发育规律及环境条件的作用原理指导植物的花期调控。
3. 能根据影响种子萌发的自身条件和外界条件,指导播种。
4. 能根据不同种子的特性进行种子的合理贮藏。

课前预习

1. 一朵完整花由哪些部分构成以及如何发育成果实?
2. 植物花期调控措施有哪些?
3. 生活中常见的种子有哪些?

6.1 植物的开花

6.1.1 花的组成

被子植物典型的花由花柄、花托、花被、雄蕊群和雌蕊群几个部分组成。其中,花被由花萼与花冠组成,构成花萼、花冠、雄蕊群、雌蕊群的组成单位分别是萼片、花瓣、雄蕊和雌蕊,它们均为变态叶(图6-1)。花是适应于生殖的变态短枝。

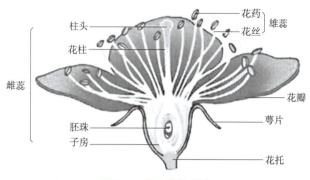

图 6-1　完全花的组成

(1) 花柄与花托

花柄是茎和花相连的通道，并支持着花。花柄有长有短，或无。花托是花柄顶端膨大部分，着生花萼、花冠等，起支持和输导的作用，有多种形状，如钟形、漏斗形和壶形等。

(2) 花被

花被是花萼和花冠的总称。一般由扁平状瓣片组成，着生在花托的外围或边缘部。在花中主要是起保护作用，有些花的花被还有助于花粉传送。

花萼　由若干萼片组成，常为绿色，保护幼花，并能进行光合作用。

花冠　由若干花瓣组成，常呈鲜艳色彩或散发出香气，有保护雌、雄蕊和招引昆虫传粉的作用。

具备花萼、花冠的花称两被花，仅有花萼的花称单被花，两者皆无的花称无被花或裸花。

(3) 雄蕊群

雄蕊群是一朵花中全部雄蕊的总称。各类植物中，雄蕊的数目及形态特征较为稳定，常可作为植物分类和鉴定的依据。

雄蕊可分为花药和花丝两部分。花药为花丝顶端膨大的囊状体，通常由 4 个或 2 个花粉囊组成，分为两半，中间为药隔。花粉囊内产生许多花粉，花粉成熟时，花粉囊以各种方式自行裂开，散出花粉。花粉粒的形状有球形、椭圆形、三角形、多角形等。花粉粒的表面常有刺状、瘤状、网状等各种饰纹，并具有一定数目的萌发孔或萌发沟。当花粉粒萌发时，花粉管就由萌发孔或萌发沟处向外凸出生长。花丝为雄蕊下部细长的柄状部分，起连接和支持作用，也是为花药运送水分和养分的通道。

(4) 雌蕊群

雌蕊群是一朵花中所有雌蕊的总称。通常一朵花只有一个雌蕊，所以在这种情况下雌蕊群也就是雌蕊，但像毛茛的花，一朵花中有多数雌蕊，这时就称为雌蕊群。雌蕊由 1 至多个心皮组成。心皮是组成雌蕊的单位，是具有生殖作用的变态叶。从形态上雌蕊可分为子房、柱头、花柱 3 个部分。

①子房　为雌蕊基部膨大的囊状部分。常呈椭圆形、卵形或其他形状。子房的外壁为子房壁，子房壁内的空间为心皮卷合成的子房室，子房室内着生胚珠。胚珠外层有珠被，

内有珠心组织,顶端有珠孔,基部有珠柄。胚珠内发育产生单核胚囊,成熟的胚囊内产生卵细胞。

②柱头 为雌蕊顶端膨大成各种形状的部分,是承受花粉及花粉粒萌发的地方。有湿柱头和干柱头两种类型。

湿柱头 柱头表面有液态分泌物如脂类、糖类、蛋白质、醇类等,有助于黏住花粉粒、保护柱头、识别花粉粒及提供花粉粒萌发时所需要的营养。

干柱头 柱头表面无液态分泌物,但有一层亲水的乳状蛋白质薄膜,有识别花粉粒、促进亲和的花粉粒萌发的作用。

③花柱 是雌蕊中部较细呈柱状的部分,连接柱头和子房,是花粉粒萌发形成的花粉管进入子房的通道。有空心型和实心型两种类型的花柱。

空心型花柱 在花柱的中央有一至数条纵向的花柱道,自柱头通向子房。花柱道细胞是腺细胞,在开花或传粉时,能释放分泌物到花柱道表面,使花粉管沿着分泌物生长。

实心型花柱 有的花柱中央有引导组织,花粉管在引导组织分泌的胞间物质中生长。有的无引导组织,花粉管通常在花柱中央的薄壁细胞间隙中穿过。引导组织是花柱中的一种特化组织,这种组织可以提供营养物质,以帮助萌发的花粉管长进子房。

6.1.2 植物的成花诱导与花芽分化

(1)成花诱导及其发生的条件

植物都要达到一定的年龄或是处于一定的生理状态,才能感受所要求的外界条件而成花。否则,即使具备了开花所必需的外界条件,也不能开花。植物能对环境起反应而达到成花所必须达到的生理状态,称为花熟状态。花熟状态之前的时期,称为幼年期或花前成熟期。在此期间,任何处理都不能诱导植物开花,只有通过幼年期后,植物才进入具有稳定持续成花能力的成年期(图6-2)。

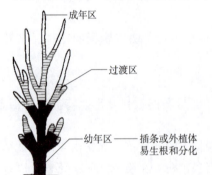

图6-2 植物幼年区、过渡区和成年区示意图

植物进入花熟状态后,便可接受成花诱导,进而花芽分化形成花器。成花诱导是指在合适的环境条件下,植物细胞内部发生的成花所必需的一系列生理变化过程。成花诱导过程的发生与下列条件有关。

①春化作用 植物花的发育与营养器官的生长一样,在适合的生理温度范围内发育最好。但某些植物如金盏菊、雏菊、金鱼草等,在发育的某一阶段中,要求经受一定的低温诱导以后才能形成花器官,这一时期称为春化阶段,这种低温诱导植物成花的效应称为春化作用。

A. 春化作用的条件 不同植物春化作用所需要的温度范围和持续时间有所不同。有效温度一般介于0~10℃,最适温度为1~7℃。低温处理时间一般需要1~3个月。这种特性是该种植物在系统发育过程中形成的,与其原产地有着密切关系。据此可将植物分为3类:

冬性植物 春化作用要求温度低、时间长，一般要求 0~10℃、30~70d 才能完成春化作用。多起源于北方。对于冬性一年生植物，若改为春播，则夏天不能开花结实，或延迟开花。二年生花卉如月见草、毛地黄等，秋播草花如虞美人、蜀葵及香矢车菊等，多年生早春开花种类如鸢尾、芍药等，均属于此类。

春性植物 春化作用要求温度高、时间短，一般 5~12℃、5~15d 即可成花。一年生花卉如一串红、报春花和鸡冠花等，秋季开花的多年生草花如菊花等，多属于此类。

半冬性植物 介于上述两类之间，对低温要求不太敏感，一般 3~15℃、15~20d 可完成春化作用。一般紫罗兰属花卉都属于此类。

总之，冬性越强，要求春化的温度越低，春化的时间越长。也有许多植物对低温春化的要求不严格，其生育期中即使不经过春化阶段也能开花，只是开花延迟或开花减少。如将秋播花卉三色堇、雏菊等改为春播，花期由原来的 3~4 月延迟至 5 月后，并且开花量也减少。

B. 春化作用感受时期、部位　不同种类的植物，接受低温春化的生长时期不同，一般可在种子萌发或植株生长的任何时期进行。冬性一年生植物往往在种子萌动状态下就能感受低温诱导而完成春化作用。

植物春化作用感受低温的部位主要是茎尖端的生长点，有些二年生植物感受低温的部位是营养体（包括叶片在内），许多多年生木本植物则以休眠茎的分生组织感受自然低温。可见，植物进行春化作用时感受低温的部位不仅限于顶端分生组织，而是一切正在进行细胞分裂的组织都可能具有这种潜在的能力。

C. 春化作用的生理变化　春化作用是一个诱导过程，低温诱导后，花原基并不立即出现，在外形上没有明显差异，其后必须在适合的光照条件下才能成花。但是低温诱导却使植物体内的生理过程发生了深刻变化。春化作用后，质膜透性增强，淀粉水解酶等与呼吸作用有关的酶活性增强，呼吸作用加强。同时，植物的蒸腾作用增强，细胞持水力下降，水分代谢加快，根系吸收阳离子的能力增强；叶绿素含量增加，光合作用增强，积累干物质的速率也随之提高；核酸和蛋白质的合成量增加。总之，春化作用后的植株，其代谢活性加强，茎尖生长点或其他分生组织的细胞内发生一系列变化，所有这些生理、生化上的变化，都有利于花芽分化。但是春化作用后，植株的抗寒性明显下降。

D. 脱春化和再春化　需要春化的植物，在春化处理过程中，如果突然遇到高温（25~40℃）或短日照处理，则春化作用会逐步消失。这种消失只在低温处理初期才会有，春化作用一旦完成，则非常稳定，高温处理就不再起作用。这种由于另一条件消除春化作用的现象称为脱春化作用或去春化作用。

春化时间越长，就越不容易被高温解除。上述现象的发生，是因为春化作用至少有两个阶段：第一个阶段是春化作用的前体物质在低温下变成不稳定的中间产物（中间产物在高温下可被破坏或被钝化）；第二个阶段是在 20℃ 下，中间产物转变为热稳定的物质，即春化作用的最终产物——春化素（嫁接实验证明其存在，但尚未分离出来）。解除春化作用的植物再给予低温处理，仍可继续春化，此种现象称为再春化现象。

②光周期　一般来说，需要低温春化的植物，在完成春化作用后还需要接受一定时间的长日照才能完成花芽的分化。也有些植物，在整个生育期间虽然对低温没有特殊要求，

但仍需要一定时间的适宜光照诱导才能分化出花芽。人们把昼夜周期中光照期和暗期长短的交替变化称为光周期。植物通过感受昼夜长短变化而控制开花的现象，称为光周期现象。

A. 植物成花的光周期条件　不同植物成花所需的日照时数不同。有的植物成花必须要小于一定的日照时数，而有的植物成花则必须要大于一定的日照时数。根据对光周期反应的不同，一般可将植物分为4种类型：

长日照植物　指当日照时数超过临界日长才能开花的植物，如苹果、梅花、碧桃、山桃、榆叶梅、丁香、连翘、天竺葵、大岩桐、兰花、令箭荷花、倒挂金钟、唐菖蒲、紫茉莉、风铃草类、蒲包花等。这类植物每天的日照时数需要达到12h以上（一般为14h）才能形成花芽，而且日照时数越长，开花越早，否则将维持营养生长状态，不开花结实。

短日照植物　指当日照时数短于临界日长时才能开花的植物，一般深秋或早春开花的植物多属于此类，如一品红、菊花、蟹爪兰、落地生根、一串红、木芙蓉、叶子花、君子兰等。这类植物每天需要的日照时数在12h以下（一般为10h）才能形成花芽，而且黑暗时数越长，开花越早，在长日照条件下只能进行营养生长而不开花。

中日照植物　指只有当昼夜长短接近相等时才能开花的植物，如某些甘蔗品种只有在接近12h的光照条件下才开花，大于或小于这个日照时数均不开花。

日照中性植物　指开花与否对日照时间长短不敏感，只要温度、湿度等生长条件适宜就能开花的植物，如月季、香石竹、紫薇、大丽花、倒挂金钟、茉莉花等。这类植物受日照长短的影响较小。

需要指出的是，短日照植物的临界日长不一定比长日照植物的临界日长短。因此，判断某植物是长日照植物还是短日照植物，不能以日照长短为准，必须以临界日长来判断。临界日长是指昼夜周期中诱导短日照植物开花所必需的最长日照或诱导长日照植物开花所必需的最短日照。对于长日照植物来说，日长大于临界日长，就能开花；而对于短日照植物来说，日长必须小于临界日长才能开花，但日长太短也不能开花，可能是由于光合作用所合成的有机物质不足所致。

在自然条件下，昼夜总是在24h的周期内交替出现，因此与临界日长相对应的还有临界夜长。临界夜长是指在昼夜周期中短日照植物能够开花所必需的最短暗期长度，或长日照植物能够开花所必需的最长暗期长度。暗期间断处理实验证明暗期长度对植物成花诱导具有决定作用。由此可见，临界夜长比临界日长对开花更为重要。短日照植物实际上是长夜植物，必须超过某一临界暗期才能形成花芽，长日照植物实际上是短夜植物，必须短于某一临界暗期才能开花（图6-3）。一般认为，木本植物的开花结实不直接受光周期的控制。

需要说明的是，植物开花的光周期条件不是固定不变的，温度、光照强度和大气组成等因素的变化都可能改变某些植物的光周期反应类型。如牵牛属、紫苏属和秋海棠属等，只在20~25℃的温度范围内需要短日照条件，在15℃或更低的温度时，在长日甚至连续日照下最终也能成花。因此，植物被定为长日照植物或短日照植物时，只有在给定的条件下才有效，在另一条件下可能完全改变。

B. 光周期的感应部位　光周期的感应部位是叶片。叶片对光周期刺激的敏感性与其年龄有关，一般幼嫩的叶片和衰老的叶片对光周期敏感性差，刚刚展开的叶片对光周期最

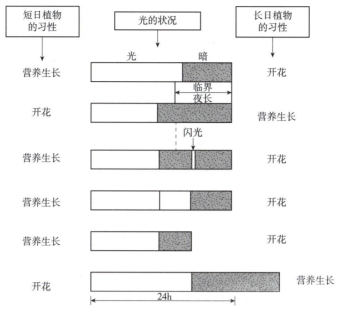

图6-3 短夜、长夜、长夜闪光对长日照植物、短日照植物开花的影响

敏感。叶片在感受光周期以后，能形成一种开花刺激物质，经韧皮部转移到茎端的生长点。

C. 光周期诱导　研究证明，植物只要受到一定时间的适宜光周期影响，以后即使置于不适宜的光周期条件下，仍可保持光周期的刺激效果而能开花的现象，称为光周期效应。这种能够发生光周期效应的处理，称为光周期诱导。诱导植物成花所需要的处理天数，称为光周期诱导周期数。不同植物的光周期诱导周期数不同，如日本牵牛只需一个诱导周期就可以开花，而有些植物则需较多的诱导周期数。诱导所需要的处理天数还与植物年龄、环境的温度等因素有关。

(2) 花芽分化

①花芽分化的概念　花芽分化又称花器官的形成，指成花诱导之后，植物茎尖的分生组织不再产生叶原基和腋芽原基而分化形成花或花序的过程，是植物从营养生长到生殖生长的转折点。花芽分化包括花原基的形成、花芽各部分分化与成熟的全过程。

植物经过成花诱导后发生成花反应，芽内的顶端分生组织形成若干轮的小突起，成为花各部分的原基。花芽分化按花萼、花冠(花瓣)、雄蕊、雌蕊的顺序依次进行(图6-4)。

②影响花芽分化的因素

营养状况　营养是花芽分化及花器官形成与生长的物质基础。美国的Kraus在1918年曾提出开花的碳氮比(C/N)理论。他认为，决定开花的因素不是某些类型物质的绝对量，而是其相对比例：当糖类多于含氮化合物时，生殖生长占优势，植株开花；反之，则营养生长占优势，延缓了生殖生长，推迟了花期或不开花。即C/N较大时，开花；反之C/N较小，则延迟开花或不开花。

生产上一切有利于生长的环境条件和栽培措施，都会为植物的开花奠定物质基础，过多的促进糖类合成的因素会延迟开花或降低开花品质，而促进植物蛋白质合成的因素

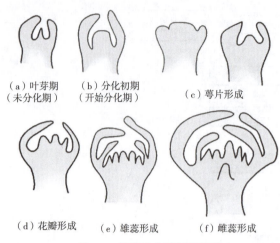

(a) 叶芽期（未分化期） (b) 分化初期（开始分化期） (c) 萼片形成
(d) 花瓣形成 (e) 雄蕊形成 (f) 雌蕊形成

图 6-4 花芽分化过程示意图

则有利于开花，这为通过植物栽培技术来调控成花或花期提供了理论依据。如利用环剥、环割、弯转等措施能使处理部位以上的枝条内充满糖类，使 C/N 加大，对已经达到成花年龄的植物，有刺激和诱导其成花的作用。当过多地施用氮肥时，C/N 减小，会延迟开花并降低开花品质；相反，施用充分的磷、钾肥，促进糖类转化为蛋白质，则有利于开花。

内源激素　花芽分化过程是植物内源激素和营养物质相互作用的结果。不同激素在植物花芽分化过程中具有不同作用，如细胞分裂素、脱落酸和乙烯（来自根和叶）能促进花芽形成，而生长素和赤霉素（多来自顶芽和种子）抑制花芽形成，但是激素对花芽分化的调控实际上并不决定于单一的激素，而是有赖于激素的动态平衡。

环境因素　主要包括光照、温度和水分等。光照对花的形成影响很大。在植物完成光周期诱导的基础上，花器官开始分化后，自然光照时间越长，光照强度越大，形成的有机物越多，成花数量越多，品质越高。栽种在隐蔽地段的月季、碧桃一般不能开花。不同植物对开花要求的最低光照强度不同，耐阴植物比喜光植物开花所要求的最低光照强度要低一些。多数栽培植物属于喜光植物，这些植物在稍高于最低光照强度时，花的数量很少，以后随光照强度的增大而花芽增多。在光照强度较高时，就不再成为开花的限制因素。

在一般情况下，一定范围内，植物的花芽分化随温度的升高而加快。温度主要通过影响光合作用、呼吸作用、物质转换及运输等间接影响花芽分化。某些植物的早熟类型，花的发育对温度和光照的要求不太严格。因此，在控制植物开花期或是在进行植物引种驯化栽培时，选用早花型或早熟型品种较为适宜。

水分对花的形成也是十分必要的。雌、雄蕊分化期和花粉母细胞及胚囊母细胞减数分裂期对水分特别敏感，如果土壤水分不足，会使花器官的发育延缓，成花量减少；如果土壤水分过多，枝叶生长就会过于旺盛，花芽分化量相对减少。但是某些植物如荔枝、苹果等果树在花器官发生前或发生初期，适量地控制水分，造成短期的干旱，有助于花芽的发生和发育。

生理条件　在花的形成过程中，营养生长和生殖生长之间存在养分分配的矛盾。在一个花序中，不同部位的花分化先后不同，一般上部的花芽分化早，生长势强，称为强势花；下部的花芽分化晚，生长势弱，称为弱势花。花芽分化时需要大量养分，由于养分分配的限制，强势花优先得到养分，正常分化，开花时形成壮花，花大色艳，寿命长，生活力强，坐果率高；弱势花则因养分缺乏而引起发育不完全甚至退化，开花后花质差，寿命短，坐果率低。

在一般情况下，顶花芽好于侧（腋）花芽，壮枝顶花芽优于弱枝顶花芽，外围及优势部位的顶花芽优于内膛及劣势部位的顶花芽，同一花序内，中心花先开，品质最好，边花次之，这些都是疏花留优的技术依据。因此，想要提高花质，除需注意花枝类型外，还应增加树体贮藏营养，防止营养过度消耗。春季的土壤施肥与根外施肥及花期的根外施肥，均可增加芽内有机养分，促进花芽分化。

③花芽分化的季节型　花芽分化开始时期、延续时间的长短以及对环境条件的要求因种类与品种、地区、年龄等的不同而异。根据不同植物花芽分化的季节特点，可以分为以下5种类型：

夏秋分化型　绝大多数早春和春夏间开花的植物如海棠类、榆叶梅、樱花、迎春花、连翘、玉兰、紫藤、丁香、牡丹等多属于此类。它们都是于上一年6~8月开始分化花芽，并在9~10月完成花器分化的主要部分。

冬春分化型　原产于温暖地区的某些植物，如柑橘类，需从12月至翌年春季分化花芽，其分化时间较短且连续进行。一些二年生花卉和春季开花的宿根花卉多在春季温度较低时进行花芽分化，如金盏菊、雏菊、紫罗兰、三色堇等，只要通过低温春化，并满足长日照要求，即使植株还很幼小，也能开花。

当年分化型　许多夏、秋开花的植物，如木槿、槐、紫薇、珍珠梅、荆条、菊花、萱草等，都是在当年新梢上形成花芽并开花，不需要经过低温。

多次分化型　在一年中能多次发枝，每发一次枝就分化一次花芽并开花的植物。如茉莉花、月季、无花果等，这类植物春季第一次开花的花芽有些是上一年形成的，各次分化交错发生，没有明显的停止期，但大体有一定的节律。

不定期分化型　每年分化一次花芽，但无固定时期，只要达到一定的叶面积就能开花。如凤梨科和芭蕉科的某些种类。

6.1.3　花器官的形成与性别分化

(1) 花器官的形成

只有完成成花诱导，才有开花的可能，而能否开花，还要看是否有合适的条件。也可以说，花诱导决定了成花的可能性，而适合的条件决定了花的质量和数量。大多数植物发生成花反应，使生长锥的表面积增大，表面出现皱褶，在原来分化形成叶原基的地方形成花原基，再由花原基逐步分化产生花器官各部分的原基，进而形成花或花序（图6-5）。在生长锥分化成花芽的过程中，其内部也发生了可溶性糖增加等一系列的生理生化变化。

(2) 植物的性别分化

①植物的性别表现类型　在花芽的分化过程中，多数植物在花的分生组织都产生雄蕊和雌蕊的雏形，但以后某一性器官就退化了，即进行了性别分化。大多数高等植物的花芽在同一花内形成雌蕊和雄蕊，为雌雄同花，即两性花。如多数蔷薇科植物和一些花卉植物。但是，也有不少雌雄异株植物，如香榧、银杏、杨、柳、冬青等，同一株植物的花只形成雌蕊或雄蕊，分别为雌株或雄株。也有些在同一株中有两种花，一种是雄花，另一种是雌花，称为雌雄同株植物，如四季海棠、球根海棠、山毛榉等。同一株植物上既有两性花，又有单性花的，称为杂性同株，如柿和向日葵等。

②雌、雄花出现的规律性　在雌雄同株异花的植物中，花朵性别出现是按一定的先后

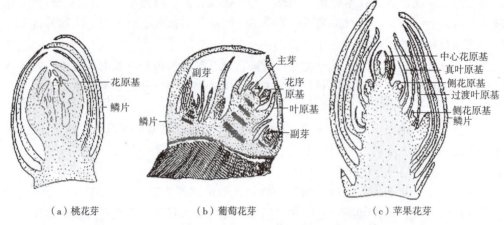

图 6-5　不同植物花芽解剖结构示意图

顺序的。通常发育早期出现的是雄花，随后是雄花和两性花都有，最后只出现雌花。多年生木本植物中，在各级分枝上，随分枝级数增加，雌花的比例增加。以上表明，雌花在生理年龄较老的枝条上出现，而雄花则多生在较幼嫩的下层枝条上。

③外界条件对花性别的影响

光周期　对花器官的分化影响较大。一般情况下，短日照促使短日照植物多开雌花，促使长日照植物多开雄花；长日照则促使长日照植物多开雌花，促使短日照植物多开雄花。如果增加光周期诱导次数，往往使雌雄同株和雌雄异株的雌花数量增加；而在光周期诱导不足时，雄花数量增加。应当指出，花的性别形成是由植物本身的遗传特性所决定的，光周期的影响只占次要地位，这与光周期诱导成花有所不同。

营养条件　在一些雌雄异株的植物中，C/N低时，将提高雌花分化的比例。一般来说，氮肥多、土壤水分充足促进雌花的分化，氮肥少、土壤干燥则促进雄花分化。此外，磷、硼和钾等元素都能提高瓜类的雌花率。

生长调节剂　某些植物激素和人工合成的生长调节物质也对植物性别的分化有明显作用。一般来说，赤霉素主要促进雄花分化，而乙烯、细胞分裂素（KT 或 6-BA 等）和抗赤霉素的矮壮素等则主要促进雌花分化。生长素类物质大多是促进雌花分化，这似乎与生长素诱导乙烯合成有关。在生产中，烟熏植物可以增加雌花比例。烟中的有效成分是乙烯和一氧化碳，其中一氧化碳的作用是抑制吲哚乙酸氧化酶的活性，减少吲哚乙酸的破坏，提高生长素含量。此外，伤害可以使雄株转变为雌株，这大概是损伤引起乙烯产生的缘故。

其他因素　除上述因素外，温度、光照强度等环境因子对植物性别分化也有一定影响。一般来说，较高的土壤温度、较低的气温（尤其是夜间）、种子播前冷处理、蓝光光照等，有利于雌花分化；而较低的土壤温度、较高的气温、红光光照等，则促进雄花分化。

6.1.4　植物开花与传粉、受精

6.1.4.1　植物开花

当花蕾发育成熟后，花瓣和花萼张开，露出雄蕊和雌蕊，这一过程称为开花。

（1）影响开花物候期的因子

①内因　各种植物开花物候期的早晚通常与植物达到花前成熟或成花诱导的时期有

关，这些阶段开始较早的，花芽分化也提早，开花期就偏早。有些植物尤其是一些春季开花的木本植物，当花朵发育成熟时，不是立即开放，往往较长时间地维持一种"含苞欲放"的状态；显然这与植物种类有关。植物体内的营养水平，也影响到开花，营养状况较好的壮年树和幼年树，开花期一般要比老弱树提早些。

②外因　开花物候期还受环境气候与栽培条件的控制。其中，主要受播种期、温度、光照和肥水条件等的影响。

播种期　一、二年生草本植物，开花期的早晚明显受播种期的限制，通常播种早的，开花也较早。因此，生产中必须按季节播种。

开花前的温度　大量事实表明，花朵开放时间与开花前某一段时间内的气温条件密切相关。花朵发育后期或发育成熟以后，如果遇气温较高，就能加速开花过程。自花器官形成至花朵开放，对于生长在热带的植物，可能这个过程很短，而对于一些生长在温带的落叶木本植物，这个过程经历的时间较长。其原因是这些原产于温带的木本植物，花器官形成过程中或是形成以后，植株正处于秋、冬季的低温时期，由于温度的限制，植物体处于休眠状态。在这种气候条件的长期影响下，这类植物在花器官发育过程或花器官发育成熟以后，要求通过一个低温休眠时期，然后才能进入开花的准备阶段。原产于夏季炎热、干旱地区的植物，夏季进入休眠，花芽分化是在休眠期间进行的，待休眠结束后才开花。花芽分化的某阶段或分化的整个过程必须在休眠期内进行的植物，它们花芽分化所要求的休眠期低温与开花前所要求的低温或适温不同。如牡丹和杜鹃花，要求2~5℃的冬季低温，而当休眠解除后，又要求在15~20℃的温度下才能开花。

开花期的适温　花朵的开放，一般必须经过花芽膨大、鳞片开裂等过程。花朵的开放需要有一定的温度条件。一般来讲，温度高，花芽萌发过程加速。不同植物开花所要求的温度范围不同，如桃为12~14℃，桂花为22~23℃，并且落叶树的花期由于多数是集中在春季，因而要求的温度略低。即使是同一地区同一树种，不同品种花期最适温度也不一样。

原产于热带、亚热带地区的一年生花卉，开花的适温偏高，如牵牛花、鸡冠花、凤仙花、半枝莲和茑萝等，花朵开放需在25~30℃的温度条件下，花期多在夏、秋。而原产于温带及较冷凉地区的二年生秋播花卉，开花的适温偏低，如紫罗兰、雏菊、金盏菊和三色堇等，温度需在5~15℃才开花，花期集中在早春。一些对温度要求适中的花卉，如金鱼草、蜀葵和虞美人等，开花适温在15~25℃，花期在初夏；秋菊的开花适温是10~16℃，因此花期在11月，但入秋以后气温降低，影响开花品质。

由于温度对花期的这种决定性作用，同一品种在不同地区往往因栽培地气温条件不同，花期发生相应的变动。例如，梅花花期平均适温在8℃，当栽植在我国西南与华南地区时，花期在12月至翌年1月；在华中地区，花期在2~3月；在北京，花期可延至4月上旬。

开花期的其他条件　光照、水分和栽培管理措施也会影响开花期。大部分落叶树木是在春季长日照条件下开花的。当这些植物花芽形成后遇到日照延长环境，开花便加速。一些草本花卉，无论是在春季长日照还是秋季短日照条件下开花，光照充足，开花便加速，花期也较长。开花结实时要求空气湿度相对较小，否则会影响开花和受精。水分对花芽分化也有影响。此外，不同的栽培管理措施也会影响植物开花期。

(2) 开花习性

开花习性是植物在长期系统发育过程中形成的一种比较稳定的习性。从内在因素上看，开花习性在很大程度上由花序结构决定，但花芽分化程度上的差异也对开花习性产生影响。

① 花期阶段的划分　植物开花可分为花蕾或花序出现期、开花始期(5%的花开放)、开花盛期(50%的花开放)、开花末期(仅留存约5%的花开放)4个阶段。

② 按花、叶开放顺序划分　按照不同植物开花和新叶展开的先后顺序，可分为3类：

先花后叶类　此类植物在春季萌动前已完成花芽分化，花芽萌动不久即开花，先开花后长叶。如银芽柳、迎春花、连翘、桃、梅、杏、李、紫荆以及某些樱花早花品种等。有些常能形成一树繁花的景观，如玉兰、木兰、华中樱、迎春樱等。

花、叶同放类　此类植物的花芽分化也是在萌芽前完成的，开花和展叶几乎同时进行。如先花后叶类中的榆叶梅、桃、樱花与紫藤中某些晚花的品种与类型。此外，多数能在短枝上形成混合芽的树种也属此类，如苹果、海棠等。混合芽虽先抽枝展叶而后开花，但多数短枝抽生时间短，很快见花。此类开花较前类稍晚。

先叶后花类　此类的部分植物如葡萄、柿、枣等是由上一年形成的混合芽抽生相当长的新梢，于新梢上开花。此类多数植物的花芽是在当年生长的新梢上形成并完成分化的，一般于夏、秋开花。此类萌芽开花比前两类都晚，在植物中属于开花最晚的一类，如刺槐、木槿、紫薇、苦楝、凌霄、槐、桂花、珍珠梅等。有些能延迟到初冬，如枇杷、油茶、茶树等。

③ 开花顺序

不同植物的开花顺序　不同植物开花早晚不同。除在特殊小气候环境外，同一地区同一年各种植物的开花期有一定的顺序。如北京地区的树木，一般每年均按以下顺序开放：山桃、玉兰、杏、桃、垂柳、紫丁香、紫荆、牡丹、苹果、紫藤、刺槐、合欢、木槿、槐等。

同一植物不同品种的开花顺序　在同一地区，同一植物的不同品种开花也有一定的顺序。比如，日本樱花有几百个品种，最早开花的品种如'冬樱'可在1~2月开花，最晚开花的如日本晚樱类品种'关山'其花期可延迟到4~5月；又如在北京碧桃中的'早花白'碧桃3月下旬开花，而'亮碧桃'则在4月中下旬开花。

雌雄同株异花的植物开花顺序　雌、雄花既有同时开放的，也有雌花先开或雄花先开的。凡长期实生繁殖的树木如核桃，常有这几种类型的混杂现象，即雌花先熟型、雄花先熟型和雌雄同熟型。

同一植株不同部位枝条或花序的开花顺序　一般是短花枝先开，长花枝和腋花芽后开。向阳面比背阴面的外围枝先开。同一花序开花早晚不同，具伞形总状花序的苹果，其顶花先开；而具伞形花序的梨，则边花序的基部先开；柔荑花序，基部先开。

④ 花期长短　受植物种、品种、外界环境条件以及植物体营养状况的影响。

因植物种类而异　如杭州地区，花期短者6~7d(白丁香6d，金桂、银桂7d)；长的可达100~240d(茉莉花可开112d,六月雪可开117d,月季最长可达240d左右)。在北京地区,花期短的只有7~8d(如山桃、玉兰、榆叶梅等),花期长的可达60~131d(如木槿可达60d,紫薇70d以上,珍珠梅有的可开131d)。

因树龄和树体营养状况而异　同一树种的年轻植株比衰老植株树体营养状况好,开花早,花期长。青壮龄树种或品种,由于树体营养水平高,开花整齐,单朵花期也长;老龄树开花不整齐,单朵花期也短。

因天气状况和小气候条件而异　遇冷凉潮湿天气,花期延长;而遇干旱高温天气,则缩短。在不同的小气候条件下,花期长短不同。阴坡阴面和树荫下阴凉湿润,比阳坡阳面和全光下花期长。

⑤每年开花的次数　因植物种类、品种、植株营养状况、环境条件等而不同。原产于温带和亚热带地区的绝大多数植物,一年只开一次花,但有时能发生第二次开花现象,常见的有桃、杏、连翘和某些樱花品种等。树木第二次开花有两种情况:一种是花芽发育不完全或因树体营养不足而延迟到春末夏初才开;另一种是秋季发生第二次开花现象。这种一年二次开花现象既可以由不良条件引起,也可以由于条件的改善引起,还可能是这两种条件的交替变化所致。例如,秋季因病虫危害失掉叶子,或过早遇大雨引起落叶,促使花芽萌发,再度开花,如梨、紫叶李、紫叶桃等。

再度开花对一般园林树木影响不大,有时还可以加以利用。如丁香于8月下旬至9月上旬摘去全部叶子,并追施肥水,至国庆节前就可开花。在华北地区,紫薇花后剪除花(果)序部分,促进再萌新枝成花和开花,即可延长观花期。对于生产花或果实的树木,再度开花则消耗大量养分,既不能成果,也不利于越冬,大大影响第二年的花、果量。但对于具早熟性芽的树木,可以采用摘心、夏剪、摘叶、生长素刺激等人工措施促萌花芽,达到控制花期和一年多次结果的目的。

6.1.4.2　植物传粉、受精

(1) 传粉

传粉是花朵开放后,花药裂开,花粉粒散出并以各种方式传送到雌蕊柱头上的过程。根据花粉传递的方式不同,传粉又分为自花传粉与异花传粉两种。

自花传粉　雄蕊的花粉粒自动落到同一花的雌蕊柱头上的传粉方式,如桃、李、杏属等的传粉。进行自花传粉,必须是两性花,且雄蕊与雌蕊是同时成熟的。在这类植物中,有些在花开放之前就完成了传粉和受精作用,这种现象称为闭花传粉或闭花受精现象,这是因为在蝶形的花冠中,有一对花瓣始终紧紧地包裹着雄蕊和雌蕊,如豌豆、花生等。自然界中自花传粉的植物比较少。

异花传粉　雄蕊的花粉借风或昆虫等媒介传送到另一朵花的雌蕊柱头上的传粉方式。借风传粉的称风媒花,其特征为:多为单性花,单被或无被,花粉量多,柱头面大和有黏质等,如杨、柳、桦等。借昆虫传粉的花称虫媒花,其特征为:多为两性花,雌蕊和雄蕊不在同时期成熟,花有蜜腺、香气和鲜艳颜色,花粉量较少,花粉粒表面多具突起,花的形态、构造多适应昆虫传粉,如三色堇、月季等大多花卉和果树等。

风媒花和虫媒花多种多样的特征是植物长期自然进化的结果。

植物的花粉自花药散发出后,在一定时间内有生命力,其寿命因种而异。高温、高湿、高氧条件下，花粉易丧失活力。因此，在人工辅助授粉和杂交育种中，为了解决亲本花期不同或异地授粉的问题，要采集花粉并暂时贮藏花粉。一般采用干燥、低温、低氧和提高 CO_2 浓度来贮存花粉，通常相对湿度在6%～40%，温度控制在1～5℃。

(2) 受精

当雌蕊成熟时，柱头上会分泌出黏液，当花粉落到柱头时，使花粉黏附在柱头上，并促使花粉粒萌发。花粉粒萌发时，首先自萌发孔产生花粉管，然后花粉管向下生长，穿过柱头，经过花柱，进入子房及胚囊。在花粉管的伸长过程中，花粉粒中的营养细胞和两个精细胞进入花粉管的最前端，达胚囊时，花粉管破裂，精细胞被释放到胚囊中(这时营养细胞已分解消失)，其中一个精细胞与卵细胞结合，形成受精卵(合子)，恢复为原有植物的染色体数目($2n$)，以后发育成种子的胚，另一个精细胞与2个极核细胞结合，发育成种子的胚乳(三倍体)，这一过程称为双受精，为被子植物所特有(图6-6)。受精后，胚囊中的其他细胞先后被吸收而消失。

6.1.5　花期调控技术

在花卉栽培中，通过人为改变环境条件和采取特殊的方法，使花卉提早或延迟开花的技术措施，称为花期调控。使花卉提早开花的栽培方法称为促成栽培，延迟开花的栽培方法称为抑制栽培。

(1) 花期调控的主要措施

要调控花期，必须根据各种植物的生长发育规律和对外界环境条件的要求，选择容易开花的品种及年龄适当、发育健壮的植株，采取人工模拟天然条件等各项技术措施促进或控制开花日期。由于温度、光照、营养、激素以及各种养护措施不是单独起作用的，它们彼此之间相互制约、密切联系，共同对植物的生长发育产生影响，当这些条件中的某一些条件改变时，植物对其他条件的要求也随之发生变化，因此要想改变某一植物的花期，必须创造适宜该植物生长发育的综合外界环境条件。

①温度处理　进行适当的温度处理可以提前打破休眠形成花芽，加速花芽生长并提早开花；反之，不给相应的温度条件可延迟开花。对秋播花卉，若改为春季播种，在种子萌发后的幼苗期给予0～5℃的低温，可使其完成春化作用，正常开花。采用春化处理改变花期的多为二年生花卉，如金鱼草、紫罗兰、雏菊、金盏菊、福禄考、毛地黄等。采用降温的方法则可以延长花卉的营养生长期或延长花朵开放时间，如盆养水仙用2～5℃冷水培养，可推迟开花。

有些花卉，在适宜的开花季节能连续开花，当夏季高温来临则生长受阻停止开花。如果采取降温防暑措施创造适宜的环境条件，可使继续开花。一般在高温季节移入人工气候室，温度以20～25℃为宜，适于此法处理的花卉有吊钟海棠、大岩桐等。

②光照处理　对于长日照植物和短日照植物，可以人为控制光照时数(通常采取人工补充光照或遮蔽光照)，以提早或延迟其花芽分化和生长从而达到调控花期的目的。如对短日照植物菊花，在植株长到一定大小时利用遮光和补充光照的方法，配合适当的温度条件，可有效地保证周年供应。利用夜间高强度光照间断暗期，对花卉也有延长日照的作用。

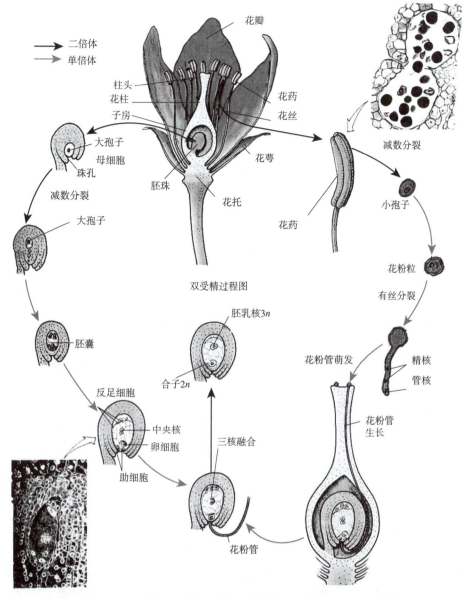

图 6-6 被子植物双受精过程示意图

③生长调节剂处理 植物生长调节剂对植物的作用主要表现为：诱导或打破休眠，促进或抑制生长，促进或抑制花芽分化。适时、适法施用生长调节剂可以起到调控花期的作用。如在生长期喷洒赤霉素、激动素、乙烯利、萘乙酸和青鲜素等或涂抹球根、生长点、芽等部位会促进侧芽萌发、茎叶生长及提早开花，而喷洒三碘苯甲酸和矮壮素等生长抑制剂则可明显延迟花期。

④其他栽培管理措施 采用修剪、摘心、摘叶、施肥和控水等措施，均可有效地调节花期，这也是花期调控常用的方法。

(2) 草本植物的成花特点及花期控制途径

一年生植物大多原产于热带及亚热带，不能忍受 0℃ 以下低温，只能在无霜期内完成生活史，属于短日照植物，可以通过短日照或长日照处理促进或抑制栽培。

二年生植物大多原产于温带，具有一定的抗寒性，属于长日照植物，可通过低温春化和光周期诱导成花。

宿根植物花的发育因植物种类而异，可以在不同季节内进行，因而成花对环境条件的要求有所不同。一般春季开花的，营养生长期要求的温度偏低，而成花期则要求长日照条件，如春兰、鸢尾；夏季开花的，营养生长期要求较高的温度，而成花却要求短日照条件，如金光菊。由于宿根植物的营养体每年要度过低温时期，因此很可能存在低温春化的要求，如菊花需要低温春化和严格短日照。

球根花卉，不论是春植球根还是秋植球根，花芽分化一般都在夏季高温季节进行，因而开花比较整齐。球根花卉的花芽分化存在两种类型：一种类型是花芽分化在地上部叶片抽生以前就已完成，如水仙、郁金香等秋植球根，这些植物进入夏季后地上部枝叶全部枯死，而地下部鳞茎生长并未停止，鳞茎内的花芽分化仍在缓慢进行，即花原基在鳞茎收获前或收获后的夏季休眠期内完成，花芽分化的最适温度在 17~18℃；另一种类型是花芽分化在叶片生长后期进行，如晚香玉、美人蕉、百合和唐菖蒲等多数春植球根和部分秋植球根花卉，花芽分化时期也正好在夏季高温季节。如唐菖蒲，其早花型品种通常要在主茎上长有 2 片叶时，生长点开始分化花芽，花芽分化的最低温要求在 10℃ 以上。

(3) 木本植物的成花特点及花期控制途径

一般木本植物的成花与草本植物相比，具有以下特点：有较长的幼年期；成花诱导和花芽分化要经过较长的时间；在花芽分化和开花之间有明显的休眠现象；具有成花与营养生长交替的复杂性。木本植物进入成花年龄后，在同一树体或同一枝条上，成花与枝条的生长可以同时进行，如蜡梅、桃、樱桃、李、苹果和榆树等；也可以先后交替进行，如七叶树、瑞香、山茶和木绣球等。植物体只有形成一部分分生组织继续营养生长，而另一部分的分生组织转入成花的不同阶段，并且两者保持适当的比例，才能不断延续生长和开花结果，生活周期才可持续多年。这些特点更显示出木本植物成花的复杂性。

目前主要采用温度处理进行木本植物的花期调控，即通过升温、降温或控制适温的方法调节植物生长与成花、开花的速率，使花期提前、推迟或延长。通过控制温度，也可起到打破休眠、延长休眠或是强迫休眠的作用，从而控制成花、开花。例如，生长后期（秋末冬初）对植株降温、干燥、摘叶、遮阴等，可抑制其生长，强迫植株提早休眠；休眠后期，通过大棚、温室等设施人工升温，打破休眠，可促进其提前开花，或人工降温，延长休眠期，延迟开花。还可通过冬季增温，夏季降温，使植株周年开花。对于一品红、叶子花和八仙花等成花对光周期有一定要求的木本植物，可以通过遮光或移入暗室处理，或人工补充光照，以达到缩短或延长日照时间的效果。除此之外，激素的应用也同样起到加速开花或延迟开花的作用。激素处理后效果显著的有山茶、牡丹、含笑、茶梅等。

6.2 植物的种子与结实

6.2.1 种子的形成和结构

(1) 种子的形成过程

花在受精以后,其各组成部分发生不同的变化,如花冠凋萎,花萼脱落或宿存,雄蕊及雌蕊的柱头、花柱通常也凋萎,子房逐渐膨大发育为果实,子房内的胚珠逐渐发育为种子(图6-7),花梗变为果柄。有些植物的花托、花被等发育成为果实的一部分,如凤梨、桑葚、无花果等。

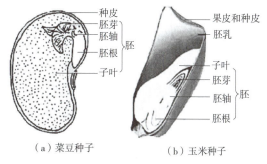

图6-7 双子叶植物(菜豆)和单子叶植物(玉米)种子结构示意图

其中被子植物种子的形成过程为:双受精以后,胚囊中的受精卵发育成胚,胚是形成新一代植物体的雏形;中央细胞受精后形成初生胚乳核,发育成胚乳,作为胚发育的养分来源;珠被发育成种皮,包在胚和胚乳之外,起着保护作用;大多数植物的珠心被吸收而解体消失,少数植物的珠心组织被保留下来,继续发育成为外胚乳;珠柄发育成种柄。于是,整个胚珠便发育成种子。因此,种子来源于受精后的胚珠,不同植物种子的大小、形状及内部结构各有差异,但它们的发育过程却大致相同。

(2) 种子形成过程的生理变化

种子形成的过程就是受精卵发育成胚的过程,同时也是种子内积累贮藏物质的过程。在这个过程中,种子含水量、呼吸强度、干物质和酶的活动都发生一系列的变化。

在种子形成的初期,呼吸作用旺盛,因而有足够的能量供应种子的生长及有机物的转化和运输。随着种子的成熟,呼吸作用逐渐减弱,其他代谢过程也逐渐减弱。

种子成熟时物质的转化大致与种子萌发时相反。随着种子体积的增大,由其他部位运来的有机养分是一些较简单的可溶性有机物,如葡萄糖、蔗糖、氨基酸和酰胺等。这些有机物在种子内逐渐转化成为复杂的不溶性的有机物,如淀粉、脂肪及蛋白质等。

(3) 种子的结构

一般植物的种子由种皮、胚和胚乳3个部分组成。

种皮 由珠被发育而来,是种子的"铠甲",起着保护胚和胚乳的作用。

种皮的结构还与种子休眠密切相关。有的植物种皮中含有萌发抑制剂,因此除掉这类植物的种皮对种子萌发有刺激效应。裸子植物的种皮由明显的3层组成,外层和内层为肉质层,中层为石质层,种子外面没有果皮。

胚 由受精卵发育形成,是种子最重要的部分。发育完全的胚由胚芽、胚轴、子叶和胚根组成。胚将来发育成新的植物体,胚芽发育成植物的茎和叶,胚根发育成植物的根,胚轴发育成连接植物的根和茎的部分,子叶为种子的发育提供营养。

裸子植物的胚都是沿着种子的中央纵轴排列,不同种类种子的胚之间唯一不同的是子叶数目,为1~18个。但常见的子叶数目为2个,如香榧、苏铁、银杏、红豆杉、红杉、买麻藤和麻黄等。

被子植物胚的形状极为多样，有椭圆形、长柱形或程度不同的弯曲形、马蹄形、螺旋形等。尽管胚的形状如此不同，但它在种子中的位置总是固定的，一般胚根都朝向珠孔。

子叶形状也多种多样，有细长的、扁平的；有的含大量贮藏物质而肥厚呈肉质，如花生、菜豆的子叶；也有的呈薄薄的片状，如蓖麻的子叶。有的子叶与真叶相似，具有锯齿状的边缘；也有的在种子内部呈多次折叠，如棉花的子叶。

胚乳　由受精极核发育形成，是种子集中养分的地方，不同植物的胚乳中所含养分各不相同。裸子植物的胚乳是单倍体的雌配子体，一般都比较发达，多贮藏淀粉或脂肪，也有的含有糊粉粒。胚乳一般为淡黄色，少数为白色，银杏成熟的种子中胚乳呈绿色。绝大多数的被子植物在种子发育过程中都有胚乳形成，但在成熟种子中有的种类不具有或只具有很少的胚乳，这是由于它们的胚乳在发育过程中被胚分解吸收了。一般情况下，在胚和胚乳发育的过程中，胚囊体积不断地扩大，以致胚囊外的珠心组织受到破坏，最后被胚和胚乳所吸收。因此，在成熟的种子中没有珠心组织。但有些植物在种子发育过程中珠心组织保留下来，并贮藏养分形成外胚乳。如菠菜、甜菜、咖啡的成熟种子中具有外胚乳，胡椒、姜的成熟种子兼有胚乳和外胚乳。

一般常把成熟的种子分为有胚乳种子和无胚乳种子两大类。在无胚乳种子中胚很大，胚体各部分特别是在子叶中储存有大量营养物质。在有胚乳种子中，胚与胚乳的大小比例因植物种类不同而有着很大不同，胚乳的寿命和贮藏物质的种类也有很大不同。胚乳中最普通的贮藏物质是淀粉、蛋白质和脂肪，还有其他糖类，如甘露糖和半纤维素可以沉积在细胞壁上，咖啡、柿、海枣等的胚乳就是以这种方式贮存养分。含淀粉的胚乳常常是没有生命的，如灯芯草科、莎草科、禾本科、蓼科、石竹科中含淀粉的胚乳细胞成熟后细胞核退化；而在百合科、石蒜科、萱草属、蓖麻属和胡萝卜属中含淀粉的胚乳细胞是有生命的。

6.2.2　果实的形成和结构

(1) 果实的形成过程和结构

在胚珠发育成种子的过程中，子房壁也迅速生长，发育成为果皮。种子和包裹种子的果皮共同构成了果实（图 6-8）。因此，果实的形成过程实际上就是种子和果皮的形成过程。

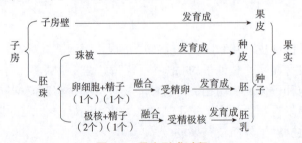

图 6-8　果实形成过程

多数植物的果实是全部由子房发育而成的，称为真果，如桃、核桃、紫荆、豆类等的果实（图 6-9）。真果外为果皮，内含种子。果皮一般可分为外果皮、中果皮和内果皮 3 层结构。外果皮上常有气孔、角质、蜡质和表皮毛等。中果皮在结构上变化较大，有些植物的中果皮由多汁、贮有丰富营养物质的薄壁细胞组成，成为果实中的肉质可食用部分，如桃、李、杏等的中果皮；有些植物的中果皮则常变干收缩成膜质或革质，如蚕豆、花生等的中果皮。内果皮在不同植物中也各有其特点，有些植物的内果皮肥厚多汁，如葡萄等；有些植物的内果皮则是由骨质的石细胞构成，如桃、杏、李和胡桃等的内果皮。

有些植物的果实是由子房、花托、花萼、花冠等共同发育形成，或由整个花序发育形成，这种果实称为假果，如梨、苹果、菠萝、桑葚等的果实(图 6-10)。

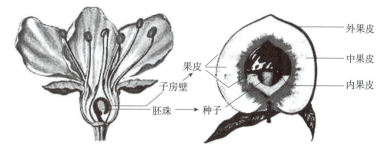

图 6-9　真果(桃)的花和果实结构示意图

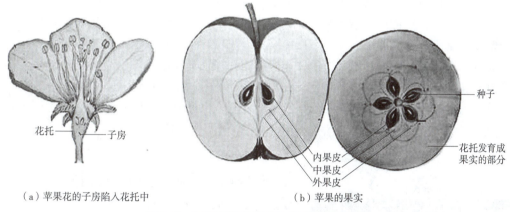

（a）苹果花的子房陷入花托中　　　　　（b）苹果的果实

图 6-10　假果(苹果)的花和果实结构示意图

(2) 果实成熟时的生理变化

肉质果实在形成时也伴随着营养物质的积累和转化，使果实到成熟时在色、香、味等方面均发生显著的变化。果实成熟时的主要变化如下：

果实由酸变甜，由硬变软，涩味消失　在果实形成的初期，从茎、叶运来的可溶性糖转变成淀粉贮藏在果肉细胞中。果实中还含有单宁和各种有机酸，这些有机酸包括苹果酸、酒石酸等，同时细胞壁含有很多不溶性的果胶物质，故未成熟的果实往往生硬、涩、酸而没有甜味。随着果实的成熟，淀粉再转化成可溶性的糖；有机酸一部分发生氧化而用于呼吸作用，另一部分转化成糖，故有机酸含量降低；单宁被氧化，或凝结成不溶性物质而使涩味消失；果胶物质则转化成可溶性的果胶酸等，可使细胞彼此分离。因此，果实成熟时具有甜味，而酸味减少，涩味也消失，同时由硬变软。

香味产生　果实成熟时还产生微量的具有香味的酯类物质，如乙酸乙酯和乙酸戊酯等，使果实变香。

色素变化　许多果实在成熟时由绿色逐渐变为黄色、橙色、红色或紫色。这一方面是由于叶绿素的破坏，类胡萝卜素的颜色显现出来；另一方面则是花青素形成的结果，较高的温度和充足的氧气有利于花青素的形成，因此果实向阳的一面往往着色较好。

乙烯产生　在果实成熟过程中还产生乙烯气体。乙烯能加强果皮的透性，使氧气容易进入，所以能加速单宁、有机酸类物质的氧化，并可加强酶的活性，加快淀粉及果胶物质的分解。故乙烯能促进果实的成熟。

呼吸强度变化　许多肉质果实在成熟过程中，呼吸作用首先是减弱，然后出现一个突然升高的时期，即呼吸高峰或跃变期，以后呼吸作用又逐渐减弱。苹果、梨等都有明显的呼吸高峰。但也有一些果实如柑橘、柠檬、葡萄等的果实没有呼吸高峰的出现，它们在成熟过程中呼吸强度是逐渐减弱的。

呼吸高峰的出现与乙烯的产生有密切关系。人工施用乙烯气体(或乙烯利)，可以诱导呼吸高峰的到来，促进成熟，而控制气体成分(降低氧气含量，提高 CO_2 含量或充 N_2)则可以延缓呼吸高峰的出现，从而延长贮藏期。

(3) 单性结实

果实的形成一般与受精作用有密切关系，但也有一些植物不经过受精作用，子房便可直接发育成果实，这种形成果实的过程称为单性结实。单性结实的果实里不含种子，所以称这类果实为无籽果实。

单性结实必然产生无籽果实，但并非所有的无籽果实都是由于单性结实所产生。有些植物在开花、授粉和受精以后，其胚珠在发育为种子的过程中受到阻碍，同样可以形成无籽果实。另外，用同科异属的花粉或植物激素处理，也可形成无籽果实。

6.2.3　种子的萌发与贮藏

(1) 种子萌发

种子萌发是指种子从吸胀作用开始的一系列有序的生理过程和形态发生过程(图6-11)。

图6-11　种子萌发示意图

①种子萌发的过程　种子萌发的过程大致可分5个阶段：

吸胀　为物理过程。种子浸于水中或落到潮湿的土壤中，其内的亲水性物质便吸收水分子，使种子体积迅速增大(有时可增大1倍以上)。吸胀开始时吸水较快，以后逐渐减慢。种子吸胀时会产生很大的力量，甚至可以把玻璃瓶撑碎。吸胀的结果是使种皮变软或破裂，种皮对气体等的通透性增加，有利于萌发。

水合与酶的活化　这个阶段吸胀基本结束，种子细胞的细胞壁和原生质发生水合，原生质从凝胶状态转变为溶胶状态。各种酶开始活化，呼吸作用和其他生理代谢作用急剧增强。如大麦种子吸胀后，胚首先释放赤霉素并转移至糊粉层，在此诱导水解酶(α-淀粉酶、蛋白酶等)的合成。水解酶将胚乳中贮存的淀粉、蛋白质水解成可溶性物质(麦芽糖、葡萄糖、氨基酸等)，并陆续转运到胚轴供胚生长的需要，由此而启动一系列复杂的幼苗形态发生过程。

细胞分裂和增大　细胞分裂和增大时吸水量又迅速增加，胚开始生长，种子内贮存的营养物质开始大量消耗。

胚突破种皮　胚生长后体积增大，突破种皮而外露。大多数种子先长出胚根，接着长出胚芽。

长成幼苗　长出根、茎、叶，形成幼苗。有的种子下胚轴不伸长，子叶留在土中，只有上胚轴和胚芽长出土面生成幼苗，这类幼苗称为子叶留土型幼苗，如豌豆、蚕豆等的幼苗。有些植物如棉花、油菜、瓜类、菜豆等的种子萌发时下胚轴伸长，把子叶顶出土面，形成子叶出土型幼苗。

②影响种子萌发的内部条件

有生命力且完整的胚　种子在离开母体后，超过一定时间将丧失生命力而不能萌发。被昆虫咬坏了胚的种子也不能萌发。

有足够的营养储备　正常种子在子叶或胚乳中储存有足够的种子萌发所需的营养物质，干瘪的种子往往因缺乏营养而不能萌发。

不处于休眠状态　多数种子形成后，即使在条件适宜的情况下暂时也不能萌发，这种现象被称为休眠。休眠形成的主要原因：一是种皮障碍。有些种子的种皮厚而坚硬，或种皮上附着蜡质层或角质层，使之不透水、不透气或对胚具有机械阻碍作用。二是有些果实或种子内部含有抑制种子萌发的物质。如某些沙漠植物为了适应干旱的环境，其种子表面具有水溶性抑制物质，只有在大量降雨后这些抑制物质被洗脱掉才能萌发，以保证形成的幼苗不致因缺水而枯死。对于休眠的种子，若需促进萌发，应针对不同原因解除休眠。

③影响种子萌发的外界条件　种子的萌发也需要一定的环境条件，主要是充足的水分、足够的氧气和适宜的温度。种子萌发时，首先是吸水。种子浸水后，种皮膨胀、软化，可以使更多的氧气透过种皮进入种子内部，同时二氧化碳透过种皮排出，里面的物理状态发生变化。其次，种子在萌发过程中只有不断地进行呼吸作用得到能量，才能保证一系列复杂的生命活动的正常进行。最后，种子内部营养物质的分解和其他一系列生理活动都需要在适宜的温度下进行。此外，少数植物种子的萌发还需要一定的光照条件。

充足的水分　休眠的种子含水量一般只占干重的10%左右。种子必须吸收足够的水分才能启动一系列酶的活动，开始萌发。不同种子萌发时吸水量不同。含蛋白质较多的种子如豆科的大豆、花生等种子吸水较多；而禾谷类如小麦、水稻等种子以含淀粉为主，吸水较少。一般种子吸水有一个临界值，一般为种子本身重量的25%~50%或更多，在此临界值以下不能萌发。如水稻为40%，小麦为50%，棉花为52%，大豆为120%，豌豆为186%。种子萌发时吸水量的差异是由种子所含成分不同而引起的。为满足种子萌发时对水分的需要，农业生产中要适时播种，精耕细作，创造良好的吸水条件。

足够的氧气　种子吸水后呼吸作用增强，需氧量加大。一般作物种子要求其周围空气中含氧量在10%以上才能正常萌发，含油种子如大豆、花生等的种子萌发时需氧更多。空气含氧量在5%以下时大多数种子不能萌发。土壤水分过多或土面板结会使土壤空隙减少，通气不良，降低土壤的氧含量，影响种子萌发。

适宜的温度　不同植物种子萌发都有一定的最适温度。高于或低于最适温度，萌发都受影响。超过最适温度到一定限度时，只有一部分种子能萌发，这一时期的温度称为最高温度；低于最适温度时，种子萌发逐渐缓慢，到一定限度时只有一小部分勉强发芽，这一时期的温度称为最低温度。最低温度、最适温度和最高温度为种子萌发的 3 个基点温度。温带植物种子萌发,要求的温度范围比热带植物种子的低。如温带起源植物小麦萌发的 3 个基点温度分别为 0~5℃、25~31℃、31~37℃,而热带起源植物水稻萌发的 3 个基点温度则分别为 10~13℃、25~35℃、38~40℃。还有许多植物的种子在昼夜变动的温度下比在恒温条件下更易于萌发。例如,小糠草种子在 21℃下发芽率为 53%,在 28℃下发芽率只有 72%,但在昼夜温度交替变动于 28℃和 21℃之间的情况下发芽率可达 95%。种子萌发所要求的温度还常因其他环境条件(如水分)不同而有差异,幼根和幼芽生长的最适温度也不相同。了解种子萌发的最适温度以后,可以结合植物体的生长和发育特性,选择适当季节播种。

一定的光照条件　一般种子萌发与光照关系不大,无论在黑暗还是光照条件下都能正常进行。但有少数植物的种子需要在有光的条件下才能萌发良好,如黄榕、烟草和莴苣的种子在无光条件下不能萌发,这类种子称为需光种子。有些植物如早熟禾和毛蕊花等的种子在有光条件下萌发得更好些。还有一些百合科植物和洋葱、番茄、曼陀罗的种子萌发则被光所抑制,这类种子称为嫌光种子。需光种子一般很小,贮藏物很少,只有在土面有光的条件下萌发,才能保证幼苗出土后很快进行光合作用,不致因养分耗尽而死亡。嫌光种子则相反,其不能在土表有光处萌发,避免了幼苗因表土水分不足而干死。此外,还有些植物如莴苣的种子萌发有光周期现象。

(2) 种子贮藏

种子贮藏就是对符合种子安全含水量的种子,创造温度、湿度和气体浓度适宜的环境条件,控制种子的呼吸速率,保证种子的旺盛生活力和一定的寿命。种子保存对种子寿命的延长有着重要意义,也就是可以利用合适的贮存条件延长种子寿命。

①种子寿命　种子成熟并离开植物体后,即转入仍然进行微弱生命活动的休眠状态,一旦这种生命活动停止,种子便会死亡。在通常情况下,种子生命力所能保持的时间称为种子的寿命,不同植物种子的寿命有很大差异。有些植物种子寿命很短,如巴西橡胶的种子生活仅 7d 左右,而莲的种子寿命很长,达数百年以至千年。种子寿命的长短除了与遗传特性和发育是否健壮有关外,还受环境因素的影响。在常规贮藏条件下,种子按寿命的长短可划分为 3 类:短命种子,种子发芽年限在 3 年以内,如广玉兰、紫玉兰、香椿、合欢等的种子;中命种子,种子发芽年限在 3~15 年,如松、云杉、冷杉、槭树、水曲柳等的种子;长命种子,寿命在 15 年以上,以豆科植物种子最多,还有锦葵科植物种子。

②影响种子寿命的内在因素

种子的生理特性　不同植物的种子,其内含物类型、种皮结构性质及生理活性不同,保存生命力的长短不同。由于脂肪、蛋白质转化为可利用状态需要的时间长,放出的能量也比淀粉高,贮藏时只要分解少量的脂肪、蛋白质就能满足种子微弱呼吸所需的能量,因此一般认为富含脂肪、蛋白质的种子如松科、豆科等植物的种子寿命长,而富含淀粉的种子如榆树、板栗、银杏等种子的寿命短。核桃种子虽然富含脂肪,但因内果皮已木质化、无弹性,所以寿命短。此外,种皮构造致密、坚硬或具有蜡质,不易透水、透气的种子寿命长。已萌动或经浸种的种子,以及突然风干或暴晒脱粒的种子,由于酶的活动加强,呼吸作用增强,不宜再继续贮藏。

种子的成熟度和机械损伤　未充分成熟的种子,种皮不致密,不具备正常的保护功能；同时，种子内部的贮藏物质还处于易溶状态，含水量相对较高，呼吸作用较强，很易被微生物感染，致使丧失生命力。种子调制时的机械损伤，使空气能自由地进入种子，且易被微生物侵入，会大大缩短种子寿命。

种子含水量　直接影响种子的呼吸强度，并通过影响种子携带的病菌和昆虫的活动，从而影响种子的寿命。种子含水量过高会使种子很快失去生活力。种子含水量低，呼吸作用微弱，种子内各种酶处于被抑制状态，生理活性低，种子处于休眠状态，能够较长时间地保持生命力。种子含水量超过18%时，微生物会很快繁殖；含水量12%以下时，微生物很少活动；含水量9%以下时，能抑制害虫生长发育。种子含水量低，还能比较有效地抵御高温和低温对种子的影响。但不是所有种子都是含水量越低越好，如钻天杨的种子含水量在8.74%时可保存50d，而含水量降到5.5%时则只能保存35d。

贮藏期间，维持种子生命力所必需的含水量称为种子的安全含水量，也称种子标准含水量，如香椿种子安全含水量为9%，白蜡种子安全含水量为9%~13%。根据安全含水量的高低，可把种子分为两类，一类是可以忍受干燥的种子，安全含水量为10%左右，如杉木、松类和多数草花的种子；另一类是不能忍受干燥的种子，安全含水量为30%以上，如油茶、板栗、柑橘等的种子。

安全含水量与贮藏时间有关。耐干藏的种子，贮藏1年，种子含水量可取安全含水量的高限；贮藏3~5年，应取低限；长期贮藏，应低于低限。安全含水量还与贮藏温度有关，在控温条件下，贮藏温度高时，含水量可取低限，反之则取高限。

③影响种子寿命的外界条件

空气相对湿度　种子是一种多孔毛细管胶质体，具有很强的吸湿性能。当空气相对湿度增加时，种子能从空气中直接吸收水汽而提高含水量；当空气相对湿度降低时，种子会排出水分。种子含水量与空气相对湿度之间保持平衡的含水量，称为平衡含水量。对一般植物种子而言，种子贮藏期间空气相对湿度以较低为宜，如25%~50%有利于多数植物种子的贮藏。

当贮藏环境的相对湿度过高或将含水量过高的种子堆积在一起时，种子堆内部的种子呼吸作用明显增强，一方面，呼吸作用释放出来的水汽重新被种子吸收，使种子变得更加潮湿而进一步加强了呼吸作用；另一方面，较强的呼吸作用所放出的过高的热量造成种子堆内部温度升高，又进一步促进了种子的呼吸作用，并累积了大量有毒物质（乙醇或有机酸等），对种子造成不良影响。大量的水分和热量还为一些微生物的繁殖创造了有利条件，微生物的代谢活动会发出更多的热量，使种子发霉、变质、结块腐烂，进而丧失生活力。

种子的吸湿性能因植物种类而异。一般种皮薄，透性强，吸湿能力强；反之，吸湿能力弱。在种子的各种成分中，蛋白质吸湿能力最强，淀粉和纤维素次之，脂肪几乎不从空气中吸收水分，所以含油多的种子吸湿能力最弱。

温度　在一定的温度范围内（0~50℃），种子的呼吸强度常随着温度的逐渐升高而增强。种子处于高温条件下时，呼吸作用强烈，物质和能量的消耗极多，加速种子的衰老，导致种子寿命缩短；反之，种子在低温条件下，呼吸作用极其微弱，营养物质消耗很少，细胞内部的衰老变化程度极低，因而相应地延长了种子寿命。但保存种子绝不是温度越低越好。只有在种子含水量和贮藏温度均低时,低温才能延长种子寿命。当温度过低,而含水量高时,会引起种子内部水分结冰,造成生理机能破坏,导致种子死亡。变温会促进种子呼吸,也不利于延长种子寿命。贮藏种子的适宜温度是 $-20 \sim 5℃$。一般所谓低温是指 $0 \sim 5℃$,安全含水量较高的种子不宜在 $0℃$ 以下贮藏。

气体　O_2 和 CO_2 影响种子及种子堆内害虫和微生物的呼吸作用,以及种子中脂肪的氧化,对种子寿命有一定影响。若种子含水量低于 10%,空气中 CO_2 含量越高,O_2 含量越低,种子寿命越长;若种子含水量大于 14%,情况正好相反,降低 O_2 的含量,同时增加空气中 CO_2 含量,则会缩短种子的寿命。降低 O_2 的浓度,可使害虫窒死;提高 CO_2 浓度,可使害虫中毒而死。大多数霉菌是好氧的,所以在缺氧条件下或将 CO_2 浓度提高到 40%~50% 时,其生长受到抑制。同时,在缺氧条件下,也抑制了种子的呼吸作用。由此可见,低氧或高浓度的 CO_2 有延长种子寿命的作用。

生产中为延长种子寿命,保持种子的播种品质,常采用密封贮藏种子,这既能控制贮藏环境的温度和湿度,也可控制种子堆内的气体成分,但密封前必须把种子含水量降到安全含水量(10%~13%)或安全含水量以下。对于含水量较高的种子,贮藏时要适当通气,保证供给种子有氧呼吸必需的 O_2,防止产生无氧呼吸。

生物因子　在贮藏种子期间,老鼠、昆虫、微生物危害均会加速种子的衰老,用于防治的药剂也会危及种子的生活力。温度 20℃ 时,霉菌很快繁殖并危害种子。

④种子贮藏方法及环境调控　根据种子特性,种子贮藏有干藏和湿藏两类。将干燥的种子贮藏于干燥的环境中称为干藏,方法有普通干藏、低温干藏、低温密封干藏以及气藏等。将种子存放在湿润、低温(1~10℃)和通气的环境中称为湿藏。

在影响种子生命力的诸因素中,种子含水量是主导因素,它决定了种子的贮藏方法和效果。通常情况下,安全含水量高的种子宜在温度较低、湿润、通气条件下贮藏;安全含水量低的种子宜在干燥、低温、通气或封闭的条件下贮藏。

实验证实,低温、低湿、黑暗以及降低空气中的含氧量为理想的贮存条件。例如,小麦种子在常温条件下只能贮存 2~3 年,而在 $-1℃$、相对湿度 30%、种子含水量 4%~7% 的条件下可贮存 13 年,而在 $-10℃$、相对湿度 30%、种子含水量 4%~7% 的条件下可贮存 35 年。许多国家利用低温、干燥、空调技术贮存优良种子,使良种保存工作由种植为主转为贮存为主,大大节省了人力、物力并保证了良种质量。

单元小结

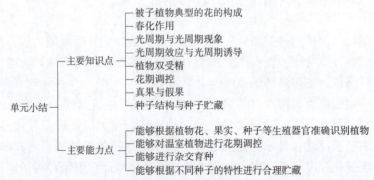

知识拓展

1. 花序

花序是花序轴及其着生在上面的花的通称，也可特指花在花轴上不同形式的序列。按照在茎上开花的顺序，分为无限花序与有限花序两大类（图6-12）。

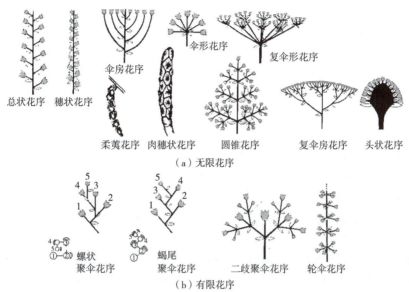

图 6-12　花序类型

（1）无限花序

无限花序可随花序轴的生长不断离心地产生花芽，或重复地产生侧枝，每一侧枝顶上分化出花。这类花序的花一般从花序轴下面开放，渐次向上，同时花序轴不断增长；或者花由边缘开放，逐渐趋向中心。其中包括以下几类：

总状花序　花序轴长，其上着生许多花梗长短大致相等的两性花，如油菜、大豆等的花序。

圆锥花序　总状花序的花序轴分枝，每一分枝成一总状花序，整个花序略呈圆锥形，又称复总状花序，如水稻、葡萄等的花序。

穗状花序　长长的花序轴上着生许多无梗或花梗甚短的两性花，如车前等的花序。

复穗状花序　穗状花序的花序轴上每一分枝为一穗状花序，整个花序构成复穗状花序，如大麦、小麦等的花序。

肉穗状花序　花序轴肉质肥厚，其上着生许多无梗单性花，花序外具有总苞，称佛焰苞，因而花序也称佛焰花序，如马蹄莲的花序和玉蜀黍的雌花序。

柔荑花序　花序轴长而细软，常下垂（有少数直立），其上着生许多无梗的单性花。花缺少花冠或花被，花后或结果后整个花序脱落，如柳、杨、栎的雄花序。

伞房花序　花序轴较短，其上着生许多花梗长短不一的两性花。下部花的花梗长，上部花的花梗短，整个花序的花几乎排成一平面，如梨、苹果的花序。

伞形花序　花序轴缩短，花梗几乎等长，聚生在花轴的顶端，呈伞骨状，如韭菜及五加科等植物的花序。

复伞房花序 花序轴上每个分枝(花序梗)为一伞房花序,如石楠、光叶绣线菊的花序。

复伞形花序 许多小伞形花序又呈伞形排列,基部常有总苞,如胡萝卜、芹菜等伞形科植物的花序。

头状花序 花序上各花无梗,花序轴常膨大为球形、半球形或盘状,花序基部常有总苞,常称篮状花序,如向日葵的花序;有的花序下面无总苞,如喜树的花序;也有的花序轴不膨大,花集生于顶端,如车轴草、紫云英等的花序。

隐头花序 花序轴顶端膨大,中央部分凹陷呈囊状。内壁着生单性花,花序轴顶端有一孔,与外界相通,为虫媒传粉的通路,如无花果等桑科榕属植物的花序。

(2) 有限花序

有限花序一般称聚伞花序,其花序轴上顶端先形成花芽,最早开花,并且不再继续生长,后由侧枝枝顶陆续成花。这样所产生的花序分枝不多,花的数目也较少,往往是顶端或中心的花先开,渐次到侧枝开花。有限花序根据花序轴分枝与侧芽发育的不同,可分为以下几种:

单歧聚伞花序 顶芽成花后,其下只有1个侧芽发育形成枝,枝顶端也成花,再依次形成花序。单歧聚伞花序又分为两种:如果侧芽左、右交替地形成侧枝和顶生花朵,成两列,形如蝎尾,称为蝎尾聚伞花序,如唐菖蒲、黄花菜、萱草等的花序;如果侧芽只在同一侧依次形成侧枝和顶生花朵,呈镰状卷曲,称为螺状聚伞花序,如附地菜、勿忘草等的花序。

二歧聚伞花序 顶芽成花后,其下左、右两侧的侧芽发育成侧枝和顶生花朵,再依次发育成花序,如卷耳等石竹科植物的花序。

多歧聚伞花序 顶芽成花后,其下有3个以上的侧芽发育成侧枝和顶生花朵,再依次发育成花序,如泽漆等的花序。

轮伞花序 聚伞花序着生在对生叶的叶腋,花序轴及花梗极短,呈轮状排列,如野芝麻、益母草等唇形科植物的花序。

2. 春化作用的发现及其在生产中的应用

我国农民早就有用低温处理种子的经验。如闷麦法就是把萌发的冬小麦种子装在罐中,放在冬季的低温下40~50d,以便于春季播种时获得与上一年秋播同样的收成。1918年,德国植物学家加斯纳发现春黑麦不需要经过低温阶段就可以抽穗,因此可以春播。而冬黑麦则需在发芽前后经过一段1~2℃的低温时期才能抽穗,所以必须秋播。1928年,苏联农学家李森科发现禾谷类作物的冬性品种如果不经低温,则长期处于分蘖阶段而不拔节开花。如果将黑麦、小麦和大麦的种子播种在积雪的田间经受一段时间的自然冷冻,就能拔节开花。把刚刚发芽的冬性禾谷类种子在播种之前用0~5℃冷冻一定天数,则不论何时播种,均能正常拔节。1935年,李森科提出了植物阶段发育学说,认为春化阶段是一年生禾谷类作物个体发育的第一阶段。

春化要求是影响植物物候期和地理分布的重要因素,引种时需注意所引植物种或品种的春化要求。对种子进行春化处理,可以在春天播种冬小麦品种,在小麦越冬困难的北方寒冷地区有应用价值。对于开花对品质不利的洋葱,在春季种植前用高温处理越冬贮藏的鳞茎,降低其感受低温的能力,可以防止在生长期中因完成春化作用而开花,从而得到较大的鳞茎。

春化阶段的主导因素是温度，除了温度之外，还需要水分、氧气和养分等条件的配合，否则春化作用不能进行。如果植物以萌动的种子形式完成春化作用，就需要一定的含水量，如冬小麦已萌动的种子含水量低于40%时，就不能通过春化作用。此外，在缺氧条件下，即使水分充足，萌动的种子也不能完成春化作用。这表明春化作用与有氧呼吸有关，即低温对花原基形成的诱导需要有氧呼吸。春化作用还需要足够的养分，因为春化作用是一个需要能量的代谢过程。将冬小麦种子去掉胚，将胚培养在含蔗糖培养基上，可完成春化作用；反之，培养基中无蔗糖，不能完成春化作用。

3. 春化现象与春化处理

将培养在温室的植物部分枝条暴露于玻璃窗外，因受寒冷的刺激，这部分枝条可以提前开花。对这类植物而言，秋末冬初的低温为成花诱导所必需的条件。这种在植物生长的一定阶段要求一定的低温才能诱导花器官形成的现象，称为春化现象。

用人工低温来代替自然低温，以满足植物春化作用对低温要求的处理，称为春化处理。需要春化的植物包括冬性一年生植物、大多数越冬的二年生植物和一些多年生草本植物（如菊花）。许多木本植物虽在春季或初夏开花，但它们的花芽是在上一年夏季形成的，其成花诱导可能不需要春化作用。大多数喜温植物的成花对温度没有严格的要求，可能也不存在春化现象。

4. 花器官发育的 ABC 模型

被子植物花发育的 ABC 模型（图6-13）由 E. Coen 和 E. Meyerowitz 在 1991 年提出。ABC 模型认为：A 功能基因在第一、第二轮花器官中表达，B 功能基因在第二、第三轮花器官中表达，而 C 功能基因则在第三、第四轮花器官中表达。其中，A 和 B、B 和 C

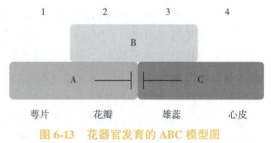

图 6-13 花器官发育的 ABC 模型图

可以相互重叠，但 A 和 C 相互颉颃，即 A 抑制 C 在第一、第二轮花器官中表达，C 抑制 A 在第三、第四轮花器官中表达。萼片的发育是由 A 类基因单独决定的，花瓣的发育则是 A 类基因和 B 类基因一同决定的。心皮的发育是由 C 类基因单独决定的，而 C 类基因和 B 类基因一起决定了雄蕊的发育。B 类基因这种双重的效能，是通过其突变体的特征获知的。一个有缺陷的 B 类基因可导致花瓣和雄蕊的缺失，在其位置上将发育出多余的萼片和心皮。当其他类型的基因发生突变时，也会发生类似的器官置换。

总之，A 类基因的表达诱导萼片的发育。A 类基因和 B 类基因共同表达诱导花瓣的发育。B 类基因和 C 类基因共同表达诱导雄蕊的发育。C 类基因的表达诱导心皮的发育。

实践教学

实训6-1 观察植物生殖器官的构造

【实训目的】

掌握被子植物花和裸子植物孢子球的结构特点，认识子房、胚珠、花药的基本构造。

【材料及用具】

光学显微镜、体视显微镜、放大镜、解剖镜、镊子、解剖针、刀片；樱花、梨、油菜、天竺葵、云南含笑、木芙蓉、牵牛花、曼陀罗等的花标本；百合花药横切片和子房横切片；松树大、小孢子球标本，松树成熟胚珠纵切片。

【方法与步骤】

1. 观察被子植物花的基本结构

取樱花、梨、油菜、天竺葵、云南含笑、木芙蓉、牵牛花、曼陀罗等的典型花，从外向内依次观察花托、花萼、花冠、雄蕊等部分；再用刀片将子房横切开，在放大镜或解剖镜下观察子房横切面，识别心皮、子房室、胎座和每室胚珠数目。

花托　承载花萼、花冠、雄蕊和雌蕊的结构。注意观察花托的形状及其与子房等的位置关系。

花萼　最外面的1~2轮小片。有的植物如锦葵科(木芙蓉、蜀葵、野葵等)在花萼之外有一轮(5片左右)类似花萼的结构，称为副花萼。注意观察花萼的形状及其与子房等的位置关系。

花冠　花萼内方为花冠，由4~5片花瓣组成。注意观察花瓣的形态及分离或连合的程度。

雄蕊　花冠内方有雄蕊，注意区分花丝和花药，数一数雄蕊的数目和观察其特点。当雄蕊的数目为10个以上时，则称为"多数"。

雌蕊　中央部分是雌蕊，顶端为柱头，基部膨大的为子房，连接柱头与子房的细颈部分为花柱。许多植物的花的子房基部有一些突起，这就是蜜腺，分泌蜜汁，招引昆虫传粉。

子房　中空的为子房室，室内有绿色的颗粒即胚珠。子房长大后形成果实，胚珠发育成为种子。

2. 观察百合花药横切片

取百合花药横切片(或其他切片)，在显微镜下观察，区别药隔、花粉囊、花粉囊壁及花粉粒。注意观察花粉粒上的花纹，识别花粉粒为二核花粉还是三核花粉。

3. 观察百合子房横切片

取百合子房横切制，在显微镜下观察，区别子房壁、子房室、胎座、胚珠等几部分。选择一个发育完善的胚珠进行观察。区分珠被(有几层)、珠孔、珠心和胚囊中的细胞(属于哪个发育阶段)。注意观察子房壁上的背缝线和腹缝线、珠被、珠孔、珠心、胚囊、珠柄等结构。

4. 观察裸子植物生殖器官的结构

取松树大、小孢子叶球观察其形状。

用镊子取一个大孢子叶球，用镊子和解剖针剥下一片大孢子叶，在体视显微镜下观察，可见木质鳞片状的珠鳞和膜质的苞鳞相分离。用镊子取下一片完整的珠鳞，在其腹面基部可见着生两个胚珠。

取松树成熟胚珠纵切片，观察珠鳞、珠被、珠孔、珠心、雌配子体、颈卵器等各部分结构。

【作业】

1. 绘制百合未成熟花药横切面轮廓图及一个成熟花粉囊的细胞图。

2. 绘制裸子植物的雌性生殖器官基本构造图。

【考核评估】

着重考核操作过程中的主动性和完成实训任务的科学性、小组成员的配合与协调性、实训报告的完整性和创新性。操作过程成绩占50%，小组汇报成绩占10%，个人实训作业成绩占40%。

思考题

1. 简述典型被子植物花的结构。
2. 为什么有些设施栽培的植物需要经过一定的低温和光周期处理才能开花？
3. 简述植物双受精过程。
4. 设施栽培植物花期调控的措施有哪些？
5. 种子的保存途径有哪些？

单元 7　植物生长与土壤

学习目标

》知识目标

1. 了解土壤的组成。
2. 理解土壤剖面层次结构。
3. 熟悉自然土壤类型，并掌握城市绿地土壤类型与自然土壤类型的区别。

》技能目标

1. 能挖掘土壤剖面，并划分土壤剖面层次。
2. 能识别主要土壤类型剖面层次。

课前预习

1. 自然土壤的结构包括哪些部分？土壤剖面如何挖掘？
2. 土壤的类型有哪些？人工土壤的特点有哪些？
3. 何为好的土壤结构？
4. 土壤质地与土壤肥力有什么关系？

地球表层系统由大气圈、水圈、土壤圈、岩石圈和生物圈 5 个圈层组成，其中土壤圈处于其他圈层相互紧密交接的地带，成为联系无机界和有机界的中心区域。

土壤是生态系统的重要组成部分，是生物与非生物环境的分界面，是生物与非生物进行物质与能量转移、转化的重要介质和枢纽。

7.1　土壤结构及组成

7.1.1　土壤剖面形态

从地表向下所挖出的垂直切面称为土壤剖面。土壤剖面一般是由平行于地表、外部形态各异的层次组成，这些层次称为土壤发生层或土层。土壤剖面形态是土壤内部性质的外在表现，是土壤发生、发育的结果。不同类型的土壤具有不同的剖面特征。

(1) 自然土壤剖面

自然土壤剖面一般可分为4个基本层次：腐殖质层、淋溶层、淀积层和母质层。每一层次又可细分若干层(图7-1)。

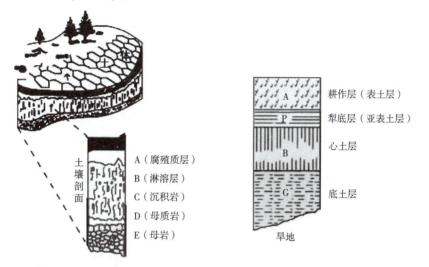

图7-1 自然土壤剖面示意图

由于自然条件和发育时间、程度的不同，自然土壤剖面构型差异很大，有的可能不具有以上所有的土层，其组合情况也可能各不相同。如发育处在初期阶段的土壤类型，剖面中只有A-C层，或A-AC-C层；受侵蚀地区表土被冲失，产生B-BC-C层的剖面；只有发育时间很长，成土过程亦很稳定的土壤，才有可能出现完整的A-B-C层的剖面。有的在B层中还有Bg层(潜育层)、Bca层(碳酸盐聚积层)、Bs层(硫酸盐聚积层)等。

(2) 耕作土壤剖面

耕作土壤剖面一般也分为4层：耕作层(表土层)、犁底层(亚表土层)、心土层及底土层(表7-1)。

表7-1 耕作土壤剖面构造

层次	代号	特征
耕作层	A	又称表土层或熟化层，厚15~20cm，受人类生产活动影响最深，有机质含量高，颜色深，疏松多孔，理化性状与生物学性状好
犁底层	P	厚约10cm，因受农机具影响，常呈片状或层状结构，通气透水不良，有机质含量显著下降，颜色较浅
心土层	B	厚度为20~30cm，土体较紧实，有不同物质淀积，通透性差，根系少量分布，有机质含量极低
底土层	G	一般在地表50cm以下，受外界因素影响很小，但受降水、灌排和水流影响仍很大

7.1.2 土壤组成

土壤是由固体、液体和气体三相物质组成的疏松多孔体。固相物质包括：土壤矿物质，主要来自岩石与矿物风化的产物；土壤有机质，为土壤中植物和动物遗体的分解产物及再合成的物质；生活在土壤中的微生物。在固相物质之间存在着形状和大小不同的孔隙，孔隙中充满水和空气。水中溶解了多种无机和有机物质。三相物质中，固相物质的体积占土壤总体积的50%左右，其中包括40%左右的矿物质和10%左右的有机质。水和空气的体积约占土壤总体积的50%，两者在数量上是互为消长的关系，变化幅度一般在15%~35%。

土壤的三相物质是相互联系、相互影响的。不同类型的土壤所含成分的质和量都不相同，有些组分的含量经常变化，而另外一些组分相对稳定。这些物质的比例关系及运动变化直接影响土壤肥力，它们是土壤肥力的物质基础。

土壤中的矿物质种类很多，有的贮藏在岩石中，大多数是经过各种风化作用重新形成的。原生矿物是指在风化过程中没有改变化学组成和结晶结构而遗留在土壤中的原始成岩矿物，是由熔融的岩浆直接冷凝所形成的矿物，如长石、石英、云母等。岩浆岩、沉积岩、变质岩中均含有原生矿物。土壤中的原生矿物主要存在于砂粒、粉砂粒等较粗的土粒中(表7-2)。

表7-2　各国常用几种粒级分类标准比较

粒径(mm)	中国科学院土壤所新制	苏联卡庆斯基制	国际制	美国制
>10	石块	石块	石砾	石砾
3~10	石砾		石砾	石砾
2~3	石砾	石砾		
1~2				极粗砂粒
0.5~1	粗砂粒	粗砂粒	粗砂粒	粗砂粒
0.25~0.5		中砂粒		中砂粒
0.2~0.25				细砂粒
0.1~0.2	细砂粒	细砂粒		
0.05~0.1			细砂粒	极细砂粒
0.02~0.05	粗粉粒	粗粉粒		粉粒
0.01~0.02			粉粒	
0.005~0.01	细粉粒	物理性砂粒 中粉粒		
0.002~0.005	黏粒	细粉粒		
0.001~0.002				
0.0005~0.001		粗黏粒	黏粒	黏粒
0.0001~0.0005	胶粒	黏粒 细黏粒		
<0.0001		胶质黏粒		

石砾　多为岩石碎片，山区土壤及河滩较为常见。数量多时对耕作及植物生长极为不利，地块往往不能用作耕地，只能种植果树和林木，且漏水、漏肥、易损坏农机具。

砂粒　常常以单粒存在，主要是石英颗粒，通透性好，但保水、保肥能力差，养分含量低。

粉粒　粒径较砂粒小,肉眼难以分辨,保水、保肥能力增强,有显著的毛管作用。养分含量较砂粒高,含粉粒过多的土壤在旱田耕后易起坷垃,水田耕后容易板结。

黏粒　颗粒细小,比表面积和表面能巨大,具有很强的黏性,保水、保肥能力强,矿质养分含量丰富,黏结性、黏着性、可塑性均强。其毛管孔隙度虽然高,但因孔隙过小,通透性不良,物理机械性较差,不易耕作。

不同粒级土粒中的矿物类型相差很大,相应地化学组成也相差很大,土粒越粗,二氧化硅(SiO_2)含量越高,而铝(Al)、铁(Fe)、钙(Ca)、镁(Mg)、钾(K)、磷(P)等含量下降;随着颗粒变细,这些元素含量的变化趋势正好相反,即硅的含量下降,而其他元素的含量提高。

7.1.3　土壤有机质及其转化

土壤有机质是存在于土壤中所有含碳有机化合物的总称,包括土壤中各种动植物与微生物残体、土壤生物的分泌物与排泄物,以及这些有机质分解和转化后的物质。它是土壤肥力的重要物质基础。通过各种途径进入土壤的有机质一般呈3种形态:一是新鲜的有机物质,指刚进入土壤不久,基本未分解的动植物残体;二是半分解的有机物质,指多少受到微生物分解,多呈分散的暗黑色碎屑和小块(如泥炭等);三是腐殖物质,是土壤有机质的最主要的一种形态。

土壤有机质的含量因土壤类型不同而差异很大,高的可在20%以上,低的不足0.5%。耕层土壤有机质含量通常在5%以下,东北地区新垦耕地有机质含量可超过5%。我国大部分农田土壤有机质的含量变动在10～40g/kg。土壤有机质含量虽然很少,但作用却很大,它不仅为植物生长提供各种营养元素,而且还是土壤微生物生命活动的能源。此外,它对土壤理化性质及耕性的改善也有明显的作用。

土壤有机质的主要组成元素是碳、氧、氢、氮等,分别占45%～58%、34%～40%、3.3%～4.1%和3.7%～4.1%,还含有一定比例的磷和硫。从化合物组成来看,土壤有机质含有木质素、蛋白质、纤维素、半纤维素、脂肪等高分子物质。从生物物质的转化程度看,85%～90%的土壤有机质是一种称为腐殖质的物质。

土壤有机质的转化过程主要是生物化学过程。土壤有机质在微生物的作用下向两个方向转化,即有机质矿质化和有机质腐殖化。前者是有机质的养分释放过程,后者是土壤腐殖质的形成过程(图7-2),它们对土壤肥力的形成都有贡献。

(1)有机质的矿质化过程

土壤有机质的矿质化过程是指有机质在微生物的作用下分解为简单无机化合物的过程,其最终产物为二氧化碳、水等,氮、磷、硫等以矿质盐类释放出来,同时放出热量,为植物和微生物提供养分和能量。该过程也为形成土壤腐殖质提供物质来源。

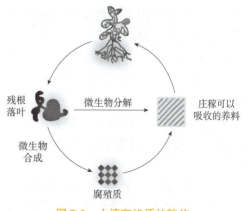

图7-2　土壤有机质的转化

①糖类化合物的转化　多糖类化合物首先通过酶的作用水解为单糖,单糖在通气良好的条件下分解迅速,最终产物为二氧化碳和水,并放出能量。在通气不太好(半厌氧)的条件下,分解较缓慢,往往产生有机酸的积累。在通气极端不良(完全厌氧)的条件下分解极慢,最终产物为还原性物质,如氢气、甲烷等。

②含氮有机物的转化　土壤中的含氮有机物只有一小部分是水溶性的,绝大部分以复杂的蛋白质、腐殖质以及生物碱等形态存在。现以蛋白质为例,说明含氮有机质的转化。第一步,水解作用。在微生物分泌的蛋白水解酶的作用下,蛋白质水解成氨基酸。第二步,氨化作用。借助水解作用、氧化作用和还原作用,将胺态氮(NH_2-N)转化为铵态氮(NH_3-N)。氨化作用在好氧和厌氧条件下均可进行。第三步,硝化作用。在通气良好的条件下,氨态氮通过亚硝化细菌和硝化细菌的相继作用,逐级转化成亚硝态氮(NO_2-N)和硝态氮(NO_3-N)。在某些条件下,土壤中的硝态氮还可通过反硝化细菌的作用变成二氧化氮、一氧化氮或游离氮而逸散于空气中,这一过程称为反硝化过程。出现反硝化过程的条件是:通气不良;土壤中有硝酸盐存在;土壤中有大量糖类;适宜的 pH(7.0~8.2)。反硝化过程是造成氮损失的途径之一,应加以控制。

③含磷、含硫有机化合物的转化　土壤中的磷、硫绝大部分是以植物不能直接利用的难溶性无机和有机状态存在的。有机态的磷、硫只能经过微生物分解成为无机态的可溶性物质,才能被植物吸收利用。

含磷有机化合物的转化　磷主要存在于核蛋白、核酸、磷脂和植素等有机化合物中,在酶的作用下逐渐被释放出来,以磷酸的形式被植物吸收利用。在厌氧条件下,常常引起磷酸被还原,产生亚磷酸和次磷酸,在有机质丰富和通气不良的情况下,将进一步被还原成磷化氢,从而危害植物生长。

含硫有机化合物的转化　硫主要存在于蛋白质类物质中,在酶的作用下,含硫有机化合物先被分解成含硫的氨基酸,然后再以硫化氢的形式分离出来,硫化氢在硫细菌的作用下被氧化成硫酸,后者再与土壤中的盐作用生成硫酸盐,并被植物吸收利用。在通气不良的情况下,会发生反硫化作用,将硫酸转化为硫化氢,使硫损失。

总之,存在于复杂有机质中的植物营养元素必须经过上述的生物化学过程才能得到释放,并被植物吸收利用。这些过程进行的具体情况取决于土壤的组成、pH、Eh 值以及土壤的水、气、热状况。土壤的条件不同,营养元素在土壤中转化的特点也有差异,要善于根据具体情况进行具体分析。

(2) 有机质的腐殖化过程

有机质的腐殖化过程是形成土壤腐殖质的过程。分两个阶段:第一阶段是在有机残体分解过程中形成腐殖质分子的基本成分,如多元酚、含氮有机化合物(如氨基酸和多肽)等;第二阶段是在各种微生物群(细菌、霉菌、链霉菌等)分泌的酚氧化酶的作用下,各组分通过缩合作用生成腐殖质,把多元酚氧化成醌,醌再与氨基酸或肽缩合。

矿质化和腐殖化两个过程互相联系,矿质化的中间产物是形成腐殖质的原料,腐殖化过程的产物再经矿质化分解释放出养分。通常需调控两者的速度,以便在供应植物生长所需养分的同时使有机质保持在一定的水平。

7.2 土壤种类

7.2.1 自然土壤类型

自然土壤资源极其丰富，不同类型土壤其分布和特征存在显著差异（表7-3）。

表7-3 自然土壤类型、分布和主要性质

类型	分布	主要性质
砖红壤	热带雨林、季雨林	遭强烈风化脱硅作用，氧化硅大量迁出，氧化铝相对富集（脱硅富铝化），游离铁占全铁含量的80%，黏粒硅铝率<1.6，风化淋溶系数<0.05，盐基饱和度<0.05，黏粒矿物以高岭石、赤铁矿和三水铝矿为主，pH 4.5~5.5，具有深厚的红色风化壳。适于种植橡胶及多种热带植物
赤红壤	南亚热带季雨林	脱硅富铝风化程度仅次于砖红壤，比红壤高，游离铁含量介于两者之间。黏粒硅铝率1.7~2.0，风化淋溶系数0.05~0.15，盐基饱和度15%~25%，pH 4.5~5.5。适于种植龙眼、荔枝等
红壤	中亚热带常绿阔叶林	中度脱硅富铝风化，黏粒中游离铁占全铁含量的50%~60%，深厚红色土层。底层可见深厚红、黄、白相间的网纹红色黏土。黏土矿物以高岭石、赤铁矿为主，黏粒硅铝率1.8~2.4，风化淋溶系数<0.2，盐基饱和度<35%，pH 4.5~5.5。适于种植柑橘、油桐、油茶、茶等
黄壤	亚热带湿润条件，多见于海拔700~1200m的山区	富含水合氧化物（针铁矿），呈黄色。中度富铝风化，有时含三水铝石，土壤有机质含量较高，可达100g/kg，pH 4.5~5.5，多为林地，间亦耕种
黄棕壤	北亚热带暖湿落叶阔叶林	弱度富铝风化，黏化特征明显，呈黄棕色黏土。B层黏聚现象明显，硅铝率2.5左右，铁的游离度2.5左右（较红壤低），交换性酸含量B层大于A层，pH 5.5~6.0。多由砂页岩及花岗岩风化物发育而成
黄褐土	北亚热带丘陵岗地	土体中不存在游离碳酸钙，土色灰黄棕，在底部可散见圆形石灰结核。黏化淀积层明显黏聚，有时呈黏盘。黏粒硅铝率3.0左右，表层pH 6.0~6.8，底层pH 7.5，盐基饱和度由表层向底层逐渐趋向饱和。由较细粒的黄土状母质发育而成
棕壤	湿润暖温带落叶阔叶林，但大部分已垦殖旱作	处于硅铝风化阶段，为具有黏化特征的棕色土壤，土体见黏粒淀积，盐基充分淋失，pH 6~7，见少量游离铁。多有干鲜果类林木生长，山地多森林覆盖
暗棕壤	温带湿润地区针阔叶混交林	有明显有机质富集和弱酸性淋溶，A层有机质含量可达200g/kg，铁、铝轻微下移。B层呈棕色，结构面见铁锰胶膜，呈弱酸性反应，盐基饱和度70%~80%。土壤冻结期长
褐土	暖温带半湿润区	具有黏化与钙质淋移淀积的土壤，处于硅铝风化阶段，有明显黏淀层与假菌丝状钙积层。B层呈棕褐色。pH 7~7.5。盐基饱和度达80%以上，有时过饱和

(续)

类型	分布	主要性质
灰褐土	温带干旱、半干旱山地云杉、冷杉下	腐殖质累积与积钙作用明显的土壤。枯枝落叶层有机质含量可达100g/kg，下见暗色腐殖层，钙积层在60cm以下出现，铁、铝氧化物无移动，pH 7~8
黑土	温带半湿润草甸草原	具深厚腐殖质层的无石灰性黑色土壤，均腐殖质层厚30~60cm，有机质含量30~60g/kg。底层具轻度滞水还原淋溶特征，见硅粉，盐基饱和度在80%以上，pH 6.5~7.0
草甸土	地下水位较浅处	具有明显腐殖质累积，形成具有锈色斑纹的土壤
砂姜黑土	成土母质为河湖沉积物的区域	经脱沼与长期耕作形成仍具残余沼泽草甸特征。底土中见砂姜聚积，上层可见面砂姜，底层可见砂姜瘤与砂姜盘，质地黏重
潮土	近代河流冲积平原或低平阶地	地下水位浅，潜水参与成土过程，底土氧化还原作用交替，形成锈色斑纹。长期耕作，表层有机质含量10~15g/kg
沼泽土	地势低洼长期地表积水处	有机质累积明显及还原作用强烈，形成潜育层，地表有机质累积明显，甚至见泥炭或腐泥层
草甸盐土	半湿润至半干旱地区	高矿化地下水经毛细管作用上升至地表，盐分累积6g/kg以上时，属盐土范畴。易溶盐组成中所含的氯化物与硫酸盐比例有差异
滨海盐土	沿海一带	母质为滨海沉积物，土体含有以氯化物为主的可溶性盐。盐分组成与海水基本一致，氯盐占绝对优势，其次为硫酸盐和重碳酸盐，盐分中以钠、钾离子为主，钙、镁离子次之。土壤含盐量20~50g/kg，地下水矿化度10~30g/L。土壤积盐强度随距海由近至远。土壤pH 7.5~8.5，长江以北的土壤富含游离碳酸钙
碱土	干旱地区	土壤交换性钠离子含量达20%以上，pH 9~10，土壤黏粒下移累积，物理性状劣，坚实板结。表层质地轻，见蜂窝状孔隙
水稻土	秦岭淮河以南地区	原来成土母质或母土的特性有重大改变。由于干湿交替形成糊状淹育层，较坚实板结的犁底层(AP)、渗育层(P)、潴育层(W)与潜育层(G)多种发生层
紫色土	热带、亚热带	紫红色岩层直接风化形成，理化性质与母岩直接相关，土层浅薄剖面层次发育不明显。母质富含矿质养分，且风化迅速，为良好的肥沃土壤

7.2.2 绿地土壤类型

绿地土壤是针对其他所有非绿地土壤或非绿地用途的土壤而言的，它既指绿地植被覆盖下的土壤，又指园林绿化部门或绿化经营者的经营活动所涉及的土壤，总的来说，是依人们的主观意志而划分出来的。

绿地所涉及的土壤类型是极其广泛的，既包括各种自然土壤和农田土壤，也包括城镇、道路、矿山区域内的各种人为搅动土或人为堆积土。从用途、性质、肥力特征以及干扰和污染情况来看，绿地土壤也是千差万别。

(1) 按人为活动分类

绿地自然土壤和农田土壤　绿地涉及的自然土壤主要是城市郊区或风景旅游区的森林土壤或草地(草原)土壤,涉及的农田土壤主要是城市经济半径内用于苗木、花卉、草坪生产的农田土壤。这些土壤的性状与当地相应的自然土壤或农田土壤基本相同。

绿地搅动土　在土壤分类系统中,搅动土属于人为土纲,它被列为一个单独的土类。绿地搅动土的分类实际上是在土类基础上的基层分类,大多数情况下是详细划分土属和土种。从园林绿化的角度出发,进行绿地搅动土的基层分类时应考虑有效土层状况。所谓有效土层,是指植物根系伸延容易,有一定的养分可以吸取,能正常生长发育的较松软土层。有效土层状况包括有效土层厚度、有效土层内渣砾的种类与含量、有效土层(表土)的肥沃度等。绿地搅动土的有效土层厚度主要决定于特殊异质土层(即含有大量夹杂物的土层)或下伏的硬质土层(特别压实的土层、过于黏重的土层),有时也决定于地下构筑物,地下水位较高时则决定于地下水位。有效土层的厚度,被划分为以下3种:厚层,>60cm;中层,30~60cm;薄层,<30cm。

搅动土的剖面性状反映了搅动和堆积的特点,也从多方面反映了人为土的肥力特征。下伏土层中的特殊异质土层,对上层土壤发育和肥力性状都有很大影响,因此,在绿地土壤基层分类时应给予充分考虑。

(2) 按表土肥沃度分类

高肥土　表层土厚度>20cm,土色深暗,有机质含量>2%,有效养分含量较高,供肥力好,较疏松,团粒状结构,园林植物生长发育好。

中肥土　表层土厚15~20cm,土色浅灰、灰棕或灰棕黄色,有机质含量1%~2%,园林植物生长发育一般。

低肥土　表层土厚度<15cm,土色棕黄或红棕,有机质含量<1%,块状结构,紧实,园林植物生长发育不良。

以上是我国较早的园林土壤肥力划分标准之一。这种肥沃度划分,既可用于园林土壤的基层分类,实际上也是一种园林土壤肥力评价评级方法。

(3) 按有效土层的渣砾种类及含量分类

土壤中渣砾种类和含量不同,就相应地产生了不同的土壤肥力特征。含有渣砾(侵入体)是绿地搅动土的一大特征。以渣砾种类和含量为基础的城市土壤(渣砾土壤)分类方法:

①按渣砾种类分　可分为砖渣土(含黏土砖、矿渣砖、瓦片等)、砾石土(含石块、砂砾、水泥混凝土块、沥青混凝土块等)、煤灰渣土(含煤焦渣、矿渣等)、石灰渣土(含石灰粉、石灰块、石灰墙皮等)。当土壤中含有两种以上渣类时,如果其中某种渣砾含量占70%以上,就称为该类渣土;如果两种渣砾含量居多且数量相近,就称为该两种复合渣土。

②按渣砾含量分　可分为无渣土(不含渣砾)、少渣土(渣砾含量<10%)、较多渣土(渣砾含量10%~20%)、多渣土(渣砾含量20%~30%)、过多渣土(渣砾含量30%~40%)、渣质土(渣砾含量>40%)。

7.3 土壤化学特性

7.3.1 土壤吸附性

(1) 土壤胶体及其种类

化学上一般把直径在1~100nm范围内的物质颗粒称为胶体微粒。但在土壤中,实际上粒径小于1000nm(或2000nm)的黏粒已经具有胶体性质,所以在土壤学中把长、宽、高三轴中至少有一轴小于1000nm的黏粒都视为土壤胶体颗粒。土壤胶体按其化学成分和来源可分为3类。

无机胶体　主要包括水化程度不等的铁、铝、硅等的氧化物及水化氧化物,如高岭石、伊利石、蒙脱石等矿物。

有机胶体　土壤有机胶体主要是腐殖质。

有机无机复合胶体　在实际土壤中,特别是在耕层土壤及其他植物根系影响所及的土层中,无机胶体和有机胶体很少单独存在,绝大多数是相互紧密地结合成为有机无机复合胶体。

(2) 土壤胶体的特性

①巨大的比表面积和表面能　物体内、外分子所受到的分子间引力不同,表层分子由于受力不平衡而具有能量,就产生了表面能。土壤胶体有巨大的比表面积,所以产生了巨大的表面能。

②带电性　所有的土壤胶体微粒都带有电荷,并且土壤胶体所带的负电荷数量一般多于正电荷数量,所以大多数土壤胶体都带有净负电荷。

③凝聚性和分散性　在土壤中,胶体受某些因素的影响可由溶胶状态变成凝胶状态,称为胶体的凝聚性,它可以促进良好结构的形成,有利于改善土壤的物理性质。反之,由凝胶状态散成溶胶状态称为胶体的分散性,它会使土壤结构被破坏。当土壤的黏结性、黏着性、可塑性都增大时,会影响通气、透水性及耕性,对植物生长不利。在生产上常施用新鲜有机质及钙质肥料(如石灰、石膏),以增加土壤有机胶体及高价阳离子的数量,改善胶体性质。另外,深耕、晒垡、排水、冰冻等方法可提高土壤溶液中的离子浓度,使胶体脱水,促进土壤胶粒凝聚。

(3) 土壤吸收性能

土壤吸收性能是指土壤能吸收和保持土壤溶液中的分子、离子、悬浮颗粒、气体(CO_2、O_2)以及微生物的能力。土壤对不同形态物质的吸收、保持方式可分为以下5种类型。

①机械吸收　是指土壤对进入土体的固体颗粒的机械阻留作用。土壤是多孔体系,可将不溶于水的一些物质阻留在一定的土层中,起到保肥作用。这些物质中所含的养分在一定条件下可以转化为供植物吸收利用的养分。

②物理吸收　是指土壤对分子态物质的吸附保持作用。土壤利用分子引力吸附一些分子态物质,如有机肥中的分子态物质(尿酸、氨基酸、醇类、生物碱)、铵态氮肥中的氨气分子及大气中的二氧化碳等。物理吸收保蓄的养分能被植物吸收利用。

③化学吸收　是指易溶性盐在土壤中转变为难溶性盐而保存在土壤中的过程，也称为化学固定。如把过磷酸钙肥料施入石灰性土壤中，有一部分磷酸一钙会与土壤中的钙离子发生反应，生成难溶性的磷酸三钙、磷酸八钙等物质，不能被植物吸收利用。

④离子交换吸收　是指土壤溶液中的阳离子或阴离子与土壤胶粒表面扩散层中的阳离子或阴离子进行交换后而保存在土壤中的作用，又称物理化学吸收作用。这种吸收作用是土壤胶体所特有的性质，是土壤保肥供肥最重要的方式。由于土壤胶体主要带有负电荷，因此绝大部分土壤发生的是阳离子交换吸收作用。

A. 阳离子交换吸收作用　带负电荷的土壤胶体所吸附的阳离子与土壤溶液中的阳离子之间的交换称为土壤的阳离子交换吸收作用。

a. 阳离子交换吸收作用的基本特征

可逆反应　一般情况下，阳离子交换的平衡是相对的，当土壤溶液的离子浓度发生变化时，就会失去原来的平衡，表现为反应向左或向右进行，直到达到新的平衡为止。

等价交换　在阳离子交换过程中，离子间以离子价为依据进行等价交换。例如，1mol 的 Ca^{2+} 可以交换 2mol 的 NH_4^+。

b. 阳离子交换能力及其影响因素　一种阳离子将其他阳离子从胶体上交换出来的能力称为阳离子交换能力。影响阳离子交换能力的因素有阳离子价、离子半径及水化程度。一般来说，阳离子价数越高，交换能力越强。同价离子的交换能力依离子半径及水化程度而定。离子半径越大，交换能力越弱，离子半径小的刚好相反。H^+ 由于水化能力极弱，且半径很小，运动速度快，因此交换能力强于二价的 Ca^{2+}、Mg^{2+}。高温多雨及排水良好的土壤往往吸收了较多的 H^+，而把 Ca^{2+}、Mg^{2+} 交换出来，使土壤向酸性发展。土壤中常见阳离子的交换能力强弱顺序为：$Fe^{3+}>Al^{3+}>H^+>Ca^{2+}>Mg^{2+}>NH_4^+>K^+>Na^+$。

c. 土壤阳离子交换量(CEC)及其影响因素　是指在一定 pH 条件下，土壤胶体含有的交换性阳离子总量，一般用每千克干土所含交换性阳离子的物质的量(厘摩尔数)来表示，单位为 cmol(+)/kg。土壤阳离子交换量的大小是衡量土壤保肥能力的主要指标。阳离子交换量大的土壤，保肥能力强，贮存的养分多，在植物的生长过程中不易脱肥，一次的施肥量可以多些。阳离子交换量小的土壤保肥能力弱，为了防止养分流失，一次施用化肥的数量不能太多。一般认为，阳离子交换量大于 20cmol(+)/kg 的土壤保肥力强，10~20cmol(+)/kg 的土壤保肥力中等，小于 10cmol(+)/kg 的土壤保肥力弱。因为土壤胶体所带电荷的数量常随 pH 的变化而变化，所以土壤阳离子交换量一般在 pH 等于 7 的条件下进行测定。

影响土壤阳离子交换量大小的因素主要有以下几个方面：

土壤质地　质地细的土壤矿质胶体多，阳离子交换量大。一般来说，阳离子交换量大小顺序是黏土>壤土>砂土。

土壤胶体的种类　胶体的种类不同，其阳离子交换量的大小差异很大(表7-4、表7-5)，有机胶体的阳离子交换量比无机胶体大得多，不同种类的无机胶体其阳离子交换量也不同。一般在同一个地区，土壤无机胶体的种类和数量都比较稳定，所以增施有机肥料是提高土壤保肥性能的主要措施。

表 7-4 不同质地土壤的阳离子交换量　　　　　　　　　　　　　　　　　　cmol(+)/kg

项目	砂土	砂壤土	壤土	黏土
CEC	1.50	7.80	7.18	25.30

表 7-5 不同土壤胶体的阳离子交换量　　　　　　　　　　　　　　　　　　cmol(+)/kg

项目	腐殖质	蒙脱石	伊利石	高岭石	含水氧化铝铁
CEC	150~500	60~100	20~40	3~15	微量

土壤酸碱度　一般在一定范围内，pH 增大，土壤的负电荷量随之增大，阳离子交换量也随之增加。

B. 阴离子交换吸收作用　是指土壤中带正电荷的胶体所吸收的阴离子与土壤溶液中的阴离子相互交换的作用。其基本规律与阳离子交换吸收作用相同，但比较复杂，常与化学固定作用等交织在一起，很难分开。

土壤对阴离子吸附强弱的顺序如下：$F^->C_2O_4^{2-}>C_5H_7O_5COO^->H_2PO_4^->HCO_3^->H_2BO_3^->CH_3COO^->SO_4^{2-}>Cl^->NO_3^-$。

其中，$H_2PO_4^-$ 和 NO_3^- 的吸收在农业生产上有着特殊的意义。我国北方土壤中含有大量的 Ca^{2+}，南方酸性土壤中则有游离的 Fe^{3+}、Al^{3+}，因此 $H_2PO_4^-$ 容易被固定，必须把防止磷被固定和促进土壤中磷的有效化作为重要的生产内容。

此外，土壤中的 NO_3^- 一般是以负离子吸附的方式被土壤吸附的，容易从土壤中流失，因此硝酸盐肥料不宜施在水田中，而宜用在旱作物上。

⑤生物吸收　是指土壤中的微生物、植物根系以及一些小动物可将土壤中的速效养分吸收保留在体内的过程。生物吸收的养分可以通过其残体重新回到土壤中，且经土壤微生物的作用，转化为植物可吸收利用的养分。因此，这部分养分是缓效性的。

7.3.2 土壤酸碱性

土壤酸性或碱性通常用土壤溶液的 pH（即土壤溶液中 H^+ 浓度的负对数值）来表示。我国一般土壤的 pH 变动范围在 4~9，多数土壤的 pH 在 4.5~8.5，极少有低于 4 或高于 10 的。"南酸北碱"概括了我国土壤酸碱反应的地区性差异。

(1) 土壤酸性指标

土壤中 H^+ 的存在有两种形式：一是存在于土壤溶液中；二是吸收在胶粒表面。因此，土壤酸度可分为以下两种基本类型：一是活性酸度，是由土壤溶液中氢离子浓度直接反映出来的酸度，又称有效酸度，通常用 pH 表示；二是潜性酸度，是指致酸离子（H^+、Al^{3+}）被交换到土壤溶液后引起的土壤酸度，通常用每 1000g 烘干土中 H^+、Al^{3+} 的物质的量（厘摩尔数）表示，单位为 cmol(+)/kg。根据测定时所用浸提液的不同，又将潜性酸度分为交换性酸度和水解性酸度。用过量的中性盐溶液浸提土壤而使胶粒表面吸附的 H^+、Al^{3+} 进入土壤溶液后所表现的酸度，称为交换性酸度；而用弱酸强碱的盐类溶液浸提土壤而使胶粒吸附的 H^+、Al^{3+} 进入土壤溶液后所表现的酸度，称为水解性酸度。

(2) 土壤碱性指标

我国北方大部分地区土壤 pH 为 7.5～8.5，而含有碳酸钠、碳酸氢钠的土壤 pH 常在 8.5 以上。土壤碱性除用 pH 表示外，还可用总碱度和碱化度两个指标表示。总碱度是指土壤溶液中碳酸根和重碳酸根离子的总浓度，常用中和滴定法测定，单位为 cmol(+)/L。通常把土壤中交换性钠离子的数量占交换性阳离子数量的百分比，称为土壤碱化度。一般碱化度为 5%～10% 时为轻度碱化土壤，碱化度为 10%～15% 时为中度碱化土壤，碱化度为 15%～20% 时为高度碱化土壤，碱化度为>20% 时为碱土。

7.3.3 土壤缓冲性

土壤缓冲性是指土壤抵抗外来物质引起酸碱度剧烈变化的能力。由于土壤具有这种性能，可使土壤的酸碱度经常保持在一定范围内，避免因施肥、根系呼吸、微生物活动等引起显著变化。

(1) 土壤缓冲性的机理

交换性阳离子的缓冲作用　当酸性与碱性物质进入土壤后，可与土壤中交换性阳离子进行交换生成水和中性盐。

弱酸及其盐类的缓冲作用　土壤中存在大量的碳酸、磷酸、硅酸、腐殖酸及其盐类，它们构成一个良好的缓冲体系，可以起到缓冲酸或碱的作用。

两性物质的缓冲作用　土壤中的蛋白质、氨基酸、胡敏酸等都是两性物质，既能中和酸，又能中和碱，因此具有一定的缓冲作用。

(2) 影响土壤缓冲性的因素

土壤质地　质地越黏重，土壤的缓冲性能越强；反之，质地越砂，缓冲性能越弱。

土壤胶体种类　由于有机胶体的比表面积和所带的负电量远远大于无机胶体，且部分有机质是两性物质，因此有机胶体的缓冲性能大于无机胶体，有机质含量高的土壤，其缓冲性能强；反之，则弱。而在无机胶体中，缓冲性能的大小顺序为：蒙脱石>伊利石>高岭石>铁铝氧化物及其含水氧化物。

(3) 土壤缓冲性能在生产上的作用

由于土壤具有缓冲性能，使土壤 pH 在自然条件下保持相对稳定，不会因外界条件改变而剧烈变化，有利于维持一个适宜植物生长的环境。生产上常采用增施有机肥料及在砂土中掺入塘泥等办法，来提高土壤的缓冲能力。

7.3.4 土壤肥力

土壤肥力按成因可分为自然肥力和人为肥力。前者指在五大成土因素(气候、生物、母质、地形和年龄)影响下形成的肥力，主要存在于未开垦的自然土壤；后者指长期在人为的耕作、施肥、灌溉和其他各种农事活动影响下表现出的肥力，主要存在于耕作(农田)土壤。

土壤肥力归结为土壤中水分、养分、通气状况和温度状况等的综合。

(1) 影响土壤肥力的主要因素

①物理因素　物理因素对土壤中水、肥、气、热各个方面的变化有明显的制约作用。

养分因素　土壤养分是指存在于土壤中的植物必需的营养元素，包括碳(C)、氮(N)、氧(O)、氢(H)、磷(P)、钾(K)、钙(Ca)、镁(Mg)、硫(S)、铁(Fe)、锰(Mn)、钼(Mo)、锌(Zn)、铜(Cu)、硼(B)、氯(Cl)16种。在自然土壤中，除前3种外，主要来源于土壤矿物质和土壤有机质，其次是大气降水、下渗水和地下水。土壤中的养分贮量、强度和容量，主要取决于土壤矿物质及有机质的数量和组成。就世界范围而言，多数矿质土壤中的氮、磷、钾三要素的含量见表7-6所列。

表7-6　土壤主要养分分级标准

级别	有机质（%）	全氮（%）	速效氮（mg/kg）	速效磷（P_2O_5，mg/kg）	速效钾（K_2O，mg/kg）	缓效钾（K_2O，mg/kg）
1	>4	>0.2	>150	>40	>200	>500
2	3~4	0.15~0.2	120~150	20~40	150~200	400~500
3	2~3	0.1~0.15	90~120	10~20	100~150	300~400
4	1~2	0.07~0.1	60~90	5~10	50~100	200~300
5	0.6~1	0.05~0.75	30~60	3~5	30~50	100~200
6	<0.6	<0.05	<30	<3	<30	<100

土壤主要养分分级标准主要针对有机质、全氮、速效氮、速效磷及速效钾和缓效钾（二者合称有效钾）的含量进行分级，每种级别中不同成分的含量不同。在实际工作中，可以对照或参考这个标准，对将要进行施肥的土地进行测定分析，以了解土壤的真实肥力状况。

有机质是土壤肥力的标志性物质，其含有丰富的植物所需要的养分，并能调节土壤的理化性状，是衡量土壤养分的重要指标。它主要来源于有机肥和植物的根、茎、枝、叶的腐化变质及各种微生物等，基本成分主要为纤维素、木质素、淀粉、糖类、油脂和蛋白质等，为植物提供丰富的C、H、O、S及微量元素，可以直接被植物吸收利用。有机质的分级可作为土壤养分分级的重要组成部分，土壤主要养分分级标准共六级，且六级为最低，一级为最高。

有效态的钙(Ca)、镁(Mg)、硫(S)为土壤中存在的，为植物生长发育所必需而且能够被吸收利用的中量元素养分，其分级标准共有五级，且五级为最低，一级为最高。

其他物理因素　指土壤的质地、结构状况、孔隙度、水分和温度状况等。它们影响土壤的含氧量、氧化还原性和通气状况，从而影响土壤中养分的转化速率和存在状态、土壤水分的性质和运行规律以及植物根系的生长力和生理活动。

②化学因素　包括土壤的酸碱度、阳离子吸附及交换性能、土壤还原性物质、土壤含盐量，以及其他有毒物质的含量等。它们直接影响植物的生长和土壤养分的转化、释放及有效性。一般而言，在极端酸、碱环境，以及有大量可溶性盐类或大量还原性物质及其他有毒物质存在的情况下，大多数植物都难以正常生长和获得高产。

土壤酸碱度通常与土壤养分的有效性有一定相关性。如磷在土壤pH为6时有效性最高，当pH低于或高于6时，其有效性明显下降；土壤中锌、铜、锰、铁、硼等营养元素的有效性一般随土壤pH的降低而增高，但钼则相反。

土壤阳离子吸附及交换性能的强弱，对于土壤保肥性能有很大影响。土壤中某些离子不足或过多，对土壤肥力也会产生不利的影响。如钙离子不足会降低土壤团聚体的稳定性，使其结构被破坏，土壤的透水性因而降低；铝、氢离子过多，会使土壤呈酸性反应和产生铝离子毒害；钠离子过多，会使土壤呈碱性反应和产生钠离子毒害。以上都不利于植物生长。

③生物因素　指土壤中的微生物及其生理活动。它们对土壤氮、磷、硫等营养元素的转化和有效性具有明显影响，主要表现在：促进土壤有机质的矿化作用，增加土壤中有效氮、磷、硫的含量；促进腐殖质的合成作用，增加土壤有机质的含量，提高土壤的保水、保肥性能；进行生物固氮，增加土壤中有效氮的来源。

(2) 土壤肥力的保持与提高

用地与养地相结合、防止肥力衰退与土壤治理相结合，是保持和提高土壤肥力水平的基本原则。具体措施包括：增施有机肥料、种植绿肥和合理施用化肥，有利于土壤肥力的恢复与提高；合理耕作，以调节土壤物理性质与养分，防止某些养分亏缺和水、气失调；防止土壤受重金属、农药以及其他污染物的污染；因地制宜合理安排农、林、牧布局，促进生物物质的循环和再利用；防止水土流失、风蚀、次生盐渍化、沙漠化和沼泽化等各种退化现象的发生等。

7.4　土壤改良

土壤是树木生长的基地，也是树木生命活动所需求的水分和各种营养元素的源泉。因此，土壤的好坏直接关系着树木的生长。不同的树种对土壤的要求是不同的，但是一般言之，树木要求保水、保肥能力好的土壤，同时由于在雨水过多或积水时往往易引起烂根，故下层排水良好非常重要，下层土壤富含砂砾时最为理想。此外，还要求栽植地的土壤充分风化，以利于养分的供应。

土壤改良是针对土壤的不良质地和结构，采取相应的物理、化学或生物措施，改善土壤性状，提高土壤肥力的过程。

7.4.1　不同类型土壤的优缺点及改良方法

(1) 黏性土

①缺点　土壤空气含量少。

②改良方法　在掺沙的同时混入纤维含量高的作物秸秆、稻壳等有机肥，可有效地改良此类土壤的通透性。

(2) 砂性土

①缺点　保水、保肥性能差，有机质含量低，土表温度变化剧烈。

②改良方法　采用填淤（掺入塘泥、河泥）结合增施纤维含量高的有机肥来改良。近年来，国外已有使用土壤结构改良剂的报道。土壤结构改良剂多为人工合成的高分子化合物，施用于砂性土壤作为保水剂或促使土壤形成团粒结构。

(3) 盐碱地

①缺点与危害　土壤溶液浓度过高，植物根系很难从中吸收水分和营养物质，引起生

理干旱和营养缺乏症。另外,盐碱地的土壤,一般pH都在8以上,使土壤中各种营养物质的有效性降低。

②改良方法　适时、合理地灌溉,洗盐或以水压盐。多施有机肥,种植绿肥作物如苜蓿、草木樨、百脉根、田菁、扁蓿豆、偃麦草、黑麦草、燕麦、绿豆等,以改善土壤不良结构,提高土壤中营养物质的有效性。施用土壤改良剂,提高土壤的团粒结构和保水性能。中耕(切断土表的毛细管),地表覆盖,减少地面过度蒸发,防止盐碱上升。

(4) 酸性土壤

①缺点与危害　土壤酸化之后,会使土壤有益微生物数量减少,抑制有益微生物的生长和活动,从而影响土壤有机质的分解和土壤中氮、磷、钾、硫等元素的循环;造成病菌滋生,根系病害增加,如加重根结线虫病的滋生与蔓延等;造成营养元素的固定;促进某些有毒元素(如铝)的释放、活化、溶出。在酸性土壤上种植植物,不易生长成全苗,常形成僵苗和老苗,产量低,品质劣。

②改良方法

石灰改良　在栽培植物之前可施用石灰质肥料,在植物已经栽培的情况下可采用消石灰液。常见的石灰质肥料有消石灰、生石灰、石灰苦土、碳酸钙、贝化石等,建议用消石灰或者生石灰,在施用时不宜使用混有其他成分的消石灰肥料。可以逐年施入石灰,每年每亩*施入量为10~40kg。

农家肥改良　种植前,以农家肥为主施足底肥,增加土壤中的有机质含量,改善土壤通透性,促进微生物活动,促使土壤中难溶性矿质元素变为可溶性的养分,达到培肥地力的效果。

腐殖酸肥料改良　腐殖酸可以改良土壤酸碱度,将土壤调节到最适宜植物生长及微生物活动的状态。腐殖酸还可以激活土壤中难以被植物吸收的养分,提高养分利用率。长期施用腐殖酸,能有效改良土壤板结和酸碱度,并能提高植物的抗逆性、抗病虫害能力。

水旱轮作　对酸性土壤进行水旱轮作(轮作周期为2~3年),既可改善土壤耕性和理化性状,又能有效消灭杂草和病虫害,同时利于有机质的积累。若同时配合科学施肥,如选用碱性肥料(如碳铵、氨水),改良效果更为明显。

(5) 碱性土壤

①缺点与危害　碱性土壤中含盐量高和离子毒害,使植物根系难以吸收水分和营养物质,引起生理干旱和营养缺乏症。碱性土壤中即使有丰富的营养物质,其养分吸收能力也很低。此外,碱性土壤会次生喜碱的地下害虫如金龟子等,对植物造成危害。

②改良方法

有机肥改良　有机肥是改良碱性土壤的最有效方法,即把各种厩肥、堆肥在春耕或秋耕时翻入土中。由于有机质的缓冲作用,可以适当多施可溶性化学肥料,尤其是铵态氮肥和磷肥,能够保存在土中不流失。

---

*　1亩≈667m^2。

绿肥和松针土改良　绿肥和松针土是由杂草、腐烂的松柏针叶、残枝等枯落物堆沤而成，呈较强酸性。一般在碱性土中掺入 1/6~1/5 的绿肥或松针土，即可改善土壤的理化性状。

选择性肥料改良　在碱性土壤施用磷肥时改用磷酸二铵或过磷酸钙，效果很好。而在追施肥料过程中，尽量施用生理酸性肥料，如硫酸铵、硫酸钾等，这些肥料可中和土壤的碱性。

7.4.2　园林绿地土壤的改良

园林绿地土壤的改良不同于农作物的土壤改良，农作物的土壤改良可以经过深翻、轮作、休闲和增施有机肥等手段来完成，而园林绿地的土壤改良不可能采用轮作、休闲等措施，只能采用深翻、增施有机肥等手段来完成，以保证苗木能正常生长。园林绿地土壤改良和管理的目的，是通过各种措施来改善土壤理化性质，提高土壤的肥力，为其生长发育创造良好的条件，同时结合实行其他措施，维持地形地貌整齐美观，减少土壤冲刷和尘土飞扬，增强园林景观效果。具体可采用如下措施。

(1) 深翻熟化

深翻结合施肥，可改善土壤理化性质，促使土壤团粒结构形成，增加孔隙度。因而，深翻后土壤的水分和空气条件得到改善，使土壤微生物活动加强，可加速土壤熟化，使难溶性营养物质转化为可溶性养分，相应地提高了土壤肥力。

(2) 客土栽培

园林植物在以下情况下必须实行客土栽培。

树种需要有一定酸度的土壤，简单的调整方法如下：加大种植坑，放入山泥、泥炭、腐叶土等，并混拌有机肥料，以符合酸性树种的要求。

栽植地段的土壤为坚土、重黏土、砂砾土及被有毒的工业废水污染的土壤等，或在清除建筑垃圾后仍然板结，土质不良，根本不适宜园林植物生长的，应酌量增大栽植面积，全部或部分换入肥沃的土壤。

(3) 培土

这种改良方法具有增厚土层、增加营养、改良土壤结构等作用。培土厚度要适宜，过薄起不到压土的作用，过厚对园林植物生长发育不利，"砂压黏"或"黏压砂"时要薄一些，一般厚度为 5~10cm；压半风化石块可厚些，但不要超过 15cm。连续多年培土，土层过厚会抑制园林植物根系呼吸，造成根部腐烂，从而影响其生长和发育。因此，可适当扒土露出根颈。培土时，还应防止接穗生根。

(4) 其他改良土壤措施

松土透气，可以切断土壤表层的毛细管，减少土壤水分蒸发，防止土壤泛盐；还可以改良土壤通气状况，促进土壤微生物活动，有利于难溶养分的分解，提高土壤肥力。同时除去杂草，可减少水分、养分的消耗，改善通气和水分状况，减少病虫害，有利于园林植物根系生长和土壤微生物的活动；还可以增进景观效果，做到清洁美观。

利用有机物或活的植物体覆盖土面，可以防止或减少水分蒸发，减少地面径流；还可以调节土壤温度，减少杂草生长，为园林植物生长创造良好的环境条件。若在生长季进行覆盖，以后把覆盖的有机物随即翻入土中，还可改善土壤结构，增加土壤有机质含量，提高土壤肥力。覆盖的材料以就地取材、经济适用为原则。

根据地形及土壤结构，栽植时使用保水剂、生根粉、防蒸腾剂等，改良土壤结构，提高苗木成活率。

单元小结

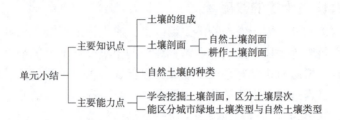

知识拓展

1. 土壤地带与植被分布

世界植被以纬度进行地带性分布的主要形式有环绕全球延续于各大陆的世界性植被与土壤地带，以及未能横贯整个大陆而只呈带段性展布的区域性植被与土壤地带。世界性植被与土壤地带在高纬度和低纬度地区表现明显，如寒带苔原植被下的冰沼土、寒温带针叶林下的灰化土和热带雨林下的砖红壤，不仅断断续续横跨整个大陆，而且大致与纬线平行。区域性植被与土壤地带则在中纬度地区表现得最为典型，因干湿差异，又有沿海型和内陆型之分。

2. 土壤养分的有效性

土壤向植物提供养分的能力并不直接决定于土壤中养分的贮量，而是决定于土壤养分有效性的高低，而某种营养元素在土壤中的化学位又是决定该元素有效性的主要因素。化学位是一个强度因素，从一定意义上说，可以用该营养元素在土壤溶液中的浓度或活度表示。由于土壤溶液中各营养元素的浓度均较低，它们被植物吸收以后，必须迅速地得到补充，方能使其在土壤溶液中的浓度维持在一个必要的水平上。因此，土壤养分的有效性还取决于能进入土壤溶液中的固相养分元素的数量，通常称为容量因素。养分的容量因素常指呈代换态的养分(代换性钾、同位素代换态磷等)的数量。土壤养分的实际有效性，即实际能被植物吸收的养分数量，还受土壤养分到达植物根系表面的状况(包括植物根系对养分的截获、养分的质流和扩散三个方面)的影响。

实践教学

实训7-1　植物生长的土壤剖面观察

【实训目的】

掌握土壤剖面挖掘技术，会区分自然土壤层次。

【材料及用具】

记录笔、记录纸(表)、锄头等。

【方法与步骤】
1. 分小组进行操作。
2. 分别在不同垂直土壤断面挖掘剖面。
3. 讨论土壤剖面层次,并形成小组报告。
4. 小组汇报。

【作业】
土壤剖面分析实训报告(每人一份)。

【考核评估】
着重考核操作过程中的主动性和完成实训任务的科学性、小组成员的配合与协调性、实训报告的完整性和创新性。操作过程成绩占50%,小组汇报成绩占10%,个人实训作业成绩占40%。

实训7-2　土壤质地速测

【实训目的】
各粒级的土粒具有不同的黏性和可塑性。砂粒粗糙,无黏性、不可塑;粉粒光滑如粉,黏性与可塑性较弱;黏粒细腻,表现出较强的黏性与可塑性。不同质地的土壤,各粒级土粒的组成不同,表现出粗细程度、黏性及可塑性的差异。在实验室用机械分析法测出土壤各粒级的土粒含量(百分比)后,根据土壤质地分类表查出土壤质地类型。在野外通常用手测法鉴别土壤质地。手测法就是在干、湿两种情况下搓揉土壤,凭触觉和听觉,根据土粒的粗细、滑腻和黏韧情况,判断土壤质地类型。本实训采用手测法鉴定土壤样品的质地类型。

【材料及用具】
烧杯(400mL)、药匙、毛细吸管、需鉴定质地的土样。

【方法与步骤】
取小块土样(比算盘珠略大)于掌中,用手指捏碎,并捡出细砾、粗有机质等新生体或侵入体,细碎均匀后,即可用以下方法测试。

干试法　凭搓揉干燥土样的感觉,初步判断土壤属于哪一类质地(表7-7)。应以湿试法为准,特别是初学者更是如此。

表 7-7　干试法测定土壤质地

质地	搓揉时的感觉和现象
砂质土	干燥状态下松散易碎,感觉粗糙,砂粒可辨,搓揉时发出沙沙声
粗砂土	很粗糙,沙沙声强,主要是粗砂粒
细砂土	较粗糙,沙沙声弱,砂粒较细而均匀
壤质土	干燥状态下轻易捏碎,粗细适中,有均质感
砂壤土	有较粗糙的感觉,易碎,但无沙沙声
中壤土	粗细适中,不砂不黏,质地柔和,粉砂壤土则有细滑的感觉
黏壤土	无粗糙感觉,均质,细而微黏
黏质土	干燥时难以捏碎,形成坚硬土块,捏碎后土粒细腻而均匀,有时细团聚体极难捏碎

湿试法　置少量(约2g)土样于掌中,加水(无水时用口水)润湿,同时充分搓揉,使土壤吸水均匀;再加水至土壤刚刚不黏手为止(加水应稍过量,使土壤稍黏附于手掌,经搓揉后土壤即不黏手,否则水分会不够);将土样搓成3mm粗的土条,并弯成直径为3cm的圆圈。根据搓条弯圈过程中的表现,按表7-8的标准确定土壤质地类型。

表7-8　湿试法测定土壤质地

质地	搓揉时的感觉和现象
砂土	不能搓成土条,并有粗糙的感觉
砂壤土	有粗糙的感觉,不能搓成完整的土条,断的土条外部不光滑
轻松土	能搓成完整的土条,土条很光滑,弯曲成小圈时,土条自然断裂,有滑感
中壤土	搓揉时易黏附手指,能搓成完整的土条,土条光滑,但弯成小圈时土条外圈有细裂纹
黏土	搓揉时有较强的黏附手指之感,能搓成完整的土条并弯成完整的小圈,但小圈压扁后有裂纹
重黏土	能搓成完整的土条并弯成完整的小圈,小圈压扁后无裂纹

小贴士

　　湿试法测定中加水多少很关键,对于黏性比较大的土壤加水可稍多一些,并且动作要迅速,因为在搓揉过程中其易失水变干而降低质地等级。此外,土条的粗细和圆圈的直径大小直接影响结果的准确度,必须严格按规定进行。

【作业】
按要求撰写实训报告。

【考核评估】
着重考核操作过程中的主动性和完成实训任务的科学性、小组成员的配合与协调性、实训报告的完整性和创新性。操作过程成绩占50%,小组汇报成绩占10%,个人实训作业成绩占40%。

思考题

1. 土壤的组成成分是什么?
2. 土壤剖面的层次分布及每个层次有哪些特点?
3. 土壤的有机物转化过程是什么?
4. 如何对土壤肥力进行改良?

单元 8　植物生长与水分

学习目标

>> 知识目标

1. 了解大气水分和土壤水分的种类及变化规律,熟悉土壤含水量的表示方法。
2. 理解水分对植物的作用及对植物分布的影响。
3. 熟悉影响植物吸收水分的环境条件,掌握植物的需水规律,为指导水分调控提供理论依据。

>> 技能目标

1. 能熟练进行空气湿度、降水量、蒸发量与土壤田间持水量的测定。
2. 能进行水分环境的调控。

课前预习

1. 水分在植物体内有哪些存在形式?
2. 水分对植物有何生理生态作用?
3. 蒸腾作用的强弱与哪些因素有关?

8.1　植物生长的水分来源

生命起源于水,没有水便没有生命。在植物的生长发育过程中,植物不断地从周围环境中吸收水分,同时又将体内的水分不断地散失到环境当中,植物对水分的吸收、水分在植物体内的运输以及植物的水分散失构成了植物的水分代谢。

8.1.1　大气水分

(1) 大气水分的存在形态

大气中的水分含量对植物的生长发育、产量高低和品质好坏都起着重要的作用。大气中的水分有 3 种存在形态,即气态、液态和固态。大多数情况下,水分是以气态存在于大气中的。此外,3 种形态在一定条件下可相互转化。

①空气湿度的表示方法　表示空气潮湿程度的物理量称为空气湿度,常用的表示方法有:

水汽压(e)　大气中水汽所产生的分压称为水汽压。有时也把水汽压称为绝对湿度。水汽压是大气压的一个组成部分。通常情况下,空气中水汽含量越多,水汽压越大;反之,水汽压越小。水汽压的单位常用百帕(hPa)表示。

空气中水汽含量与温度有密切关系。当温度一定时,单位体积空气中所能容纳的水汽量是有一定限度的,水汽含量达到了这个限度,空气便呈饱和状态,这时的空气称饱和空气。饱和空气中的水汽压称为饱和水汽压(E),也称为最大水汽压。在温度条件发生改变时,饱和水汽压的数值也随之改变(表8-1)。

$$E_{水面} = 6.11 \times 10^{7.5t/(235+t)}$$

式中: $E_{水面}$——0℃以上的饱和水汽压,hPa;

t——大气温度,℃。

表8-1　不同温度下的饱和水汽压

温度(℃)	0	10	20	30
饱和水汽压(hPa)	6.1	12.3	23.4	42.5

相对湿度(U)　空气中的水汽压与同温度下的饱和水汽压的百分比,称为相对湿度(U)。可用下式表示:

$$U = e/E \times 100\%$$

相对湿度反映的是某温度下空气的饱和程度。当空气饱和时,$E=e$,$U=100\%$;当空气未饱和时,$e<E$,$U<100\%$;当空气处于过饱和状态时,$e>E$,$U>100\%$。因饱和水汽压随温度而变化,所以在同一水汽压下,气温高时,相对湿度小,空气干燥;反之,相对湿度大,空气潮湿。

饱和差(d)　在一定的温度条件下,饱和水汽压与空气中实际水汽压的差值称为饱和差。用下式表示:

$$d = E - e$$

饱和差表明了某温度下空气距离饱和的程度。一定温度下,e越大,空气越接近饱和;当$e=E$时,空气达到饱和,$d=0$。饱和差的大小可以显示出水分蒸发能力,故常用于水分蒸发。

露点温度(t_d)　指空气中的水汽含量不变、气压一定时,通过降低气温使空气达到饱和时的温度,单位为℃。

气温高于露点温度,表示空气未达饱和状态;气温等于露点温度,表示空气已达到饱和状态;气温低于露点温度,则表示空气达到过饱和状态。因而根据气温和露点温度的差值($t-t_d$)大小,大致可以判断出空气距离饱和时的差。

②空气湿度的变化　空气湿度的变化主要包括两个方面:

绝对湿度的变化　绝对湿度的日变化有两种基本形式:单峰型和双峰型(图8-1)。在沿海地区,绝对湿度的日变化与温度的日变化同步,是单峰型;在内陆地区或沙漠地区,绝对湿度的变化是双峰型。绝对湿度的年变化主要取决于蒸发量,故与气温变化一致,最高值在7~8月,最低值在1~2月。

相对湿度的变化 相对湿度的日变化与气温的日变化相反。当气温升高时,水汽压及饱和水汽压都随之增大,但是饱和水汽压的增大要比水汽压快,因而水汽压与饱和水汽压的百分比变小,也就是相对湿度变小;反之,气温降低时,相对湿度增大。因此,一天中相对湿度的最大值出现在气温最低的清晨,最小值出现在14:00~15:00(图8-2)。

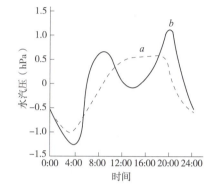

图8-1 绝对湿度的日变化

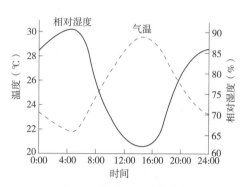

图8-2 相对湿度的日变化

(2)大气水分的转化

空气中的水汽主要来自地面和水面的蒸发及植物的蒸腾。植物主要通过蒸腾作用向空气中散失水分,同时江、河、湖、海和土壤中的水分经过蒸发扩散到空气中,共同组成大气中的水分。当大气中的水分含量达到一定的程度,便会以雨、雪等形式降落,回到土壤或江、河、湖、海当中。

①水分蒸发 蒸发是液态水转变为气态水的过程。江、河、湖、海和土壤中的水分都可以通过蒸发向大气中运动,它们是大气中水分的主要来源。

水分蒸发是一个复杂的物理过程,受许多气象因子的影响。

温度 温度越高,水分蒸发越快。温度升高,水分子运动加快,逸出水面的可能性越大,进入空气中的水分子就多。

饱和差 饱和差越大,水分蒸发越快。饱和差越大,表示空气中水汽分子越少,水面的分子越容易逸出进入空气中。

风速 风速越大,水分蒸发越快。风使蒸发到空气中的水分子迅速扩散,减小了蒸发面附近的水汽密度。

气压 气压越低,水分蒸发越快。水分子逸出水面进入空气中,要克服大气压力做功,气压越大,汽化时做功越多,水分子汽化的数量就越少。

此外,水分蒸发还与蒸发表面的性质和形状有关,凸面的蒸发大于凹面,这是因为凸面曲率大,蒸发快。此外,小水滴表面的蒸发比大水滴快,纯水面的蒸发大于溶液面,过冷却水面(0℃以下的液态水面)的蒸发大于冰面。

②水汽凝结 在自然界中,常会有水汽凝结成液态(露点温度在0℃以上)或固态冰晶(露点温度在0℃以下)的现象发生。

水汽凝结的条件 大气中的水汽需在一定的条件下才能发生凝结：一是大气中的水汽必须达到过饱和状态，二是大气中必须有凝结核，两者缺一不可。进入大气中的氯化物、硫化物、氮化物和氨等都是吸湿性很强的凝结核，凝结效果好。此外，大气中的尘粒、花粉粒和微小的有机物也能把水汽分子吸附在它们表面形成小水滴或小冰晶，但凝结效果较差。

水汽凝结物 主要包括地面和地面物体表面上的凝结物（如露、霜、雾凇、雨凇等）、大气中的凝结物（如雾和云）。露和霜是地面和地面物体表面温度下降到空气的露点温度以下时，空气接触到这些冷的表面而产生的水汽凝结现象。如果露点温度高于0℃，就凝结为露；如果露点温度低于0℃，就凝结为霜。雾凇又称树挂，是一种白色似雪、松脆、易散落的晶体结构的水汽凝结物，常凝结于地面物体如树枝、电线、电线杆等的迎风面上。当雾凇积聚过多时，可致电线、树枝折断，对交通、通信、输电等造成障碍。但雾凇融化后，对北方越冬作物有利。当近地大气层温度降低到露点温度以下时，空气中的水汽凝结成小水滴或小冰晶，弥漫在空气中形成雾，可使水平方向上的能见度不到1km。雾削弱了太阳辐射，减少了日照时数，抑制了白天温度的升高，减少了蒸散，限制了根系的吸收作用。云是由大气中的水汽凝结而形成的微小水滴、过冷却水滴、冰晶或者它们混合形成的可见悬浮物。云与雾没有本质区别，只是云离地，而雾贴地。形成云的基本条件：一是充足的水汽；二是足够的凝结核；三是使空气中的水汽凝结成水滴或冰晶时所需的冷却条件。

③降水 广义的降水是指地面从大气中获得各种形态的水分，包括云中降水和地面水汽凝结。狭义的降水指液态或固态水从云中降落到地面。降水产生于云层中，但有云未必有降水。要形成较强的降水，一是要有充足的水汽，二是要使气块能够被持久抬升并冷却凝结，三是要有较多的凝结核。

降水的表示方法主要是降水量和降水强度。降水量是指一定时段内从大气中降落到地面的未经蒸发、渗透和流失而在水平面上积聚的水层厚度。降水量是表示降水多少的特征量，通常以毫米(mm)为单位。降水量具有不连续性和变化大的特点，通常以日为最小统计单位，进行降水日总量、旬总量、月总量和年总量的统计。降水强度是指单位时间内的降水量。降水强度是反映降水急缓的特征量，单位为mm/d或mm/h。按降水强度的大小，可将降水分为若干等级（表8-2）。

在没有测定设备的情况下，也可以从当时的降水状况来判断降水强度（表8-3）。

表8-2 降水等级的划分标准　　　　　　　　　　　　　　　　　　　　mm

种类	等级	小	中	大
雨	12h	0.1~5.0	5.1~15.0	15.1~30.0
	24h	0.1~10.0	10.0~25.0	25.1~50.0
雪	12h	0.1~0.9	1.0~2.9	≥3.0
	24h	≤2.4	2.5~5.0	>5.0

表 8-3 降水等级的判断标准

降水强度	降水状况
小雨	雨滴下降清晰可辨；地面全湿，落地不四溅，但无积水或洼地积水形成很慢，屋上雨滴微弱，屋檐下只有雨滴
中雨	雨滴下降连续成线，落硬地时雨滴四溅，屋顶有沙沙雨声；地面积水形成较快
大雨	雨如倾盆，模糊成片，屋顶有哗哗雨声；地面积水形成很快
暴雨	雨如倾盆，雨声猛烈，开窗说话时声音受雨声干扰而听不清楚；积水形成特快，下水道往往来不及排泄，常有外溢现象
中雪	积雪深度约为3cm的降雪
大雪	积雪深度约为5cm的降雪
暴雪	积雪深度约为8cm的降雪

8.1.2 土壤水分

土壤水分是土壤的重要组成部分，是影响土壤肥力和自净能力的主要因素之一，是植物吸水的主要来源。谚语有"有收无收在于水，多收少收在于肥"。生产上，针对地区气候和水资源状况调节土壤的水分含量和状态，增加土壤有效水含量，是农业增产、增收的重要措施之一。

(1) 土壤水分的类型

土壤水分主要来源于降雨、降雪、灌溉水及地下水，并以固态水、气态水和液态水3种形式存在。植物直接吸收利用的是液态水。按水的一般物理状态及水分在土壤中所受作用力的不同，将土壤水分划分为吸湿水、膜状水、毛管水和重力水4种类型（图8-3）。

① 吸湿水 土壤固体土粒通过表面的分子引力和静电引力从土壤空气中吸附的气态水，称为吸湿水。吸湿水是最靠近土粒表面的一层水。土壤吸湿水量的大小主要取决于土粒的比表面积和空气的相对湿度。土壤质地越细，有机质含量越多，吸湿水量越大。空气的相对湿度越大，土壤吸湿水量越大。在水汽饱和的空气中，土壤吸湿水可达最大值，此时土壤的含水率称为吸湿系数或最大吸湿量（表8-4）。土壤吸湿水受到的土粒吸附力很大，故植物对这部分水是不能吸收利用的，实际上属于无效水。吸湿水的平均密度为$1.5g/cm^2$，带有固体性质，不能移动，无溶解能力，只有在100~150℃的温度下进行长时间烘烤才能与土粒分开，扩散逸出。

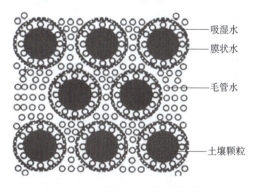

图 8-3 土壤水分形态示意图

表 8-4 土壤质地、土壤吸湿水量和最大吸湿量   g/kg

项目	砂土	轻壤土	中壤土	粉砂质黏壤土	泥炭
土壤吸湿水量	5~15	15~30	25~50	60~80	180~220
最大吸湿量	>15	30~50	50~60	80~100	—

②膜状水　土壤含水量达到最大吸湿量以后,土粒剩余的分子引力和静电引力吸附的液态水膜,称为膜状水。膜状水受到的引力比吸湿水小,因而有一部分可被植物吸收利用。但因其移动缓慢,只有当植物根系接触到时才能被吸收利用。吸湿水和膜状水又合称为束缚水。膜状水达到最大值时的土壤含水量称为最大分子持水量。土壤膜状水所受土粒吸引力的大小范围为 $6.3×10^5$ ~ $3.14×10^6$ Pa。

植物根系无力从土壤中吸收水分并开始发生永久性萎蔫时的土壤含水量称为萎蔫系数,又称凋萎系数。萎蔫系数常因土壤质地和植物种类的不同而异(表8-5),一般比最大分子持水量低2%~3%。每种植物的萎蔫系数通过实测确定,一般情况下是个常数。如落叶果树一般在土壤含水量为5%~12%时,叶片开始凋萎(葡萄为5%,苹果为7%,桃为7%,梨为9%,柿为12%)。

表8-5　不同质地土壤的萎蔫系数

项目	粗砂土	细砂土	砂壤土	壤土	黏壤土
萎蔫系数	9~11	27~36	56~69	90~124	130~166

③毛管水　靠土壤毛管引力而保持在土壤毛管孔隙中的水称为毛管水。毛管水运动较快,不受土粒引力作用,是可以移动的自由水,是植物吸水的主要来源。毛管水所受的毛管引力大小为0.625~0.01MPa。

毛管水又分为毛管悬着水和毛管上升水。毛管悬着水指地势较高,不受地下水影响的地区土壤上层所保持的水分。毛管悬着水达到最大值时的土壤含水量称为田间持水量。田间持水量是土壤灌溉的一个重要依据。毛管上升水指地势较低的地区,地下水借毛管引力上升而保持在土壤中的水分(表8-6)。

表8-6　不同土壤质地毛管水上升的高度

质地	高度(m)	质地	高度(m)
砂土	0.5~1.0	中、重壤土	1.2~2.0
砂壤、轻壤	1.5	轻黏土	0.8~1.0
粉砂轻壤土	2.0~3.0		

小贴士

在地下水矿化度较高(含盐多),并且蒸发量大于降水量的情况下,毛管上升水到达土表后蒸发,而水中的盐分则留在表土,这是造成土壤盐渍化的主要原因。临界深度即地下水上升造成植物根系活动层积累盐分并达到有害程度时的地下水深度。改良盐土时,一般要开沟、排水、洗盐,把地下水降到临界深度以下。临界深度因土壤质地而异,一般为1.5~2.5m,壤土最大,砂土最小,黏土居中。

④重力水　当土壤中的水分超过田间持水量时,不能被毛管引力所保持,而受重力作用的影响沿着非毛管孔隙(空气孔隙)自上而下渗漏的水分,称为重力水。土壤重力水达到

饱和即土壤全部孔隙都充满水时的土壤含水量，称为土壤全持水量（又称为饱和持水量），它是吸湿水、膜状水、毛管水和重力水的总和，一般用于稻田淹灌和测田间持水量时灌水定额的计算。

旱田土壤若在50cm以上深度处出现黏土层，在降雨量大时可能出现内涝，引起土壤缺氧、通气不良，产生还原物质，对根系发育不利，同时多余的重力水向下运动时还带走土壤养分。因此，对旱作来说，重力水一般对植物生长是不起作用的。而在水田中被犁底层或透水性差的土层阻滞的重力水对作物生长是有效的。

（2）土壤水分含量表示方法

土壤质量含水量　指土壤中水的质量占烘干土质量的百分比。这是一种最基本、最常用的表示方法。计算时以105~110℃下的烘干土质量来计算。

$$土壤质量含水量=土壤水质量/烘干土质量\times100\%$$

土壤容积含水量　指土壤中水的容积占土壤容积的百分比。其可以与土壤质量含水量进行换算。

$$土壤容积含水量=土壤水容积/土壤容积\times100\%$$

相对含水量　指土壤实际含水量占该土壤田间持水量的百分比。一般认为，土壤实际含水量占土壤田间持水量的70%~80%时，最适合植物的生长发育。

$$相对含水量=土壤实际含水量/土壤田间持水量\times100\%$$

水层厚度　用以表示一定深度土层中的水分总量，单位为mm。此表示方法与降水量的表示方法一致。

$$水层厚度(mm)=土层厚度(mm)\times容重\times土壤质量含水量$$

8.2　水分的生理作用

水是植物的重要组成成分，对植物的生命活动具有决定性作用。土壤水分是影响出苗率的重要因素。植物种子的吸水量因其大小及淀粉、蛋白质和脂肪的含量不同而异。土壤水分状况直接影响植物对养分的吸收，土壤中有机养分的分解矿化离不开水分，施入土壤中的化学肥料只有在水中才能溶解，养分离子向根系表面迁移以及植物根系对养分的吸收也必须通过水分来实现。

（1）水是植物新陈代谢的重要原料

水是植物光合作用、合成有机物的重要原料，植物体内有机物的合成与分解过程必须有水分参与。还有其他生物化学反应，如呼吸作用中的许多反应，脂肪、蛋白质等物质的合成和分解反应等，也需要水参与。没有水，这些重要的生化过程都不能正确进行。一般植物细胞原生质含水量在70%~80%，才能保持新陈代谢活动正常进行。随着细胞内水分减少，植物的生命活动就会大大减弱。如风干种子的含水量低，使其处于休眠状态，不能萌发。

（2）水是植物进行代谢作用的介质

植物体内的各种生理生化过程，矿质元素的吸收与运输，气体交换，光合产物的合成、转化和运输，以及信号物质的传导等，都需要以水分作为介质才能进行。例如，植物利用根系从土壤中吸收水分和营养物质,但植物不能直接吸收固态的无机物和有机物,这些物质只有溶解在水中,通过水流的移动才能被吸收。

(3) 水分能使植物体保持固有的形态

植物细胞含有的大量水分,可降低植物细胞内的水压,以维持细胞的紧张度,保持膨胀状态,使植物枝叶挺立,花朵开放,根系得以伸展,从而有利于植物体获取光照、交换气体、吸收养分等。如果水分供应不足,植物便萎蔫,不能正常生活。如果细胞失水过多,会引起其结构破坏,导致植物死亡。

(4) 水分具有重要的生态作用

水分还可作为生态因子,在维持适合植物生活的环境方面起着特别重要的作用。例如,水的汽化热(2.26kJ/g)、比热(4.19J/g)较高,导热性好,植物可通过蒸腾散热,调节体温,以减少烈日的伤害;水温变化幅度小,在寒冷的环境中可保持植物体温度不会下降得太快。在水稻育秧遇到低温时,可以浅水护秧;遇干旱时,可通过灌水来调节植物周围的空气湿度,改善田间小气候。

8.3 植物的水分代谢

水是生命的摇篮,植物的一切生命活动必须在细胞水分充足的情况下才能正常进行。在农业生产上,水是决定产量高低的重要因素之一,保持植物体内的水分平衡是提高植物产量和改善产品品质的重要前提。

8.3.1 植物含水量

植物体中都含有水分,但各部分的含水量并不是均一和恒定不变的,主要与植物的种类、器官及组织本身的特性以及环境条件有关。生长活跃和代谢旺盛的植物器官(根尖、嫩梢、幼苗绿叶)中细胞的含水量高,一般为60%~90%;树干内存在着大量的死细胞,其含水量就较低,为40%~50%;风干种子的含水量为12%~14%,甚至低于10%,故其生命活动十分微弱。需注意的是,植物含水量高、生命活动旺盛的部位,也是植物最脆弱的部位,在生产上一定要注意保护。

8.3.2 植物体内水分的存在状态

在植物细胞中,水通常以束缚水和自由水两种形式存在。靠近原生质胶体颗粒而被紧密吸附的水分子,称为束缚水;远离原生质体胶粒,吸附不紧密,能自由流动的水分子,称为自由水。束缚水决定了植物的抗性强弱,束缚水越多,原生质黏性越大,植物代谢活动越弱,低微的代谢活动有助于植物抵御不良的外界条件。如束缚水含量高,植物的抗寒、抗旱能力较强。自由水决定着植物的光合作用、呼吸作用和生长等代谢活动的强弱,自由水含量越高,原生质黏性越小,新陈代谢越旺盛。

8.3.3 植物的需水规律

(1) 不同植物对水分的需要量不同

根据蒸腾系数估计植物对水分的需要量:生物产量×蒸腾系数=理论最低需水量。其中，生物产量指植物一生中形成的全部有机物的总量。

例如，某作物的生物产量为 15 000kg/km², 蒸腾系数为 500，则每平方千米该作物的总需水量为 7 500 000kg。实际应用时，还应考虑土壤保水能力的大小、降水量的多少以及生态需水量等。因此，实际需要的灌水量要比理论需水量大得多。

(2) 同一植物不同时期对水分的需要量不同

植物萌芽期由于蒸腾面积较小，水分消耗量不大；苗期蒸腾面积扩大，气温逐渐升高，水分消耗量增大；开花期蒸腾量达最大值，耗水量也最大；成熟期叶片逐渐衰老、脱落，水分消耗量又逐渐减少。同一植物不同时期一般需水规律为少—多—少。

(3) 植物具有水分临界期

植物在生命周期中对水分缺乏最敏感、最易受害的时期，大多处于花粉母细胞四分体形成期，这个时期一旦缺水，就会使性器官发育不正常。

8.3.4 植物对水分的吸收

(1) 植物吸水的部位

植物生长需要的水分主要靠土壤提供，植物根系的根毛区是主要的吸水部位。生产上经常采取有效措施促进根系生长，多发新根，增加根毛区面积，以利于植物对水分和养分的吸收，提高产量。

(2) 植物吸水的方式

细胞是植物体结构和功能的基本单位，植物吸水也是通过细胞来完成的。植物细胞有3种吸水方式：未形成液泡的细胞靠吸胀作用吸水；形成液泡的细胞靠渗透作用吸水；特殊情况下，植物还能消耗能量进行代谢性吸水。成熟细胞吸水的主要方式是渗透吸水，吸水能力取决于细胞内、外的能量差(水势差)。

(3) 影响根系吸水的因素

植物主要通过根系从土壤当中吸收水分，因此一切影响根系细胞生理活性的因素都会对植物的吸水过程产生影响。

土壤温度　不同的植物吸水的最适温度不同。一般来说，在适宜的温度范围内，随着土壤温度的升高，根系吸水加快；反之，吸水减缓。温度过低，水的黏滞性增加，扩散速度减慢；同时原生质黏性加大，透性减小，细胞的生理活动减弱，主动吸水受到制约。温度过高时，植物新陈代谢的协调性遭到破坏，阻碍了根的正常生长，使根系对水分的吸收受到限制。

土壤通气状况　土壤中氧气的含量对植物吸水非常重要。土壤中缺乏氧气，根呼吸减弱，时间过长会引起无氧呼吸，产生毒害作用，影响植物吸水。旱生植物中耕除草，不仅是为了铲除杂草，更是为了改善土壤通气条件，促进根系的生理活动与生长，增强根系吸水与吸肥能力。

土壤水分　壤中的水分不是纯水，而是混合溶液，其中溶解着不少的矿质盐类。如果土壤溶液浓度过大，其水势低于根细胞的水势，植物不但不能吸水，还会发生植物体内水分向土壤中"倒流"的现象。植株因体内水分缺乏而变黄，这就是生产上施肥过量引起烧苗的主要原因。土壤不缺水，但由于温度过低或土壤溶液浓度过高，土壤溶液水势低于细胞水势，造成根系吸水困难而引起的干旱，称为生理干旱。

8.3.5 植物水分的散失

植物通过根系不断从土壤中吸收的水分，除少量直接参与代谢活动之外，绝大部分通过植物的地上部分散失到空气中，植物体内的水分以气体的形式通过气孔散失到大气中的过程称为蒸腾作用。植物通过蒸腾作用产生蒸腾拉力，加强根系的水分吸收；由于蒸腾作用导致植物体内水分流动，因此促进了植物体内的物质运输；水分由液体转化为气体散失到空气当中时带走大量的热量，维持了叶面温度的稳定。

蒸腾作用的主要部位是气孔。衡量蒸腾作用快慢的生理指标是蒸腾强度，用一定时间内单位叶面积散失的水量来表示，单位为 $g/(m^2 \cdot h)$。植物积累 1g 干物质所消耗水分的质量称为需水量(蒸腾系数)，根据需水量可以计算出植物灌溉的用水量。

影响蒸腾作用的主要因子：

光照　可以增强植物的蒸腾作用。光照使叶片温度提高，加速叶片内水分蒸发，提高叶肉细胞间隙和气孔下腔的蒸汽压；光照使大气温度上升而相对湿度下降，增大了叶片内、外蒸汽压差和叶片与大气的温差；光照使气孔打开，减少蒸腾的阻碍因素。

大气湿度　正常叶片气孔下腔的相对湿度在 91% 左右，当大气相对湿度在 40%~48% 时，蒸腾作用即能顺利进行。大气相对湿度越大，叶片内、外蒸汽压差越小，蒸腾作用就越弱。天气干旱时，由于叶片内、外蒸汽压差增大，蒸腾作用加强。

温度　当土壤温度升高时，有利于根系吸水，促进蒸腾作用的进行。当气温升高时，增加了水的自由能，水分子扩散速度加快，植物蒸腾速率加快。因此，在一定范围内升高温度，叶片的蒸腾作用加强。

风　微风促进蒸腾，因为风能将气孔外边的水蒸气吹散，补充一些相对湿度较低的水蒸气，使叶片内、外扩散阻力减小，蒸腾作用加强。强风引起气孔关闭，叶片温度下降，反而使蒸腾作用减弱。

总之，蒸腾作用受许多环境因子综合影响。植物在一天当中蒸腾作用的变化情况是：清晨日出后，温度升高，大气湿度下降，蒸腾作用随之增强，一般在 14:00 左右达到高峰；14:00 以后由于光照逐渐减弱，植物体内水分减少，气孔逐渐关闭，蒸腾作用随之减弱，日落后蒸腾作用降到最低。

8.4　植物对水分环境的适应

由于长期生活在不同的水分环境中，植物会产生固有的生态适应特征。根据水分环境的不同以及植物对水分环境的适应情况，可以把植物分为水生植物、湿生植物、中生植物和旱生植物四大类。

水生植物　生长在水体中的植物统称为水生植物。水体环境的主要特点是弱光、缺氧、密度大、黏性高、温度变化平缓，以及能溶解各种无机盐类等。水生植物对水体环境的适应特点：首先，体内有发达的通气系统，即根、茎、叶形成连贯的通气组织，以保证各部位对氧气的需要。例如，空气从荷花叶片气孔进入，通过叶柄、茎进入地下茎和根部的气室，以保证植物体各部分对氧气的需要。其次，其机械组织不发达甚至退化，以增强植物的弹性和抗扭曲能力，适应于水体流动。同时，水生植物在水下的叶片多分裂成带状、线状，而且很薄，以增加吸收阳光、无机盐和 CO_2 的面积。

湿生植物　是指适于生长在潮湿环境，且抗旱能力较弱的植物，如美人蕉、香蒲、菖蒲、千屈菜、荇菜、鸢尾、芦苇等。

中生植物　是指适于生长在水湿条件适中的环境中的植物，这类植物种类多、数量大、分布最广，它们不仅需要适中的水湿条件，同时也要求适中的营养、通气、温度条件。陆地上绝大部分植物皆属于此类。

旱生植物　是指长期处于干旱条件下，能长时间忍受水分不足，且仍能维持水分平衡和正常生长发育的植物，如沙枣、细叶百合、杨树、松树、柏树、白桦、华北落叶松等。

8.5　植物生长的水分调控

在生产实践中，可以通过合理灌溉、集水蓄水、地面覆盖、水土保持耕作等来提高水分的利用率。

8.5.1　合理灌溉

目前，灌溉在植物生产上发挥着越来越重要的作用，主要有喷灌、微灌、地下灌溉、膜上灌溉等技术。

喷灌　是借助水泵和管道系统或利用自然水源的落差，把具有一定压力的水喷到空中，散成小水滴或弥雾降落到植物上和地面上的灌溉方式。喷灌可按植物不同生育期需水要求适时、适量供水，且具有明显的增产、节水作用，与传统地面灌溉相比，还兼有节省灌溉用工、占用耕地少、对地形和土质适应性强、能改善田间小气候等优点。

微灌　是按照植物需求，通过管道系统与安装在末级管道上的灌水器，将水和养分以较小的流量，均匀、准确地直接输送到作物根部附近土壤的一种灌水方法，包括地表滴灌、地下滴灌、微喷灌和涌泉灌。它具有以下优点：一是节水、节能。一般比地面灌溉省水 60%~70%，比喷灌省水 15%~20%；微灌是在低压条件下运行的，比喷灌能耗低。二是灌水均匀，水肥同步，利于植物生长。微灌系统能有效控制每个灌水管的出水量，保证灌水均匀（均匀度可达 85% 以上）；微灌能适时、适量地向植物根区供水、供肥，还可以调节株间温度和湿度，不易造成土壤板结，为植物生长发育提供良好条件，利于提高产量和质量。三是适应性强，操作方便。可根据不同的土壤渗透特性调节灌水速度，适用于山区、坡地、平原等各种地形条件。

地下灌溉　将灌溉水引入地面以下一定深度，通过土壤毛细管作用湿润根区土壤，以供作物生长需要。这种灌溉方式亦称渗灌，适用于上层土壤具有良好毛细管特性，而下层土壤透水性弱的地区，但不适用于土壤盐碱化的地区。地下灌溉可减少表土蒸腾损失，水分利用率高，与常规沟灌相比，一般可增产 10%~30%。

膜上灌溉　是一种适用于地膜种植的灌溉方法。能够将田面水经过放苗孔或专用渗水孔，只灌作物，属于局部灌溉，减少了沟灌的田面蒸发和局部深层渗漏。据试验，膜上灌溉比沟灌节水 25%～30%，水的利用率可达 80% 以上，并有明显的增产效果。

8.5.2　集水蓄水

沟垄覆盖集中保墒　平地（或坡地沿等高线）起垄后拍实，农田呈沟、垄相间状态，紧贴垄面覆盖塑料薄膜，降雨时雨水顺薄膜集中于沟内，渗入土壤深层。沟要有一定深度，保证有较厚的疏松土层，降雨后要及时中耕以防板结，雨季过后要在沟内覆盖秸秆，以减少蒸腾失水。

等高耕作种植　沿等高线筑埂，埂高和带宽的设置既要能有效地拦截径流，又要节省土地和劳动力。适宜等高耕作种植的山坡要厚 1m 以上，坡度 6°～10°，带宽 10～20m。

微集水面积种植　鱼鳞坑种植是其中之一。在一小片植物或一株树周围，筑高 15～20cm 的土埂，坑深 40cm，坑内土壤疏松，覆盖杂草，以减少蒸腾。

8.5.3　地面覆盖

沙田覆盖　沙田覆盖在中国西北干旱、半干旱地区十分普遍，它是用细沙甚至砾石覆盖于土壤表面，抑制蒸发，减少地表径流，促进自然降水充分渗入土壤中，从而起到增墒、保墒作用。此外，沙田覆盖还有压碱、提高土壤温度、防御冷害的作用。

秸秆覆盖　在两茬植物间的休闲期或植物生育期，利用秸秆、绿肥等覆盖于已翻耕或免耕的土壤表面。可以将秸秆粉碎后覆盖，也可将整株秸秆直接覆盖。播种时将秸秆扒开，形成半覆盖形式。

地膜覆盖　有提高地温、防止水分蒸发、稳定耕层含水量的作用，从而有显著增产效果。

化学覆盖　利用高分子化学物质制成乳状液，喷洒到土壤表面，形成一层覆盖膜，抑制土壤水分蒸发，起到增湿保墒作用。

8.5.4　中耕和镇压

雨后或灌水后及时中耕，能切断上、下土层之间的毛细管的联系，减少土壤水分蒸发。在疏松、漏风跑墒的土壤上，镇压也是保墒的有效措施。

单元小结

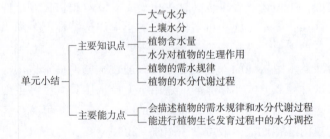

知识拓展

世界先进的三大灌溉模式

1. 以色列模式

以色列是一个水资源严重紧缺的国家，人均水资源占有量只有365m^3。以色列的灌溉面积为22万hm^2，农业用水量为12.58亿m^3，占总供水量的62%。为了提高灌溉水利用率，所有的灌溉农田都采用了喷灌或滴灌技术，使灌溉水平均利用率达到90%。以色列的滴灌面积占其全部灌溉面积的2/3。采取的其他措施还有：水量计量、水价政策、灌溉过程的计算机管理和遥控、水肥同步施用(fertigation)。这些措施使单位面积的平均灌溉水量由1975年的8700m^3/hm^2降为1995年的5500m^3/hm^2，同时在农业总用水量不增加的情况下农业产出增长了12倍。

2. 法国模式

法国的水资源总量为1010亿m^3，人均水资源占有量为3300m^3。农业用水量为24亿m^3，占总供水量的21%。虽然法国的水资源较为丰富，但时空分布极其不均匀，在部分地域和时域上存在水资源紧缺的问题。法国建设了良好的灌溉设施，有完善的灌溉服务体系和管理体制。在现有的238万hm^2灌溉面积中，111万hm^2为现代灌溉面积，占总灌溉面积的47%。现代灌溉以喷灌为主，面积89万hm^2，占现代灌溉面积的80%。

3. 美国模式

美国的灌溉面积为1999万hm^2，其中1111万hm^2为沟灌，占灌溉面积的55.6%，喷灌和滴灌面积占灌溉面积的27%，地下灌溉技术也得到了应用。为了促进现代灌溉农业技术的应用，美国引入了如下几项措施：研究将用虹吸管引水灌溉的灌区改为喷灌、滴灌等现代灌溉的限制条件；将自动控制技术用于灌区配水调度，配水效率可由过去的80%增加到96%；在加利福尼亚州开展为期10年的非充分灌溉研究；开展为期5年的城镇生活污水灌溉研究；进行灌溉农业结构调整，将灌溉农业由水资源紧缺的地区转移到水资源丰富的地区。

实践教学

实训8-1 空气湿度测定

【实训目的】

了解表示空气湿度的各种物理量，掌握空气湿度的测定方法。

【材料及用具】

干球温度表、湿球温度表、通风干湿表、毛发湿度表等；学校栽培基地及日光温室。

【方法与步骤】

分小组进行操作：

(1)将干、湿球温度表垂直挂在小百叶箱内的温度表支架上，左边是干球温度表，右边是湿球温度表。在没有百叶箱的情况下，干、湿球温度表也可以水平放置，但干、湿球温度表的球部必须防止太阳辐射和地面反辐射的影响以及雨、雪的侵袭，保持在空气流通的环境中。绝对禁止把干、湿球温度表放在太阳光直接照射的环境下测定空气湿度。观测时间以北京时间为准,每天分别在7:00、13:00、17:00各观测一次,记录干、湿球温度表的读数。根据干球温度表和湿球温度表的读数差,可查算出绝对湿度、相对湿度和露点温度。也可用毛发湿度表测定空气的相对湿度。

(2)讨论各种生态因子对空气湿度的影响,并形成小组报告。

(3)小组汇报。

【作业】

1. 按要求撰写实验报告,准确记录操作步骤及测定结果。
2. 利用空气相对湿度查算表查算相对湿度并填于表8-7中。

表8-7 相对湿度查算结果

观测仪器	干球温度(℃)	湿球温度(℃)	干湿差(℃)	相对湿度(%)
百叶箱干湿表(基地)				
百叶箱干湿表(温室)				

【考核评估】

着重考核操作过程中的主动性和完成实训任务的科学性、小组成员的配合与协调性、实训报告的完整性和创新性。操作过程成绩占50%,小组汇报成绩占10%,个人实训作业成绩占40%。

实训8-2 植物蒸腾强度测定(钴纸法)

【实训目的】

蒸腾强度是植物水分生理的重要指标之一,学会采用钴纸法快速测定植物的蒸腾强度,可为鉴定植物抗旱性提供参考依据。

【材料及用具】

电热恒温干燥箱、电子分析天平(感量0.0001g)、剪刀、镊子、培养皿、烧杯、滤纸;5%氯化钴($CoCl_2$)溶液[称取5g 氯化钴($CoCl_2$)溶于70mL 蒸馏水,定容至100mL];各种植物叶片。

【方法与步骤】

1. 钴滤纸的制作:用普通滤纸剪成1cm×1cm 的小方块,用5% $CoCl_2$ 溶液中浸泡5min 后取出沥干水分,在60~80℃烘箱中烘干,即为实验用钴滤纸(呈蓝色)。

2. 取烘干后的钴滤纸称量,然后立刻贴于叶表面并盖上1.2cm×1.2cm 的方形塑料片,用透明胶带于四周密封。30min 后,取出钴滤纸(呈粉红色)迅速称量。两次的钴滤纸质量差即为叶表的失水量。重复操作3次。

3. 以单位面积叶表面在单位时间内的失水量表示叶片的蒸腾速率,单位为$mg/(cm^2 \cdot d)$。

4. 分小组讨论各种生态因子对蒸腾强度的影响,并形成小组报告。

5. 小组汇报。

【作业】

按要求撰写实验报告,比较不同植物叶片的蒸腾强度并分析原因。

【考核评估】

着重考核操作过程中的主动性和完成实训任务的科学性、小组成员的配合与协调性、实训报告的完整性和创新性。操作过程成绩占 50%，小组汇报成绩占 10%，个人实训作业成绩占 40%。

思考题

1. 什么是大气湿度？生产上如何表示大气湿度的大小？
2. 什么是水汽凝结？需要什么条件？结果是什么？
3. 什么是水分临界期？生产上如何判断植物的需水量？
4. 水对植物有哪些生理作用？
5. 怎样减少植物的蒸腾作用？
6. 简述植物渗透吸水的原理。
7. 简述园林植物灌水的时间和方法。

单元 9　植物生长与光照

学习目标

知识目标
1. 了解昼夜及日照长度的变化。
2. 了解光污染及其对植物的影响。
3. 熟悉光照强度、光质、日照时间长短对植物生长发育的影响。

技能目标
1. 能结合当地种植的植物，正确进行光环境状况评价，并提出光环境调控措施。
2. 能够利用气象观测的各种设备进行光照因子的测定。
3. 会对光照的日变化和年变化规律进行分析。

课前预习
1. 光对植物形态及发育有什么作用？
2. 光照对花色及花期有什么影响？
3. 光照对植物产量有什么影响？

9.1　光合作用的意义及影响因素

绿色植物吸收光能，把二氧化碳和水转化为有机物并释放氧气的过程，称为光合作用。

$$CO_2 + H_2O \xrightarrow[\text{叶绿体}]{\text{光}} (CH_2O) + O_2$$

9.1.1　光合作用的意义

(1) 光合作用是生命活动的物质和能量来源

绿色植物通过光合作用合成有机物，其规模是非常巨大的。据估计，每年植物约同化 7×10^{11} t 二氧化碳，合成 5×10^{11} t 有机物。绿色植物合成的有机物不仅用以满足植物本身生长发育的需要，也是整个生物界中其他生物的食物来源。人类生活所必需的粮、棉、油、菜、果、茶、药和木材等都是与光合作用有关的产物。

绿色植物通过光合作用将无机物转化为有机物的同时，将光能转变为贮藏在有机物中的化学能。据估算，植物每年通过光合作用同化的太阳能为 7.1×10^{18} kJ。这个数量约为全人类所需能量的 100 倍，占照射到地球上的太阳能的 0.1%。因此，光合作用是一个规模巨大的能量转换过程。工农业生产和日常生活所需要的动力约 90% 是依靠煤、石油、天然气、泥炭以及薪材等取得的，而这些都是植物通过光合作用积累的。

(2) 光合作用维持大气中氧和二氧化碳含量的相对稳定

如果没有光合作用每年向大气释放的 4.6×10^{11} t 氧气，大气的含氧量不可能达到 21%。因此，绿色植物被认为是自动的空气净化器。当前绝大部分的好氧动植物，在地球上产生光合作用以后，才具备发展的条件。

总之，光合作用是生物界最基本的物质代谢和能量代谢过程。

9.1.2 影响光合作用的因素

光合作用是一个十分复杂的生理过程，它是在植物内部和外界条件的综合作用下进行的。因此，内、外条件的变化都会影响光合作用强弱。

(1) 影响光合作用的主要内因

植物种类　不同植物种类的光合作用速率有很大差异。在森林树种中光合速率特别高的有被子植物如杨树、苹果、白蜡和桉树，裸子植物如北美黄杉、落叶松和水杉。果树种间的差异，依次是苹果>梨>樱桃>李。在木本植物中甚至同属的种间光合速率也常有显著差异。

生育期　植物一生中光合速率的变化与生育期有关。一般植物的光合速率随着生育期的进展而逐渐提高，到现蕾开花阶段达到高峰，以后随着植株的衰老，光合速率也下降。对于一年生植物来说，不同生育期的光合速率，一般表现为营养生长中期最高，到生长末期就下降。木本植物光合速率不但有一生中不同生育期的变化，还随着一年中各个季节而变化。裸子植物，春天随气温的升高，光合能力逐渐增加，秋天则逐渐下降。落叶被子植物，春天的光合能力随新叶的生长而迅速加大，夏季光合速率不变，夏末叶子衰老，光合速率迅速下降，落叶前趋于零。

叶龄与叶位　新长出的嫩叶，光合速率低。随着幼叶生长，叶绿体发育，叶绿素含量与酶活性增加，光合速率不断上升；当叶片长至面积和厚度最大时，通常光合速率也达到最大值。以后，随着叶片衰老，叶绿素含量与酶活性下降，同时叶绿体内部结构解体，光合速率下降。

同一叶片，不同部位上测得的光合速率往往不一致。例如，禾本科植物叶尖的光合速率比叶的中下部低，这是因为叶尖部较薄且易早衰。

(2) 影响光合作用的主要外因

①光照　光是光合作用的动力，也是形成叶绿素、叶绿体以及整个叶片的必要条件，光还能调节酶的活性与气孔的开合，因此光直接制约着光合作用速率的高低。光照因素包括光照强度、光质与光照时间，这些对光合作用有深刻的影响。

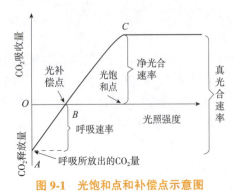

图 9-1 光饱和点和补偿点示意图

光照强度　在一定范围内，光合作用速率随着光照强度的增强而加快，但光照增加到一定强度，光合作用速率不再加快，这种现象称为光饱和现象。开始饱和时的光照强度称为光饱和点。黑暗中叶片不进行光合作用，只进行呼吸作用释放 CO_2。随着光照强度的增加，光合作用速率相应提高，当达到某一光照强度时，叶片的光合速率等于呼吸速率，即 CO_2 吸收量等于释放量，这时的光照强度称为光补偿点，净光合速率为零，如图 9-1 所示。光补偿点高的植物一般光饱和点也高，草本植物的光补偿点与光饱和点通常都高于木本植物，喜光植物的光补偿点与光饱和点高于阴生植物。

光质　在太阳辐射中，植物光合作用可利用的部分是波长范围 400~700nm 的可见光，因此复色光（即白光）下，光合速率最快；单色光中，红光下光合速率最快，蓝紫光次之，绿光最差。树木的叶片吸收红光和蓝紫光较多，故透过树冠的光线中绿光较多，由于绿光是光合作用的低效光，因而会使树冠下本来就光照不足的植物利用光能的效率更低，"大树底下无丰草"就是这个道理。

光照时间　对放置于黑暗中一段时间的材料（叶片或细胞）照光，起初光合速率很低或为负值，当光照一段时间后，光合速率才逐渐上升并趋于稳态。从照光开始至光合速率达到稳态值这段时间，称为光合滞后期，或称光合诱导期。一般整个叶片的光合滞后期为 30~60min，去表皮叶片、细胞、原生质体等光合组织的光合滞后期约 10min。将植物从弱光下移至强光下，也有类似情况出现。由于照光时间的长短对植物叶片的光合速率影响很大，因此在测定光合速率时要让叶片充分预照光。

② CO_2 浓度　CO_2 是光合作用的原料，因此空气中的 CO_2 浓度对光合作用有决定性的影响。空气中的 CO_2 含量平均为 340μL/L，从植物的光合作用需求来说，这个浓度是比较低的。当光照充足时，CO_2 浓度往往成为提高光合速率的限制因子。光合速率随 CO_2 浓度增加而升高，当光合速率与呼吸速率相等时，环境中的 CO_2 浓度即为 CO_2 补偿点。当 CO_2 浓度在补偿点以上时，随着 CO_2 浓度的增加，光合速率几乎呈直线上升，但到一定浓度后，光合速率增长减慢。随着 CO_2 浓度再增高，则光合速率不再增加，这时的 CO_2 浓度称为 CO_2 饱和点。大多数植物的 CO_2 饱和点不超过 3000μL/L。如果 CO_2 浓度超过 6000μL/L，光合作用就会受到抑制，甚至使植物遭受毒害。

在生产实践中，人为增加温室空气中的 CO_2 浓度（也称 CO_2 施肥）可显著提高光合速率，增加光合产物积累，有利于植物生长。

③温度　光合作用过程中的暗反应是由酶所催化的化学反应，因而受温度的影响。光合作用的温度有一定范围和三基点。光合作用的最低温度（冷限）和最高温度（热限）下表观光合速率为零，而能使光合速率达到最高的温度被称为光合最适温度。低温时叶绿体超微结构受到破坏，酶促反应缓慢，气孔开闭失调，光合作用受抑制。温度高于光合作用的最适温度时，光合速率明显地表现出随温度上升而下降，这是由于高温引起催化暗反应的有关酶钝化、变性甚至遭到破坏，同时高温还会导致叶绿体结构发生变化和受损，并且高

温下叶片的蒸腾速率增高，叶片失水严重，造成气孔关闭，使二氧化碳供应不足，这些因素的共同作用，必然导致光合速率急剧下降。

在生产实践中要注意控制环境温度，避免高温与低温对光合作用的不利影响。玻璃温室与塑料大棚具有保温与增温效应，能提高光合生产力，已被普遍应用于冬、春季的蔬菜栽培。

另外，水分、矿质元素也会直接或间接影响光合速率。土壤水分太多，通气不良，妨碍根系吸收水分，从而间接影响光合作用；雨水淋在叶片上，一方面遮挡气孔，影响气体交换，另一方面使叶肉细胞处于低渗状态，也会使光合速率降低。植物生长需要氮素和矿质营养元素，其中 Fe、Cu、Mn、Zn 参与叶绿素的合成，K^+ 和 Ca^{2+} 调节气孔开闭，K 和 P 促进光合产物的转化与运输等，它们对光合作用都有明显的影响，缺乏这些元素时光合作用不能正常进行。因此，保证植物的矿质营养也是促进光合作用高效进行的重要措施。

9.2 光对植物生长发育的影响

地球上几乎所有的生命活动所必需的能量都直接或间接地来源于太阳光，太阳光是一切绿色植物生存和生长发育的重要条件之一。光对植物生长发育的影响主要体现在以下几个方面。

9.2.1 光谱成分对植物生长发育的影响

太阳辐射的主要成分是紫外线、可见光和红外线，不同波长的光具有不同的性质，对植物生长发育具有不同的作用。

植物对光能的利用是从光合色素对光的吸收开始的，而光合色素对光的吸收具有明显的选择性。太阳光谱中只有可见光能被植物吸收利用。其中，波长 640~660nm 的红光、430~450nm 的蓝紫光是被叶绿素吸收最多的部分，具有最大的光合活性；波长 400~450nm 的蓝紫光能被类胡萝卜素所吸收；红橙光和黄绿光能被藻胆色素吸收；而绿光为生理无效光。

一般短波长的光如蓝紫光、紫外线会抑制植物的伸长生长，使植物形成矮粗的形态，并且引起植物的向光敏感性、促进花青素等植物色素的形成。比较典型的是高山上的植物矮小且生长缓慢，一部分原因可能就是紫外辐射的抑制作用。长波长的光如红光、红外线有促进植物伸长生长的作用，红橙光有利于叶绿素的形成，促进种子萌发。波长 660nm 的红光和波长 730nm 的远红光会影响长日照植物和短日照植物的开花。

光谱成分随空间变化的规律是：短波光随纬度的增加而减少，随海拔高度的增加而增加。光谱成分随时间变化的规律是：冬季长波光较多，夏季短波光较多；一天之内中午短波光较多，早、晚长波光较多。

9.2.2 光照强度对植物生长发育的影响

光照强度通过影响植物的气孔开闭、蒸腾强度、光合速率及产物的转化运输等生理过程，对植物的生长发育产生影响，主要表现在种子萌发、营养生长、生殖生长等方面。此外，秋季光照充足，植物光合能力强，有利于糖分积累，提高植物的抗寒能力。

(1) 光照强度对种子萌发的影响

不同植物的种子萌发对光照条件的要求各不相同。有的植物种子需要在光照条件下才能发芽，如紫苏、胡萝卜、桦树等的种子；有的植物种子需要在遮阴的条件下才能发芽，如百合科植物的种子；而多数植物的种子只要温度、水分、氧气条件适宜，有无光照均可发芽。

(2) 光照强度对营养生长的影响

光照强度影响着植物的光合作用，而光合作用合成的有机物质是植物生长发育的物质基础，因此，细胞的分裂和伸长，植物体积的增大、质量的增加，都与光照强度有紧密的联系。适当弱光有利于植物的营养生长。

(3) 光照强度对生殖生长的影响

适当强光有利于植物生殖器官的发育。若光照减弱少，营养物质积累减少，花芽的形成也减少，已经形成的花芽也会由于体内养分供应不足而发育不良或早期脱落。因此，为了保证植物的花芽分化及开花结果，必须保持充足的光照。

9.3 植物对光的适应

植物长期生长在一定的光照条件下，在其形态结构及生理特性上表现出一定的适应性，进而形成了与光照条件相适应的不同生态类型。

(1) 植物对光照强度的适应类型

通常按照植物对光照强度的适应程度将其划分为 3 种类型：喜光植物、阴生植物、耐阴植物。

喜光植物 指在全光照或强光下生长发育良好，在遮阴或弱光下生长发育不良的植物。喜光植物需光量一般为全日照的 70% 以上，多生长在旷野和路边等阳光充足的地方，如紫薇、紫荆、梅花、白兰花、含笑、一品红、迎春花、木槿、玫瑰、瓜叶菊、菊花、五色椒、三叶草、千日红、鹤望兰、大花马齿苋、香石竹、向日葵、唐菖蒲、蒲公英等。

阴生植物 指在弱光条件下能正常生长发育，或在弱光下比在强光下生长良好的植物。阴生植物需光量一般为全日照的 5%～20%，在自然群落中常处于中、下层或生长在潮湿背阴处，如罗汉松、杜鹃花、枸骨、瑞香、八仙花、六月雪、棕竹、椒草、万年青、文竹、一叶兰、吊兰、玉簪、石蒜等。

耐阴植物 是介于喜光植物与阴生植物之间的植物。其一般对光的适应范围较大，在全日照下生长良好，也能忍耐适当的遮阴，或在生育期间需要较轻度的遮阴。大多数植物属于此类，如红松、水曲柳、罗汉松、肉桂、月季、桔梗等。

(2) 植物对日照长度的适应类型

由于长期适应不同光照周期，有些植物需要在长日照条件下才能开花，而有些植物则需要在短日照条件下才能开花。根据植物对光周期的不同反应，可把植物分为以下 4 类：长日照植物、短日照植物、中日照植物、日照中性植物。具体参见 6.1.2。

9.4 光环境调控在植物生产中的应用

不同种类植物在生长发育过程中要求的光照条件不同，植物生长的光环境调控主要是利用光对植物的生态效应和植物对光的生态适应性，通过调控光照时间和光照强度调整植物的生长发育，提高植物的栽培质量及观赏价值，更好地满足人类日益增长的生产、生活需要。其在生产中的应用具体体现在以下几个方面。

9.4.1 花期调控

(1) 提早或延迟供花

利用人工控制日照长短的方法可提早或推迟开花时间，这在花卉栽培上很重要。

在长日照条件下，缩短短日照植物的日照时间，可使其提早开花。如原产于墨西哥的短日照花卉一品红在北京地区的正常花期是 12 月下旬。一般单瓣品种在 8 月上旬开始遮光处理，8:00 打棚，17:00 遮严，每天日照时间为 8~10h，经过 45~55h，10 月 1 日就可开花，满足国庆节造景的需要。又如菊花的正常花期通常在 10 月以后，为了达到观赏的目的，可人为创造短日照条件使其在六七月，甚至在劳动节开花；也可通过延长日照时间或利用光进行暗期间断、施肥和摘心等，使菊花延迟到元旦或春节期间开花。

在短日照条件下，适当延长长日照植物(如瓜叶菊、唐菖蒲、晚香玉等)的光照时间，也可促其提前开花。采取相反的措施，则会延迟开花时间。

(2) 改变开花习性

调节光照时间还可改变植物的开花习性。如昙花本应在夜间开花，从绽蕾到怒放再到凋谢一般只有 3~4h。如果在花蕾长到 6~10cm 时，白天遮光，夜间用日光灯进行人工照明，经过 4~6d 处理，可以使其在 8:00~10:00 开花，而且延长至 17:00 左右凋谢。

9.4.2 引种

从异地引进新的植物种或品种时，首先要了解被引种植物的光周期特性。如果原产地与引入地区光周期条件差异太大，就有可能因生育期太长而不能成熟，或者因生育期太短而产量过低。

我国南方的长日照植物和短日照植物的临界日长一般比北方的要短一些，生长季节中春、夏季的长日照在偏南地区比偏北地区出现得要晚一些，夏、秋季的短日照在偏南地区比偏北地区出现得要早一些。一般来说，短日照植物南种北引，生长期会延长，开花期推后；北种南引，生长期会缩短，开花期提前。长日照植物刚好相反，南种北引，生长期会缩短，开花期提前；北种南引，生长期会延长，开花期推后。因此，对于收获果实和种子的植物在引种时必须考虑引进后能否适时开花结实。短日照植物南种北引应引早熟品种，北种南引应引晚熟品种；长日照植物南种北引应引晚熟品种，北种南引应引早熟品种。以大豆为例，南方大豆在北京种植时，从播种到开花的时间延长，枝叶繁茂，但由于开花期晚(广州的品种'番隅豆'在北京种植大约在 10 月 15 日才开花)，此时天气已冷，结实率低，产量不高。东北大豆在北京种植，从播种到开花的时间很短，植株很小就开花,产量也不高。

同纬度地区的日照长度相同,若海拔高度相近,则温度差异一般不大。因此,如果其他的生长条件合适,相互引种比较容易。

9.4.3 育种

(1) 克服花期不遇的困难

控制花期在育种上对解决种间或种内杂交亲本花期不遇的问题也是很重要的。例如,利用人工控制日照长短的方法使双方亲本同时开花,便于进行杂交,扩大远缘杂交范围。又如,甘薯是短日照植物,在北方种植时,由于当地日照长,不能开花,所以不能进行有性杂交育种,但若利用人工遮光的方法,使每天的光照时间缩短到 8~9h,一两个月即开花。

在进行甘薯杂交育种时,可人为缩短光照时间,使甘薯开花整齐,以便进行有性杂交,培育新品种。

(2) 缩短育种周期

育种所获得的杂种常需要培育很多年才能得到一个品种,通过人工光周期诱导使花期提前,在一年中就能培育 2 代或多代,从而缩短育种时间,加速良种繁育的进程。如将冬小麦于苗期连续光照进行春化,移植后给予长日照条件,就可以使生长期缩短为 60~80d,一年之内就可以繁殖 4~6 代。

根据我国气候多样的特点,可进行植物南繁北育。例如,短日照植物玉米、水稻均可在海南岛繁育种子,然后在北方种植;长日照的小麦、油菜等,夏季在黑龙江或青海繁育种子,冬季在云南繁育种子,能做到一年内繁育 2~3 代。需注意的是,同一植物的不同品种对光周期反应的敏感性不同,所以在育种时,应注意亲本光周期敏感性的特点,一般选择敏感性弱的亲本,其适应性强些,有利于良种的推广。

9.4.4 延长植物营养生长期

收获营养器官的植物,如果开花结实,会降低营养器官的产量和品质,因而需要防止或延长这类植物开花。如甘蔗有些品种是短日照植物,在短日照来临时,可用光照来间断暗期,以抑制甘蔗开花。一般只需在午夜用强的闪光进行处理,就可继续维持营养生长而不开花,使甘蔗的茎产量提高,含糖量也增加。又如麻类中的黄麻、洋麻等属于短日照植物,其开花结实会降低纤维的产量和质量,生产上常采用延长光照或南麻北引的方法来延迟开花。例如,河北省从浙江省引种黄麻,浙江省从广东省引种黄麻,由于植物要求的短日照在偏北地区出现得较晚,就能延迟开花,延长营养生长期,增加株高,提高产量。

9.4.5 促进休眠与促进生长

日照长度对温带植物的春季萌动、秋季落叶和冬季休眠等有着一定的影响。长日照可以促进植物萌动生长,短日照有利于植物秋季落叶和冬季休眠。利用北方树种对光周期的敏感性,可使它们在寒冷或干旱等特定环境因素到达临界点之前进入休眠。

在植物育苗过程中调节光照条件,可提高苗木的产量和质量。在高温、干旱地区,应对苗木适当遮阴,但在气候温暖、雨量多的地区,对一些植物特别是喜光植物进行全光育苗,更能促进生长。在有条件的地方,通过人工延长光照时间促进苗木生长,可取得显著的效果。例如,在连续光照下,可使欧洲赤松苗木高生长加速5倍,而且苗木的直径和针叶也增长很多。需注意的是,许多植物的幼苗发育阶段要进行弱光处理,光照强度过大容易发生灼伤。

9.4.6 植物配置

掌握植物对光环境的生态适应类型,在植物的配置中非常重要。只有了解植物是喜光的还是耐阴的,才能根据环境的光照特点进行合理种植,做到植物与环境的和谐统一。如城市高大建筑物阳面和背光面的光照条件差异很大,在其阳面应以喜光植物为主,在其背光面应以阴生植物为主。在较窄的东西走向楼群中,道路两侧的树木配置不能一味追求对称,南侧树木应选耐阴树种,北侧树木应选喜光树种。否则,必然会造成一侧树木生长不良。

单元小结

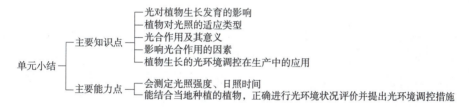

知识拓展

1. 光谱与植物生长

试验表明,不同波长的光对植物生长有不同的影响。如可见光中的蓝紫光与青光对植物生长及幼芽的形成有很大作用,这类光会抑制植物的伸长而使其形成粗矮的形态;同时,蓝紫光也是支配细胞分化最重要的光谱成分;蓝紫光还能影响植物的向光性。紫外线可使植物体内某些生长激素的形成受到抑制,从而抑制了茎的伸长;紫外线也能引起向光性,并与可见光中的蓝紫光和青光一样促进花青素的形成。可见光中的红光和不可见光中的红外线都能促进种子或者孢子的萌发和茎的伸长,红光还可以促进二氧化碳的分解和叶绿素的形成。

2. 光照强度与水生植物

光的穿透性限制着植物在海洋中的分布,只有在海洋表层的透光带内,植物的光合作用合成量才能大于呼吸作用消耗量;在透光带的下部(补偿点),植物的光合作用合成量刚好与呼吸作用消耗量相平衡;如果海洋植物的浮藻类沉降到补偿点以下,而又不能很快地回升到表层,这些海藻便会死亡。在一些特别清澈的海水或湖水中,补偿点可以在深达几百米处,但这是很少见的。

实 践 教 学

实训 9-1　太阳辐射强度观测

光照强度大小取决于可见光的强弱，一天中正午最大，早、晚小；一年中夏季最大，冬季最小。而且，随纬度增加，光照强度减小。照度计是测定光照强度（简称照度）的仪器，它是利用光电效应的原理制成的。整个仪器由感光元件（硒光电池）和微电表组成。当光线照射到感光元件后，感光元件即将光能转换为电能，反映在电流表上。电流的强弱与照射在感光元件上的光照强度呈正相关，因此电流表上测得的电流值经过换算即为光照强度。为了方便，把电流计的数值直接标成对应的照度值，单位是勒克斯（lx）。

【实训目的】

熟悉照度计（图 9-2）的构造和原理，并能利用照度计进行光照强度的测定。

图 9-2　照度计

【材料及用具】

照度计、笔（铅笔或钢笔）、白纸等。

【方法与步骤】

分小组进行操作：

(1)熟悉照度计的结构。以 ST-80C 数字照度计为例，其由测光探头和读数单元两部分组成。读数单元左侧有"电源""保持""照度""扩展"等操作键。

(2)选择操场上阳光直射的位置、树林内、田间、日光温室等场所，用照度计测量光照强度，并记录测定结果至表 9-1 中。

①操作规程

a. 压拉后盖，检查电池是否装好。然后调零，方法是完全遮盖探头光敏面，检查读数单元是否为零。不为零时，仪器应检修。

b. 按下"电源""照度"和任一量程键（其余键抬起），然后将大探头的插头插入读数单元的插孔内。

c. 打开探头护盖，将探头置于待测位置，光敏面向上，此时显示窗口显示数字，该数字与量程因子的乘积即为光照强度值。

d. 如欲将测量数据保持，可按下"保持"键（注意：不能在未按下量程键前按"保持"键）。读完数后应将"保持"键抬起恢复到采样状态。

e. 测量完毕将电源键抬起（关闭），再用同样方法测定其他测点光照强度值。全部测完则抬起所有按键，小心取出探头插头，盖上探头护盖，将照度计装盒带回实训室。

②质量要求

a. 根据光的强弱选择适宜的量程按键。

b. 电缆线两端严禁拉动而松脱，测点转移时应关闭电源键，盖上探头护盖。

c. 测量时，探头应水平放置，使光敏面向上，并应避免人为遮挡等影响。

d. 每个测点连测 3 次，取平均值。

表 9-1 光照强度测定结果

测点	次数	读数	选用量程	光照强度值	平均值
操场上阳光直射的位置	1				
	2				
	3				
树林内	1				
	2				
	3				
田间	1				
	2				
	3				
日光温室	1				
	2				
	3				

（3）讨论各种生态因子对光照强度的影响，并形成小组报告。

（4）小组汇报。

【作业】

按要求撰写实验报告，准确记录操作步骤及测定结果。

【考核评估】

着重考核操作过程中的主动性和完成实训任务的科学性、小组成员的配合与协调性、实训报告的完整性和创新性。操作过程成绩占 50%，小组汇报成绩占 10%，个人实训作业成绩占 40%。

实训 9-2　当地植物生长的光环境状况综合评价

光照资源是农业气候资源的重要组成部分，影响着一个地区的种植制度、作物布局、植物的引种及植物的生长状况。了解一个地区的光环境状况，有利于充分利用当地的光照资源，提高光能利用率。

我国是光照资源非常丰富的国家，根据各地接受太阳总辐射量的多少，可将全国划分为 5 类地区。一类地区为我国光照资源最丰富的地区，年太阳辐射总量 6680~8400MJ/m²，年日照时数 3200~3300h，包括宁夏北部、甘肃北部、新疆东部、青海西部和西藏西部等地。二类地区为我国光照资源较丰富的地区，年太阳辐射总量为 5852~6680MJ/m²，年日照时数 3000~3200h，包括河北西北部、山西北部、内蒙古南部、宁夏南部、甘肃中部、青海东部、西藏东南部和新疆南部等地。三类地区为我国光照资源中等类型的地区，年太阳辐射总量为 5016~5852MJ/m²，年日照时数 2200~3000h，主要包括山东、河南、河北东南部、山西南部、新疆北部、吉林、辽宁、云南、陕西北部、甘肃东南部、广东南部等地。四类地区为我国光照资源较差的地区，年太阳辐射总量 4180~5016MJ/m²，年日照时数 1400~2000h，包括湖南、湖北、广西、江西、浙江、福建北部、广东北部、陕西南部、安徽南部等地。五类地区为我国光照资源最差的地区，年太阳辐射总量 3344~4180MJ/m²，年日照时数 1000~1400h，包括四川大部分地区和贵州。其中，一、二、三类地区年日照时数大于 2000h，年太阳辐射总量高于 5000MJ/m²，是我国光照资源丰富或较丰富的地区，且面积较大，占全国总面积的 2/3 以上，具有利用光照资源的良好条件。四、五类地区虽然光照资源条件较差，但仍有一定的利用价值。

【实训目的】

调查当地的光照资源状况及植物生长状况，并对植物生长的光环境进行正确的评价。

【材料及用具】

钢笔、笔记本等。

【方法与步骤】

分小组进行：

(1) 调查当地的光照资源状况。

① 到当地气象局有关部门调查当地各月的太阳辐射总量，以及太阳辐射量全年平均值、高值区和低值区，并找出规律，分析可利用的太阳辐射量。

② 到当地气象局有关部门调查当地年平均日照时数，最大值和最小值分布地区及相应日照时数，分析一年四季的日照情况。

③ 调查温室内的年日照时数、生长季内的光照资源及各月的太阳辐射总量。调查数据要准确、清晰（表 9-2 至表 9-4）。

(2) 调查当地的植物利用光能的状况。

① 利用当地植物志或到有关部门查询当地木本植物的种类（包括野生种和栽培种），分析木本植物利用光能的情况。

② 调查当地草本植物的种类（包括野生种和栽培种），并进一步调查当地的种植制度，分析草本植物对光能的利用情况。

要求：调查出植物的种类及每种植物完成一个生长周期需要的光照资源情况。

(3) 根据调查结果对植物生长的光环境状况进行综合评价。

① 分析当地的光资源是否被充分利用，如果没有，提出有效利用的措施。

② 分析当地生长的植物、种植制度是否充分利用了光照资源，如果没有，提出有效的改进措施。

③ 分析日光温室内生长的花卉、蔬菜等植物对光能的利用情况。

(4) 小组汇报。

【作业】

按要求撰写实验报告，准确记录操作步骤及测定结果。

【考核评估】

着重考核操作过程中的主动性和完成实训任务的科学性、小组成员的配合与协调性、实训报告的完整性和创新性。操作过程成绩占 50%，小组汇报成绩占 10%，个人实训作业成绩占 40%。

表 9-2 ××地区年日照时数

地点	时数(h)	地点	时数(h)	地点	时数(h)

表 9-3 ××地区温室生长季内的光照资源

地点	光照强度(lx)	日照时数(h)	太阳辐射量(MJ/m^2)

表 9-4 ××地区各月太阳辐射总量　　　　　　　　　　W/m^2

地点	月份											
	1	2	3	4	5	6	7	8	9	10	11	12

思考题

1. 举例说明光照强度对植物的生态作用。
2. 根据植物开花对光周期的不同反应，可将植物分为哪几类？举例说明。
3. 产生光合作用"午睡"现象的可能原因有哪些？如何缓和"午睡"程度？
4. 什么是光周期现象？举例说明植物的主要光周期类型。
5. 不同波长的光对植物有哪些生态作用？
6. 在苗圃中为什么要合理调控苗床光照？
7. 光合作用与呼吸作用的区别是什么？

单元 10　植物生长与温度

学习目标

▶▶ 知识目标

1. 了解温度在植物生命活动中的作用以及温周期现象。
2. 掌握温度对植物生长的影响。
3. 熟悉植物的感温性。
4. 掌握气温的变化规律及其与农业生产的关系。

▶▶ 技能目标

1. 能熟练测定当地土壤温度和空气温度。
2. 能对植物生长的温度环境进行调控。
3. 会正确使用温度计等设备。

课前预习

1. 植物如何感知温度？
2. 温度对地球上植物的分布有何影响？
3. 气温对农业生产有何影响？

10.1　植物与温度的生态关系

温度是影响植物生长发育的重要因子之一。植物在其整个生命周期中所发生的一切生理生化作用，都必须在一定的温度条件下进行。

10.1.1　植物生长的三基点温度

植物生长具有最低温度、最适温度和最高温度 3 个基点温度。植物在最高和最低温度下会停止生长发育，但仍能维持生命。如果继续升高或降低温度，就会对植物产生不同程度的危害甚至导致植物死亡。所谓生长最适温度，一般是指植物生长最快时的空气温度。在生产实践中，若要培育健壮的植株，常常要求温度比生长最适温度略低。因为在生长最适温度下,虽然植物生长很快,但由于物质消耗太快,植物比在较低温度下生长得弱。

不同种类的植物,生长所要求的温度范围是不相同的,一般与植物的地理起源有关。分布在北极地区或高山上的植物,可在0℃或10℃以下生长,最适温度一般很少超过1℃。大部分原产于温带的植物,在5℃或10℃以下不会有明显的生长,其生长最适温度通常在25~35℃,生长最高温度是35~40℃。大多数热带和亚热带植物的生长温度范围要更高一些。表10-1所列为几种常见植物的生长温度三基点。

表 10-1 几种植物的生长温度三基点   ℃

植物名称	最低温度	最适温度	最高温度	植物名称	最低温度	最适温度	最高温度
一品红	5~10	27~33	40~44	君子兰	3~8	24~30	35~40
吊兰	0~5	25~31	31~37	向日葵	5~10	31~37	37~44
菊花	5~10	27~33	31~38	仙人掌类	10~15	37~44	44~50

同一植物从生长的初期经开花到结实的过程中,生长最适温度是逐渐上升的。这种要求与春季到早秋的气温变化相适应,因此播种太晚会由于生长期温度太高使作物衰弱而降低产量。同样,夏季如果温度不够高,就会影响作物生长而延迟成熟。

10.1.2　植物对温度环境的适应

植物生长环境中的温度是不断变化的,既有规律的周期性变化,又有无规律的变化。如昼夜温度和四季温度的变化等都是有规律的温度变化,而夏季的炎热和冬季的冻害发生时的温度变化都是无规律的、没有周期性的。植物会对其生长环境的温度变化产生一定的适应性或抗性。

(1)植物对低温的适应

长期生长在低温环境中的植物,通过自然界的选择,在形态和生理功能方面表现出很多明显的适应性。

在形态方面的表现:有芽的叶片上有油脂类物质保护,芽有鳞片,器官表面盖有蜡粉和密毛,树皮有较发达的木栓组织,植株矮小等,这些都有利于抵抗严寒。

在生理功能方面主要是原生质的改变。一方面是细胞中的水分减少,使细胞液浓度增大;另一方面是淀粉水解,也使细胞液浓度增大,从而防止质壁分离的发生和蛋白质的凝固。有些植物的叶片中叶红素增加,吸收红外线,提高了叶片温度。处于休眠状态下的植物表面形成了酯类化合物,水分不易通过,可以抵抗冻害的发生。

(2)植物对高温的适应

植物对高温的生态适应也表现在形态和生理功能两个方面。

在形态方面,有些植物体具有密生的茸毛、鳞片,有些植物体呈白色、银白色,叶片革质发亮等。有些植物叶片垂直排列,叶缘向光;有些植物如苏木的一些品种在气温高于35℃时,叶片折叠,以减少光的吸收面积,避免热害。有些植物的根、茎表面具有很厚的木栓层,起隔绝高温、保护植物体的作用。

在生理功能方面,主要表现为:细胞内糖或盐的浓度增大,同时含水量降低,使细胞内原生质浓度增大,增强了原生质抗凝结的能力;细胞内水分减少,使植物代谢减慢,同样增强了抗高温的能力；生长在高温强光下的植物大多具有旺盛的蒸腾作用，由于蒸腾而使体温比气温低，避免高温对植物的危害。有些植物具有反射红外线的能力，植物反射的红外线越多，就越不容易在高温下因过热而受害。

(3) 植物的感温性

植物的感温性是指植物长期适应环境温度的规律性变化，形成其生长发育对温度的感应特性。不同植物在不同发育阶段对温度的要求不同，大多数植物生长发育过程中需要一定时期的较高温度，且在一定的温度范围内随温度升高而生长发育速度加快。植物在较高温度的刺激下发育加快，即感温性较强。

春化作用是植物的感温性的另一种表现。许多秋播植物(如三色堇)在其营养生长期必须经过一段时间的低温诱导才能转为生殖生长(开花结实)。根据其对低温范围和时间的要求不同，可将其分为冬性类型、半冬性类型和春性类型3类。

冬性类型植物的春化作用必须经历低温，春化时间也较长，如果没有经过低温条件，则植物不能进行花芽分化和开花，一般为晚熟或中晚熟品种。半冬性类型植物的春化对低温的要求介于冬性与春性类型之间，春化时间相对较短，一般为中熟或早中熟品种。春性类型植物的春化对低温的要求不严格，春化时间也较短，一般为极早熟、早熟和部分早中熟品种。

(4) 植物的温周期现象

在自然条件下气温呈周期性变化，许多植物适应温度的这种节律性变化，并通过遗传成为其生物学特性的现象，称为植物的温周期现象。其主要是指昼夜温周期现象。昼夜的温度变化对植物影响较大，在植物生长的适宜温度下，昼夜温差越大，对植物的生长发育越有利。白天的温度高，有利于光合作用，而夜晚的温度低，减少了呼吸作用对养分的消耗，因此净积累较多，植物枝叶茂盛，开花繁茂，产品质量高。

(5) 植物对温度适应的生态类型

根据植物对温度的适应性，一般可将植物分为以下5种类型：

耐寒的多年生植物 这类植物的地上部分能耐高温，但一到冬季则地上部分枯死，而以地下部分的宿根越冬，一般能耐0℃以下的低温。如菊花、大花萱草、玉簪、石竹、鸢尾、晚香玉、麦冬、葱兰等。

耐寒的一、二年生植物 这类植物能忍受$-2 \sim -1$℃的低温，短期内可耐$-10 \sim -5$℃的低温。如紫罗兰、鸡冠花、二月蓝、羽衣甘蓝、瓜叶菊、牵牛花、凤仙花等。

半耐寒植物 这类植物不能忍耐长期$-2 \sim -1$℃的低温。在长江流域以南均能露地越冬，在华南各地还能冬季露地生长。如茉莉花、九里香、仙客来、蟹爪兰、芦荟、君子兰、报春花、蒲包花、文竹、鸳鸯茉莉等。

喜温植物 这类植物的最适温度为20~30℃，当温度超过40℃时几乎停止生长；当温度在10~15℃时，又会出现授粉不良，落蕾、落花增加。如米兰、珠兰、白兰花、大岩桐、西鹃、一品红、扶桑、竹节海棠等。

耐热植物 这类植物在30℃左右光合作用最旺盛，在40℃的高温下仍然能够生长。无论是在华南还是华中地区，都是春播而夏、秋收获，在一年中温度最高的季节生长。如红桑、变叶木、竹芋类、芭蕉属、凤梨类、多数仙人掌类、大多数天南星科植物等。

10.2 温度对植物生长发育的影响

植物的生长发育是以一系列的生理生化活动为基础的，而这些生理生化活动受温度的影响。温度环境决定了植物种类的分布，也对其生长发育产生重要影响。

10.2.1 土壤温度对植物生长发育的影响

(1) 影响植物根系对水分、养分的吸收

在植物生长发育过程中，随着土壤温度的增加，根系吸水量也逐渐增加。低温减少了植物对多数养分的吸收，以30℃和10℃下48h短期处理进行比较，低温影响植物对矿质养分吸收的顺序是磷、氮、硫、钾、镁、钙；但长期冷水灌溉降低土壤温度3~5℃，则影响顺序为镁、钾、钙、氮、磷。

(2) 影响植物块茎、块根的形成

土壤温度高低还会影响植物地下贮藏器官的形状大小及含糖量等。如马铃薯苗期土壤温度高，植株生长旺盛但并不增产。中期若土壤温度高于28.9℃，不能形成块茎；以15.6~22.9℃最适于块茎形成，形成的块茎个数少而体积大；土壤温度低时，块茎个数多而体积小。土壤温度日较差和垂直梯度大，块茎呈圆形；反之，呈尖形。马铃薯的退化也与栽培期的土温有关。

(3) 影响植物种子发芽、出苗

土壤温度对种子发芽、出苗的影响比气温更直接。种子发芽对土壤温度有一定要求，如适合绿萝种子发芽的温度为21~27℃，适合矮牵牛种子发芽的温度为22~24℃。

另外，土壤温度的高低影响土壤微生物的活动、土壤气体的交换、土壤水分的蒸发、土壤矿物质的溶解及有机质的分解、地下害虫的发生发展等，从而间接对植物的生长发育产生影响。如当10cm土壤温度达到6℃左右时，金针虫开始活动；当土壤温度达到17℃左右时活动旺盛并危害种子和幼苗。

10.2.2 空气温度对植物生长发育的影响

(1) 气温日变化对植物生长发育的影响

气温日变化对植物的生长发育及产量和品质的形成有重要意义。植物的生长和产品品质在有一定昼夜变温的条件下比恒温条件下要好。如我国西北地区的瓜果含糖量高、品质好，与气温日较差大有密切关系；在青藏高原种植的萝卜比内地的萝卜大得多，小麦的千粒重也特别高，也与青藏高原的气温日较差大有着直接的关系。在高纬度地区，在较低气温下，气温日较差大有利于种子发芽；在较高气温下，气温日较差小有利于种子发芽。气温的日变化影响还与温度高低有关。

(2) 气温年变化对植物生长发育的影响

温度的年变化对植物生长发育也有很大影响。如四季如春的云南高原由于缺少夏季高温，有些植物的种子不能充分成熟，但在平均气温相近、有夏季高温的湖北却生长良好。

此外，气温的变化还会引起植物环境中的其他因子如湿度、土壤肥力等的变化。环境中这些因子的综合作用也会影响植物的生长发育及产品的产量和质量等。

10.2.3 极端温度对植物生长发育的影响

自然界的温度变化有些是有规律的,有些是无规律的,突然降温(低温)或突然升温(高温)都不是季节性的变温。极端温度是危及植物生命的温度,是非规律性的,包括极端高温和极端低温。极端温度对植物的伤害程度不仅取决于极端温度的强度、持续时间与受影响的外界环境条件,同时也取决于植物的活力状况、所处的生长发育阶段以及锻炼程度等。

(1) 极端低温对植物的危害

植物对低温的适应是有限度的,极端低温会对植物产生伤害,甚至会将植物冻死。不会使植物受害的最低温度称为生物学零度。超过临界温度,低温对植物的危害主要为寒害和冻害。极端低温对植物的伤害除了与温度值有关外,还与降温速度有关。快速降温易导致植物受伤害。相同条件下,降温速度越快,植物受伤害越重(表10-2)。低温持续时间长短也是决定植物受害程度的一个因素。低温期越长,植物受害越重。

表 10-2 降温速度与樱花的受害程度

降温速度	冻死率(%)
温度缓慢降到-12℃,后由-12℃迅速降到-20℃	15
温度迅速降到-12℃,后由-12℃缓慢降到-20℃	75
温度一开始就迅速下降,直到-20℃	96

植物对低温的适应实质是对低温的抵抗,这种抵抗能力是可以通过锻炼加强的。锻炼时常先对植物增大光照强度或延长光照时间,使植物积累丰富的糖分及其他产物,然后逐步降温,使植物进入抗低温锻炼。经锻炼后,植物的抗寒性大大提高。这一过程一般可分为3个阶段进行:第一阶段在略高于0℃的低温下放置数天或数星期,使原生质积累糖分和其他防护物质;第二阶段继续降温至-5~-3℃,此时经过锻炼可抵抗结冰、失水的危害;第三阶段将植物放入-15~-10℃的低温环境,使植物获得最大的抗冻能力。生产上,春季温室、温床育苗时,在露天移栽前必须先降低室温和床温,移栽后才不易受冻害。

(2) 极端高温对植物的危害

温度超过植物生长发育最适宜的温度范围后再继续上升,就会对植物产生伤害,使植物生长发育受阻甚至死亡。高温胁迫引起植物的伤害称为热害。植物受热害后,会出现各种病征:叶片出现明显的水渍状烫伤斑点,随后变褐、坏死;叶绿素破坏严重,叶色变为褐黄;木本植物树干(尤其是向阳部分)干燥、裂开;鲜果(葡萄、番茄等)灼伤,有时甚至整个果实死亡;出现雄性不育、花序或子房脱落等异常现象。高温对植物的伤害分为直接伤害和间接伤害两种。

极端温度灾害的防御

防御寒潮、霜冻灾害,可以采用露天增温加热、加覆盖物、设风障、搭建拱棚、秸秆熏烟等方法保护育苗地。对需要越冬的植物,除选择优良抗冻品种外,还要加强霜冻前的管理，如在秋季喷多效唑，霜冻前1~2d在育苗地喷施磷肥等，可以大大提高植物的抗冻能力。此外，还可以改善育苗地的生态条件，如提高播前整地质量，入冬前及时松土、反复镇压，尽量使土壤达到上虚下实；适时浇封冻水，以稳定地温。

对于热害的防御，主要是夏季通过灌溉和保墒等措施，增加植物的水分供应，满足植物生长发育所需要的水分；叶面喷施波尔多液或石灰水，也可减少日灼病的发生。

10.3　常见温度调控的措施

合理调控环境的温度有利于植物的生长发育。常见的调控措施主要有：合理耕作、地面覆盖、灌溉排水、设施增温、应用物理化学制剂等。

(1) 合理耕作

农业生产常采用耕翻松土、镇压、垄作等耕作措施。耕作改良了土壤的结构，并改善了土壤的温度和水分状况。

耕翻松土　作用主要有疏松土壤、通气增温、调节水汽、保温保墒等。松土的增温效应表现为松土使土壤表层粗糙，反射率小，吸收太阳辐射增加。白昼或暖季，热量积聚于表层，温度比未耕地高，而下层温度则比未耕地低；夜间或冷季，疏松土对表层是降温效应，对深层是增温效应。在春季，特别是早春，地温低是影响植物生长的主要因素，及时松土可以提高表层土温，增大日温差，保持深层土壤水分，增加土壤氧气含量，有利于种子发芽出苗，以及幼苗长叶、发根和积累有机养分。

镇压　目的在于压紧土壤，破碎土块。镇压以后土壤孔隙度较小，土壤热容量、导热率随之增大。因而土表温度日变幅小。特别是在降温季节，镇压过的土壤温度比未镇压的高。此外，镇压可以使土块破碎，弥合土壤裂缝，在寒流袭击时可有效防止冷风渗入土壤危害植物根系。镇压还可以起到提墒的作用。镇压后土壤的容量加大，增加了表土层的毛管上升水供应，因而使耕作层内土壤湿度提高。在播种季节，播种以前先"踩格子"，再点种，目的就是接通地下毛管，使下层水分上升到上层，起到提墒作用，保证种子正常发芽。

垄作　目的在于增大受光面积，提高土壤温度，有利于喜温植物、喜光植物(如棉花)的生长。在温暖季节，垄作可以提高表土层温度，有利于种子发芽和出苗。垄作的增温效应受季节和纬度等因素影响。暖季增温，冷季降温；高纬度地区增温效果明显，低纬度地区不明显；晴天增温明显，阴天增温不明显；干土增温明显，潮土反而降温；南北走向的垄比东西走向的垄其垄背两侧土壤温度分布均匀，日变化小；表土增温比深层土壤明显。

此外，垄作在多雨季节有利于排水抗涝改善通气状况，减轻病害。

(2) 地面覆盖

地面覆盖对土壤温度的调控作用很大，也是生产上常用的措施。农业生产中常见的覆盖方式有地膜覆盖、秸秆覆盖、有机肥覆盖、铺砂覆盖等。

地膜覆盖　一般覆盖地膜后地温比外界地温高5~10℃，最低温度比露地温度高2~4℃。增温效果以透明膜最好，绿色膜次之，黑色膜最差。地膜增温作用在植物幼苗期明显，封垄后不明显。

秸秆覆盖 利用秸秆或杂草覆盖，也是调节温度的主要方法之一。在北方秋、冬季，利用植物秸秆或从田间割除的杂草覆盖，可以抵御冷风袭击，减少土壤水分蒸发，防止土壤热容量降低，利于保温和深层土壤热量向上运输。

有机肥覆盖 在地面上施用有机肥，因增加了对太阳辐射的吸收而起增温作用。

铺砂覆盖 在农田上铺一层10cm厚的卵石和粗砂。铺砂前土壤耕翻施肥，铺后数年乃至几十年不再耕翻。铺砂能够有效地抑制土壤水分的蒸发，防止土壤盐碱化。铺砂后保水效果明显，温度、湿度条件得到改善。铺砂后增温效应，春季小，夏季大；浅层大，深层小。

另外，无纺布浮面覆盖、遮阳网覆盖等已普遍推广，其主要作用是调温、保墒、抑制杂草等。

(3) 灌溉排水

灌溉地因热容量和导热率都比较大，土壤温度变化幅度比未灌溉地小，因而不致骤冷骤热。实践中常根据气温变化采取排灌措施，以达到增温、保温或降温的目的。

灌溉 在寒冷季节，灌溉可以提高地温，防止冻害的袭击。华北地区一般在元旦前后对越冬植物进行灌溉，这是防止冻害的有效措施。在高温阶段，由于灌溉使地面蒸发耗热显著增加，削弱空气的增温作用，因此灌溉地气温比未灌溉地低。即在高温季节，灌溉可以降低田间气温，防止高温灼伤植物。

此外，灌溉还可以改善农田小气候环境。春灌可以抗御干旱，防止低温危害；夏灌可以缓解伏旱、降温，并减轻干热风危害；秋灌可以缓解秋旱，防止寒露风危害；冬灌可以为植物的安全越冬创造条件。

排水 在含水量过大的土壤中，土壤温度不易提高，特别在北方的春季，不利于植物返青。采用排水措施降低含水量，可以减小土壤热容量和导热率。白天接受的太阳辐射能向下传导的速度减小，且热容量小，土壤表层的温度升高较快。夜晚，深层土壤的热容量以辐射的形式向大气散失的也较少，为春季植物返青提供了热量保证。适当降低含水量不仅可以提高地温，还可以促使土壤养分转化和分解，创造良好的土壤结构和通气性。

(4) 设施增温

设施增温是指在不适宜植物生长的寒冷季节利用增温或者防寒设施，人为地创造适于植物生长发育的小气候条件以利于植物进行生长。设施增温采用的设施主要有智能化温室、加温温室、日光温室和塑料大棚。

(5) 应用化学制剂

不同的季节使用的化学制剂类型不同，在冷季使用增温剂，在高温季节使用降温剂。

增温剂 主要是一些工业副产品中的高分子化合物，如造纸副产品或石油剂等。这种物质稀释后喷洒于地面，与土壤颗粒结合形成一层黑色的薄膜，这种薄膜也称为液体地膜。液体地膜由于颜色深，吸收性较好，同时还有保水性，可减少水分蒸发，从而保湿存热，提高温度。

液体地膜可使5~15cm土壤的地温升高1~4℃，还可以提高土壤含水量，特别是蒸发量大于30%的土壤其含水量可提高10%~20%。此外，液体地膜还可以提高土壤中的微生物及生物酶的活性，促进土壤养分的转化和利用。这种地膜一般60d就可以降解，降解后可以转化成有机肥，改善土壤结构特性，并且减少了"白色污染"。例如，液体地膜用于棉花上，可显著提高幼苗质量，增加皮棉产量10.7%。应用于玉米生产时，出苗率最高比对照提高5.6%，5cm地温平均比对照提高15.3%，玉米产量提高幅度可达1.5%~6.2%。在水稻、蔬菜、花卉育苗中施用时，可提前出苗5~10d。

降温剂 在高温季节，为了避免植物灼伤，要用降温剂。降温剂实质上是白色反光物质，它具有反射强、吸收弱、导热差以及与化学物质结合的水分释放出来时吸收热量而降温的特征，一般可使晴天14:00的地面温度降低10%~14%，有效期维持20~30d，可有效防止热害、旱害的发生。

单元小结

知识拓展

园林植物对气温的调节——降温调节

植物可明显减缓小环境温度的升高。植物可通过反射阳光，减少太阳光对地面的直接辐射量，从而产生明显的降温效果。一般植物叶片对太阳光的反射率为20%左右，对红外光（热辐射）的反射率可高达70%。不同树种的降温效果差异较大，这与树冠的大小、枝叶的密度和叶片的质地有关。据萨哈夫测定，只有5.2%的太阳辐射透过冷杉的树冠，6.5%的太阳辐射透过楝树的树冠。在附近有建筑物的地方，树冠不仅阻挡了太阳光的直接辐射，而且阻挡了建筑物墙面对太阳光的反射。

植物除可直接反射太阳辐射外，还可通过蒸腾作用消耗大量热量，达到降温的效果。

实践教学

实训10-1 空气温度测定

【实训目的】

了解普通温度表、最高温度表、最低温度表、温度计的构造和原理，掌握空气温度的测定方法。

【材料及用具】

干球温度表、湿球温度表、最高温度表、最低温度表、毛发湿度表等。

【方法与步骤】

分小组进行操作：

(1)在小百叶箱内安置干球温度表、湿球温度表、最高温度表、最低温度表和毛发湿度表，箱内有一个固定的铁架，干球温度表、湿球温度表球部向下垂直插在铁架横梁两端的环内，干球温度表在东，湿球温度表在西，球部中心距地1.5m。湿球温度表球部包扎一段纱布，纱布下端浸入水杯内，杯口距球部3cm。毛发湿度表固定在铁架横梁的弧形钩上。最高温度表在上，最低温度表在下，球部向东，球部中心离地面分别为1.53m和1.52m。在大百叶箱内将温度表置于前下方，感应部分中心离地1.5m，湿度表置于后上方。

观测时按照干球温度表、湿球温度表、毛发湿度表、最高温度表、最低温度表和温度计的顺序进行。干球温度表、湿球温度表每天观测4次(北京时间2:00、8:00、14:00、20:00)，最高温度表、最低温度表每天20:00观测1次。记录读数后做时间记号。

每天14:00换纸，换纸时先做记录。拨开笔档，取下自记纸，记上终止时间，然后上好发条，将填写好日期的新自记纸裹在钟筒上，卷紧，水平对齐，底边紧贴筒底缘并固定好。转动钟筒使笔尖对准记录开始时间，拨回笔档做时间记号，盖上盒盖。

(2)讨论各种生态因子对空气温度的影响，并形成小组报告。

(3)小组汇报。

【作业】

按要求撰写实训报告，准确记录操作步骤及测定结果。

【考核评估】

着重考核操作过程中的主动性和完成实训任务的科学性、小组成员的配合与协调性、实训报告的完整性和创新性。操作过程成绩占50%，小组汇报成绩占10%，个人实训作业成绩占40%。

实训10-2　土壤温度测定

【实训目的】

了解地面温度表、曲管地温表、插入式地温表的构造和原理，掌握土壤温度的观测方法。

【材料及用具】

地面温度表、曲管地温表、插入式地温表等。

【方法与步骤】

分小组进行操作：

(1)将地面温度计安置于气象观测场南部，地温观测场面积为4m×6m。小气候地温观测，观测仪器随观测目的而定，注意土壤疏松、平整无杂。将地面的3支温度表球部和一半表身埋入土中，另一半表身置于外部，保持清洁，轮流观测，并填写地温观测记录表(表10-3)。

(2)讨论各种生态因子对土壤温度的影响，并形成小组报告。

（3）小组汇报。

【作业】

按要求撰写实训报告，准确记录操作步骤及测定结果。

【考核评估】

着重考核操作过程中的主动性和完成实训任务的科学性、小组成员的配合与协调性、实训报告的完整性和创新性。操作过程成绩占 50%，小组汇报成绩占 10%，个人实训作业成绩占 40%。

表 10-3　地温观测记录表

_____年_____月_____日　　　℃

地面温度表			浅层地温表（曲管地温表）			
0cm 温度表	最低温度表	最高温度表	5cm 温度	10cm 温度	15cm 温度	20cm 温度

思考题

1. 植物在形态和生理上是如何适应高温的？
2. 土壤温度过低或过高为什么对根系吸水不利？
3. 提高光能利用率的途径有哪些？
4. 农业生产中的温度调控措施有哪些？
5. 树干涂白有什么作用？
6. 植物对城市气温有哪些调节作用？

单元 11　植物生长与矿质营养

🌲 学习目标

》知识目标

1. 掌握植物必需矿质元素的种类、生理作用及主要缺素症。
2. 掌握植物必需矿质元素的判断标准及确定方法,以及合理施肥的生理基础等。
3. 理解植物对矿质元素的吸收和运输的原理、特点。
4. 掌握常见的无机肥料与有机肥料。

》技能目标

1. 能识别植物必需矿质元素主要缺素症状,并能根据肥料特性正确使用。
2. 能根据植物的需肥指标进行合理施肥。
3. 能识别与使用常见的肥料。

🌲 课前预习

1. 植物生长需要哪些矿质元素?
2. 植物如何吸收、运输与转化矿质元素?
3. 市场上常见的化学肥料和有机肥料有哪些?

11.1　植物必需矿质元素及其生理作用

植物要维持正常的生长和发育,不仅需要从空气中吸收 CO_2 和 O_2,还需要从土壤中吸收水和各种矿质元素。矿质元素因来源于地下各类矿石中而得名。

11.1.1　植物必需元素判断标准及确定方法

(1) 必需元素的相关概念

将植物材料放在105℃的条件下烘干水分后得到的部分称为干物质,其中包含无机物和有机物。将干物质放在600℃条件下充分燃烧,有机物被烧掉,有机物中的碳(C)、氢(H)、氧(O)、氮(N)等元素以 CO_2、H_2O、N_2、NH_3、SO_2 和氮的氧化物等气体形式挥发掉。余下不能挥发的部分是无机物，又称为灰分。灰分的化学组成是各种矿质元素的氧化物，灰分中的元素称为灰分元素或矿质元素。氮不是矿质元素，也不含在灰分中，但因为与其他矿质元素一样是植物从土壤中吸收获取的，故通常把氮素列入植物的矿质养分中。

据灰分分析，植物体内的矿质元素种类很多，地壳中存在的元素几乎都可在不同的植物中找到，已发现70种以上的元素存在于不同的植物中。不同种类植物所含矿质元素的量有较大差异，通常表现为盐生植物大于陆生植物，陆生植物高于水生植物，成年植株高于幼年植株，同一植物体内不同器官、不同部位的矿质元素含量也有差异（表11-1）。

表11-1 陆生植物体及各部分的灰分含量基本值

项目	植物整株	种子	木本茎	草本根、茎	叶
灰分占干重(%)	5~12	3	1	4~5	10~15

(2) 植物必需元素判断标准

Arnon和Stout(1939)提出，植物的必需元素必须符合下列3个标准：植物完成整个生长周期不可缺少的；在植物体内的功能是不能被其他元素代替的；直接参与植物的代谢作用。上述3个标准目前看来是基本正确的，因此普遍被人们所接受。

(3) 植物必需元素的确定方法

天然土壤成分复杂，其中的元素成分无法控制，因此用土培法无法确定植物必需元素。确定植物必需元素常用的方法有溶液培养法和砂基培养法。溶液培养法也称水培法，是在含有全部或部分营养元素的溶液中栽培植物的方法。砂基培养法又称砂培法，是在洗净的石英砂或玻璃球等中，加入含有全部或部分营养元素的溶液来栽培植物的方法。研究植物必需的矿质元素时，可在人工配成的混合营养液中除去某种元素，观察植物的生长发育和生理特性的变化。如果植物发育正常，就表示这种元素是植物不需要的；如果植物发育不正常，但当补充该元素后又恢复正常状态，即可断定该元素是植物必需的。

借助于溶液培养法或砂基培养法，已经证明来自水或CO_2的植物必需元素有碳、氧、氢3种，来自土壤的有氮、钾、钙、镁、磷、硫、硅7种，植物对这些元素需要量相对较大（大于10mmol/kg干重），因此称为大量元素或大量营养；其余氯、铁、硼、锰、钠、锌、铜、镍和钼9种元素也是来自土壤，植物需要量极微（小于10mmol/kg干重），稍多即发生毒害，故称为微量元素或微量营养。

有些元素虽然不是所有植物的必需元素，但是某些植物的必需元素，如硅是禾本科植物的必需元素。还有一些元素能促进植物的某些生长发育，被称为有益元素，常见的有钠、硅、钴、硒、钒、稀土元素等。

11.1.2 植物必需矿质元素的生理作用

必需矿质元素在植物体内的生理作用概括起来有4个方面：作为细胞结构物质的组成成分，如N、S、P等；作为植物生命活动的调节者，参与酶的活动，如K^+、Ca^{2+}；起电化学作用，即参与离子浓度的平衡、氧化还原、电子传递和电荷中和，如K^+、Fe^{2+}、Cl^-；作为细胞信号转导的第二信使，如Ca^{2+}。有些大量元素同时具备上述两三个方面的作用，但大多数微量元素只具有酶促功能。

(1) 大量元素的生理作用

①氮(N) 植物的根主要吸收无机态氮，即铵态氮和硝态氮，也可吸收小分子有机态氮，如尿素。

主要生理功能：氮是蛋白质、核酸、磷脂的主要成分，而这三者又分别是原生质、细胞核和生物膜等细胞结构物质的重要组成部分，如果没有氮素，就不会有蛋白质，也就没有生命；氮是酶、ATP(三磷酸腺苷)、多种辅酶和辅基[如 NAD^+ (辅酶Ⅰ)、$NADP^+$ (辅酶Ⅱ)、FAD(黄素腺嘌呤二核苷酸)等]的成分，它们在物质和能量代谢中起重要作用；氮还是某些植物激素如生长素和细胞分裂素、维生素等的成分，它们对生命活动起调节作用；氮是叶绿素的成分，与光合作用有密切关系。

②磷(P) 植物的根吸收磷的形式是 $H_2PO_4^-$、HPO_4^{2-}，磷在幼嫩的组织和种子中含量多。

主要生理功能：磷是核酸、核蛋白和磷脂的主要成分，并与细胞分裂、细胞生长有密切关系，在植物的遗传变异中具有重要的作用。磷是许多辅酶如 NAD^+ (辅酶Ⅰ)、$NADP^+$ (辅酶Ⅱ)等的成分，也是ATP(三磷酸腺苷)和ADP(二磷酸腺苷)的成分，在糖代谢、氮代谢和脂肪代谢中起着非常重要的作用；磷参与糖类的代谢和运输，如磷对维持叶绿体的结构和功能有重要作用，当植物缺磷时，光合作用明显受到抑制，影响糖类的合成与运输；磷对氮代谢有重要作用，如硝酸还原有 NAD 和 FAD(黄素腺嘌呤二核苷酸)的参与，而磷酸吡哆醛和磷酸吡哆胺则参与氨基酸的转化；磷与脂肪转化有关，脂肪代谢需要 NAD^+、NADPH、ATP、CoA(辅酶A)的参与，可提高细胞结构的水化度和胶体束缚水的能力，减少细胞水分损失。磷充足时，植物的抗旱、抗寒和耐酸碱的能力提高，促进花芽分化和缩短花芽分化的时间，使植物提早开花，提前成熟。

③钾(K) 植物的根吸收钾的形式是 K^+，在土壤中以 KCl、K_2SO_4 等盐类形式存在，为易流动性元素。

主要生理功能：钾在细胞内可作为 60 多种酶的活化剂，如丙酮酸激酶、果糖激酶、苹果酸脱氢酶、淀粉合成酶、琥珀酰 CoA 合成酶、谷胱甘肽合成酶等。因此，钾在糖类代谢及蛋白质代谢中起重要作用，可促进蛋白质与糖类的合成，并能促进糖类向贮藏器官运输。钾是构成细胞渗透势的重要成分，对气孔的开放有着直接的作用，使植物经济有效地利用水分。钾充足时，植物对干旱、低温、盐害等不良环境的忍受能力和抗病能力大为增强。由于钾能够促进纤维素和木质素的合成，因而使植物茎粗壮，抗倒伏能力增强。钾常被认为是"品质元素"，可促进果实着色，提高果实中糖类、维生素含量，改善糖酸比，提升果实风味。

④钙(Ca) 植物的根吸收钙的形式为 Ca^{2+}，在土壤中以 $CaCl_2$、$CaSO_4$ 等盐类形式存在。

主要生理功能：钙在磷脂分子之间形成结构桥，将磷脂分子联结起来，使细胞膜结构稳定，并维持细胞膜的渗透性；在植物体内以果胶酸钙的形态存在，是构成细胞壁中胶层的组成成分，增强细胞间的黏结作用；植物体内许多酶均以 Ca-CaM-酶的复合体形式被激活；钙能中和植物代谢过程中形成的有机酸，有调节植物体内 pH 的作用，能降低原生质胶体的分散度，有利于植物的正常代谢；钙能与某些离子(如 NH_4^+、H^+、Al^{3+}、Na^+)产生颉颃作用,以消除某些离子的毒害作用;钙还能减弱果实的呼吸作用,增加果实硬度,提高耐贮藏性。

⑤镁(Mg) 植物的根吸收镁的形式为Mg^{2+},镁进入植物体内后,一部分形成有机化合物,一部分以离子状态存在。

主要生理功能:镁是叶绿素和植素的组成成分,缺镁时,叶绿素不能形成,光合作用无法进行;镁是多种酶的活化剂,能加速酶促反应,促进糖类的代谢过程;镁能促进脂肪和蛋白质的合成,能使磷酸转移酶活化,还能促进维生素A和维生素C的形成,提高蔬菜和果品的品质。

⑥硫(S) 植物吸收硫的形式为SO_4^{2-},在土壤中以$(NH_4)_2SO_4$、K_2SO_4等盐类形式存在。

主要生理功能:硫是构成蛋白质(包括酶)不可缺少的成分,参与植物体内的氧化还原过程,影响呼吸作用、脂肪代谢、氮代谢、光合作用以及淀粉的合成;参与根瘤菌的形成与固氮,提高种子产量和质量。

(2)微量元素的生理作用

①铁(Fe) 主要以Fe^{2+}或其螯合物的形式被植物吸收。铁在植物内处于被固定状态,不易移动。

主要生理功能:铁是光合作用必不可少的元素。铁虽然不是叶绿素的成分,但铁元素营养不足时,会使叶绿素的合成受到阻碍。铁氧还蛋白(Fd)是一个含铁的电子转移蛋白,存在于叶绿体中(植物体内全铁的80%含在叶绿体中),参与了光合作用、硝酸还原、生物固氮等的电子传递。铁也是植物有氧呼吸不可缺少的细胞色素氧化酶、过氧化氢酶、过氧化物酶等的组成成分。

②硼(B) 植物以H_3BO_3的形式吸收硼元素,在花柱和柱头中含量较多。

主要生理功能:加强植物的光合作用,促进光合产物的正常运转,改善各个器官的营养物质供应;加速花的发育,增加花粉数量,促进花粉粒的萌发和花粉管的生长,有利于受精和种子的形成;促进植物分生组织中细胞的分化过程,影响细胞分裂和伸长;提高植物的抗旱、抗寒能力。

③锰(Mn) 主要以Mn^{2+}的形式被植物吸收。

主要生理功能:锰是维持叶绿体结构的必需营养元素,能促进植物的光合作用;催化许多呼吸酶(如异柠檬酸去氢酶、苹果酸脱氢酶、C-羧化酶等)的活性,参与呼吸作用;参与硝酸还原过程。锰充足时,促进种子萌发及幼苗早期生长,还能促进多种植物花粉管伸长。

④锌(Zn) 植物吸收锌的形式为Zn^{2+},在植物体内为易移动的元素。

主要生理功能:参与吲哚乙酸的合成,吲哚乙酸对分生组织的生长起重要作用;锌是植物体内多种酶如谷氨酸脱氢酶、苹果酸脱氢酶、磷脂酶、碳酸酐酶等的组成成分,在植物体内物质水解、氧化还原过程、蛋白质和糖类合成中起作用。锌充足时,植物的耐寒性、耐热性、耐旱性、抗盐性增强;促进作物生长发育,改变籽实与茎秆的比例,增加作物的经济产量,提高作物品质。

⑤铜(Cu) 植物吸收铜的形式为Cu^{2+},铜在植物体内为不易移动的元素。

主要生理功能：铜是多酚氧化酶、抗坏血酸氧化酶、细胞色素氧化酶等的成分，也是光合反应电子传递链中质体蓝素（PC）的成分，因此铜与呼吸作用和光合作用有关。铜对植物体内的病原微生物有抑制作用，可用硫酸铜或铜制剂对植物进行杀菌或消毒。

⑥钼（Mo）　以钼酸盐（MoO_4^{2-}）的形式被植物吸收，在植物体内为不易移动的元素。

主要生理功能：钼是固氮酶中铁钼蛋白的重要组成成分，在生物固氮中具有重要作用；是硝酸还原酶的组成成分，参与硝酸还原过程；参与磷酸代谢，促进无机磷向有机磷转化；促进植物体内维生素C的合成。钼可增强植物抵抗病毒病的能力，如使烟草对花叶病具有免疫性，又如使患有萎缩病的桑树恢复健康。

⑦氯（Cl）　植物吸收氯的形式为Cl^-，在植物体内为易移动的元素。

主要生理功能：促进水的光解放氧，参与光合作用；根和叶的细胞分裂需要氯；氯能降低细胞水势，提高原生质的水合度，调节气孔开张；氯对抑制病害有一定作用。

⑧镍（Ni）　植物吸收镍的形式为Ni^{2+}。

主要生理功能：镍是脲酶、氢酶的金属辅基，对植物氮代谢有重要作用。

11.1.3　植物必需矿质元素失衡诊断及矫治

(1) 缺素症病因分析

①土壤贫瘠　由于受成土母质和有机质含量等的影响，有些土壤中某些种类营养元素的含量偏低。

②不适宜的pH　土壤pH是影响土壤中营养元素有效性的重要因素。在pH低的土壤（酸性土壤）中，铁、锰、锌、铜、硼等元素的溶解度较大，有效性较高；在中性或碱性土壤中，则因易发生沉淀作用或吸附作用而使其有效性降低。磷在中性（pH 6.5~7.5）土壤中的有效性较高，但在酸性或石灰性土壤中则易与铁、铝或钙发生化学反应而沉淀，有效性明显下降。通常是生长在偏酸性和偏碱性土壤的植物较易发生缺素症。

③营养元素比例失调　大量施用某种营养元素，会使植物的生长量增加，从而对其他营养元素的需要量也相应提高。如果不能同时提高其他营养元素的供应量，就会导致营养元素比例失调，发生生理障碍。土壤中由于某种营养元素的过量存在而引起的元素间颉颃作用，也会促使另一种元素的吸收、利用被抑制而促发缺素症。如大量施用钾肥会诱发缺镁症，大量施用磷肥会诱发缺锌症等。

④不良的土壤性质　主要是阻碍根系扩展和危害根系呼吸。如土体的坚实、硬盘层、漂白层出现，以及母岩的存在等，均可限制根系的纵深发展，使根的养分吸收面过狭而导致缺素症。在氧化还原电位较低的水田中，产生较多的硫化氢和有机酸等有毒物质，会抑制水稻根系对养分的吸收，使磷、钾、硅等元素吸收不足，而引起缺素症。

⑤恶劣的气候条件　首先是低温，一方面影响土壤养分的释放速度，另一方面影响植物根系对大多数营养元素的吸收速度，尤以磷、钾的吸收对温度最为敏感，这是气温偏低年份早稻缺磷发僵现象更为普遍的原因；其次是多雨常造成养分淋失，中国南方酸性土壤缺硼缺镁即与雨水过多有关；最后是严重干旱，会促进某些养分的固定作用和抑制土壤微

生物的分解作用，从而降低养分的有效性，导致缺素症发生。

(2) 植物缺素症形态诊断方法

植物缺乏某种元素时，一般都在形态上表现某些特有的症状，如失绿、坏死斑点、畸形等。由于不同元素在植物体内的移动性和生理功能不同，缺素症状出现的部位和形态常有一定的特点和规律。

由于元素在植物体内移动性的难易有别，一些容易移动的元素如氮、磷、钾及镁等，当植物体内呈现不足时，就会从老组织移向新生组织，因此缺素症总是在老组织上先出现；相反，一些不易移动的元素如铁、硼、钙、钼等，缺素症则常常在新生组织上先出现。

由于不同元素生理功能的不同，其缺素症症状也不同。铁、镁、锰、锌等直接或间接与叶绿素形成有关，缺乏时一般都会出现失绿现象；磷、硼等与糖类的转运有关，缺乏时糖类容易在叶片中滞留，从而有利于花青素的形成，常使植物茎叶带有紫红色泽；硼与开花结实有关，缺乏时花粉发育和花粉管伸长受阻，不能正常受精，就会出现"花而不实"；新生组织的生长点萎缩、死亡，则是与缺乏细胞膜形成有关元素(钙、硼)使细胞分裂过程受阻碍有关；小叶病是因为缺乏锌使生长素形成不足所致等。

上述这种外在表现与内在原因的联系是形态诊断的依据。形态诊断不需要专门的仪器设备，主要凭目视判断，所以经验在其中起重要作用。正因为如此，当植物缺乏某种元素而不表现该元素的典型症状或者表现出与另一种元素的缺素症有着共同的特征时，就容易误诊。因此，采用形态诊断的同时还需配合其他的检验方法。尽管如此，这一方法在实践中仍有其重要意义，尤其是对于某些具有特异性症状的缺素症，有助于快速判定。以下是植物主要营养元素缺乏症的诊断检索表(表 11-2 至表 11-4)。

表 11-2 植物缺乏营养元素的一般症状

元素	植株	叶	根、茎	生殖器官	指示作物
氮	生长受抑制，植株矮小、瘦弱。地上部受影响较地下部明显	叶片薄而小，整个叶片呈黄绿色，严重时下部老叶几乎呈黄色，干枯死亡	根受抑制，较细小。茎细，多木质。分蘖少(禾本科)或分枝少(双子叶)	花、果穗发育迟缓。不正常的早熟。种子少而小，千粒重低	玉米
磷	植株矮小，生长缓慢。地下部分严重受抑制	叶色暗绿，无光泽或呈紫红色。从下部叶开始逐渐死亡脱落	根不发育，主根瘦长，次生根少或无。茎细小，多木质	花少、果少，果实迟熟。易出现秃尖、脱荚或落花蕾。种子小而不饱满，千粒重下降	番茄
钾	较正常植株小，叶片变褐枯死。植株较柔弱，易感染病虫害	从老叶尖端开始沿叶缘逐渐变黄，干枯死亡。叶缘似烧焦状，有时出现斑点状褐斑，或叶卷曲、显皱纹	茎细小、柔弱，节间短，易倒伏	分蘖多而结穗少。果肉不饱满，有时果实出现畸形、有棱角。种子瘦小或籽粒皱缩	玉米、番茄

（续）

元素	植株	叶	根、茎	生殖器官	指示作物
钙	植株矮小，组织坚硬。症状先发生于根部和地上细嫩部分，未老先衰	幼叶卷曲、脆弱，叶缘发黄，逐渐枯死。叶间有枯化现象	根尖和茎的分生组织受损，茎软下垂，根系生长不好，根尖细脆易腐烂、死亡。有时根部出现枯斑或裂伤	结实不好或很少结实	玉米
镁	症状出现在生长后期。植株黄化，大小没有显著变化	先从下部老叶开始缺绿，但只有叶肉变黄，叶脉仍保持绿色。以后叶肉组织逐渐变褐而死亡	变化不大	开花受抑制，花的颜色变苍白	玉米
硫	植株普遍缺绿，后期生长受抑制	幼叶黄化，成熟叶叶脉先缺绿，然后遍及全叶，严重时老叶变为黄白色，但叶肉仍呈绿色	支根少，豆科作物根瘤少。茎细长，很稀疏	开花、结实期延迟，果实减少	大豆
铁	植株矮小、黄化，失绿症状首先表现在顶端幼嫩部分	从新出叶叶肉部分开始缺绿，逐渐黄化，严重时叶片枯黄或脱落	根、茎生长受抑制。果树长期缺铁，顶部新梢死亡	果实小	花生、桃树
硼	植株矮小，症状首先出现在幼嫩部分。植株尖端发白	新叶粗糙，淡绿色，常呈烧焦状斑点。叶片变红，叶柄(脉)易折断	根粗短，根系不发达，茎脆，分生组织退化或死亡。茎及枝条的生长点死亡	蕾、花或子房脱落。果实或种子不充实，甚至"花而不实"(油菜)。果实畸形，果肉有木栓化现象	油菜、苜蓿
锰	植株矮小，缺绿	幼叶叶肉失绿，但叶脉保持绿色，显白条状，叶上常有杂色斑点	茎生长势衰弱，多木质	花少，果实重量减轻	玉米
铜	植株矮小，出现失绿现象，易感染病害	禾谷类作物叶尖失绿而黄化，以后干枯、脱落。果树(梨)上部易畸形、变色，新梢萎缩	发育不良。果树枝干上常排出树胶	谷类作物穗和芒发育不全，有时大量分蘖而不抽穗，种子不易形成	水稻、梨
锌	植株矮小，水稻常表现为缩苗	果树除叶片失绿外，在枝条尖端常出现小叶、畸形，枝条节间缩短易簇生状。玉米缺锌常出现白苗	根系生长差。严重时枝条死亡	果实小或变形，核果、浆果的果肉有紫斑	苹果、玉米
钼	植株矮小，生长缓慢，易受病虫危害	幼叶黄绿，叶脉间缺绿。老时变厚，呈蜡质，叶脉肿大，并向下卷曲。严重时叶片枯萎以致坏死	豆科作物根瘤发育不良，瘤小而少	豆科作物有效分枝和豆荚减少，百粒重下降。棉花蕾铃脱落严重。小麦灌浆差，成熟延迟，籽粒不饱满	大豆、小麦

表 11-3　植物营养缺乏症状快速判定

症状出现的部位			
老组织	不易出现斑点	缺氮：老叶黄化、早衰，新叶淡绿	
		缺磷：茎叶暗绿，少分蘖，易落果	
	易出现斑点，脉间失绿	缺钾：叶尖及边缘先枯黄、病害多、穗不齐、果实小、早衰	
		缺锌：叶小、簇生，斑点常在主脉两侧；植株矮小、早熟	
		缺镁：穗少、穗小，果实变色	
新组织	顶芽易枯死	缺钙：叶尖弯钩状粘连，菜心腐烂病	
		缺硼：茎、叶柄变粗易开裂，"花而不实"，晚熟	
	顶芽不枯死	缺硫：新叶黄化、失绿均匀，开花迟	
		缺锰：脉间失绿，有细小棕色斑点	
		缺铜：幼叶萎蔫、出现花白斑，生长缓慢，穗少、果实小	
		缺钼：叶脉间失绿，畸形，斑点布满叶片；根瘤发育不良	

表 11-4　植物营养元素过剩的一般症状

元素	过剩症状
氮	1. 叶呈深绿色，多汁而柔软，对病虫害及冷害的抵抗能力减弱； 2. 茎伸长，分蘖增加，抗倒伏性降低； 3. 根的生长虽然旺盛，但细胞少； 4. 籽实成熟推迟
磷	1. 一般不出现过剩症； 2. 营养生长停止，过分早熟，导致低产
钾	1. 虽然与氮一样可以过量吸收，但难以出现过剩症； 2. 土壤中钾过剩时，抑制了镁、钙的吸收，促使出现镁、钙的缺乏症
钙	1. 不出现钙过剩症； 2. 大量施用石灰则抑制镁、钾和磷的吸收； 3. pH 高时，锰、硼、铁等的溶解性降低，助长这些元素缺乏症发生
镁	土壤中的镁钙比高时，植物生长受到阻碍
硫	1. 一般不出现植物自身的过剩症； 2. 大量施用硫酸根肥料导致土壤酸化； 3. 南方冷浸田和其他低温、还原物质多的土壤经常发生硫化氢毒害，使水稻根系变黑，根毛腐烂，叶片有棕色斑点； 4. 近年来作为烟害的一个因素，出现了亚硫酸气体的毒害
铁	1. 水稻的还原障碍是由于吸收了亚铁离子； 2. 大量施入含铁物质，则增大了磷酸的固定，从而降低了磷的肥效
锰	1. 根变褐，叶片出现褐斑，或发生白化、变紫色等； 2. 果树异常落叶及腐殖质土壤垦为水田后发生的赤枯症，是由于锰的过剩； 3. 促进缺铁
硼	叶黄化，变褐
锌	新叶发生黄化，叶柄产生赤褐色斑点
钼	1. 植物一般不发生钼过剩症； 2. 叶片出现失绿； 3. 马铃薯的幼株呈赤黄色，番茄呈金黄色

(续)

元素	过剩症状
铜	1. 主根的伸长受阻,分枝根短小; 2. 引起缺铁; 3. 生长发育不良,叶片失绿
氯	盐害不是由于吸收了过量的氯,而是盐分浓度障碍
硅	大量施用含硅矿渣,土壤pH上升,也会对植物生长造成不良影响

(3)植物缺素症的矫治

①氮 氮素缺乏最为常见,矫正也较容易,一般只要及时追施氮肥都能迅速见效。化学氮肥大多为水溶性,所以操作简单,见效也快,一般施后3~5d可见效。尿素适于叶面喷施。

②磷 一般施用的磷肥有过磷酸钙、重过磷酸钙、钙镁磷肥、钢渣磷肥及磷矿粉等。不同的磷肥适于不同的条件,在要求迅速见效而土壤固磷力不强时,宜用水溶性磷肥;酸性的固磷力强的土壤宜用弱酸性磷肥;磷矿粉一般只宜于酸性土壤上作基肥;叶面喷施只能用水溶性磷肥。

③钾 常用化学钾肥主要是氯化钾、硫酸钾。因植物叶面对钾盐吸收速度比尿素慢,故一般不进行喷洒而以土壤施用为主。需钾较多的如薯类、棉花、玉米等用量为150~225kg/hm^2,其他作物用量一般为75~150kg/hm^2。

④钙 含钙肥料有钙盐和石灰质肥料两类,前者有氯化钙、硝酸钙等,后者有石灰石粉、生石灰、氢氧化钙等。用于缺钙症的矫治,番茄脐腐病、白菜缘腐病用0.1%~0.5% $CaCl_2$喷施。石灰氮、钙镁磷肥、硅酸钙(炉渣)等也含有较多的钙,后两种含CaO常达25%~40%,还可用于调节土壤酸碱度。

⑤镁 含镁肥料有硫酸镁、氢氧化镁、硝酸镁、氧化镁等。其中,硫酸镁水溶、速效,为常用镁盐。另外,钙镁磷肥、钾镁肥、白云石、蛇纹石也含镁。大田作物缺镁,一般以$MgSO_4 \cdot 7H_2O$作基肥施用,用量150kg/hm^{2}左右;作叶面肥喷施时,浓度为1%~2%,7~10d一次,连续数次。果园缺镁时,如果属酸性土壤,一般用白云石粉为宜,钙镁磷肥也可施用;对中性土壤,仍以$MgSO_4 \cdot 7H_2O$为宜,用量150~225kg/hm^2;对柑橘,叶面喷施硝酸镁效果较好。

⑥硫 含硫肥料除硫黄(S)属于单纯硫肥外,其余大多作为其他肥料的副成分存在,种类较多。作物中豆科植物需硫较多,禾谷类需硫较少。一般作物硫肥用量是15~30kg/hm^2。

⑦铁 含铁化合物有硫酸亚铁、硫酸铵铁、氧化铁、柠檬酸铁、螯合铁(如Fe-EDTA、Fe-DTPA)等。铁肥用法在果树上大多采取根外喷施、树干注射及浸根等。喷雾浓度,$FeSO_4$一般为0.2%~0.5%,浸根、注射浓度大体相同;如果采用土壤施肥,一般用硫酸亚铁30~45kg/hm^2,配合厩肥拌混后施用。对于大田作物,能采用的方法限于叶面喷雾和土壤施用。

由于铁在植物体内移动性极差,喷雾时只有喷雾点能够复绿,因此效果有限,即使反复喷雾也常不能完全恢复正常;又因缺铁一般发生在石灰性土壤上,对土壤施用铁盐时则极易沉淀失效。螯合铁不易被氧化沉淀,有效性较高。已被证实,在柑橘园、酸性土施

Fe-EDTA 有效，钙质土壤施 Fe-EDDHA 有效。

⑧锰　常用锰肥有硫酸锰、氯化锰、氧化锰、锰螯合物（Mn-EDTA）及锰矿渣等。矫正缺锰，叶面喷施、土壤施用均有采用。锰盐都溶于水，叶面喷施、土壤施用都可以；氧化锰、锰矿渣只能采用土壤施用。常用方法，对果树，土壤施用氧化锰 $15\sim45kg/hm^2$，喷施则用硫酸锰 $0.1\%\sim0.2\%$。

⑨硼　硼肥常用硼砂、硼酸、硼矿渣、硼镁肥等。前两种适于叶面喷施，也适于土壤施用，后两种一般土壤施用。硼肥喷雾吸收快，见效比土壤施用迅速，果树、蔬菜等都适用。浓度：硼砂、硼酸都以 $0.1\%\sim0.2\%$ 为宜，土壤施用通常 $0.3\sim7.5kg/hm^2$；需硼较多的作物如甜菜等可适当增加至 $11.25\sim15kg/hm^2$；果树可每株 $0.02\sim0.05kg$。

⑩锌　锌肥有硫酸锌、氯化锌、碳酸锌、氧化锌。前两种锌盐溶于水，喷施、土壤施用均可；后两种锌肥不溶于水，只宜土壤施用、蘸根等。用于果树缺素症矫治，无论喷雾、注射还是土壤施用，都能见效，但一般以喷施效果最好。喷施浓度一般为 $0.1\%\sim0.2\%$。

⑪铜　铜肥有硫酸铜、氯化铜、铜螯合物（Cu-EDTA）。叶片喷雾、土壤施用均可，喷雾浓度一般为 $0.1\%\sim0.4\%$，土壤施用浓度为 $1.5\sim3.0kg/hm^2$。铜容易产生药害，可以在溶液中加铜盐量一半的石灰混合施用。

⑫钼　钼肥有钼酸钠、钼酸铵、三氧化钼。前两种钼盐溶于水，叶面喷施、土壤施用均可。喷施浓度一般用 $0.01\%\sim0.03\%$。三氧化钼不溶于水，宜土壤施用，国外常有把它混于其他肥料如过磷酸钙中施用。

11.2　植物对矿质元素的吸收、运输和利用

11.2.1　植物吸收矿质元素的方式

植物对矿质元素的吸收是指矿质元素从外环境进入植物体细胞膜内的过程。植物细胞对矿质元素的吸收有3种方式：被动吸收、主动吸收和胞饮作用。其中，主动吸收是植物细胞吸收矿质元素的主要方式。

(1) 被动吸收

被动吸收是指矿质元素顺电化学势梯度通过扩散作用进入植物细胞内的过程，不需要消耗细胞代谢产生的能量。电化学势梯度指电势梯度和化学势梯度。离子扩散方向由离子浓度引起的化学势梯度和所带电荷引起的电势梯度两者所决定；不带电分子的扩散方向主要由质膜内外该分子浓度差引起的化学势梯度所决定。一般离子和分子的浓度起决定作用。扩散的方式有两种：自由扩散和协助扩散。自由扩散为矿质元素离子或小分子通过细胞膜磷脂双分子层扩散进入细胞的过程；协助扩散是小分子物质通过浓度梯度激活细胞膜上的转运蛋白，由转运蛋白协助进入细胞。如果细胞外某离子或分子的浓度大于细胞内该离子或分子的浓度，细胞外离子或分子便通过两种方式顺着浓度梯度向细胞内不断扩散，直至平衡。被动吸收的矿质元素和其他物质对植物往往是有害的，如盐碱地中，盐碱离子进入根系细胞，使根系细胞水势降低从而吸收不到水分，植物会由于生理干旱而难以生存。

(2) 主动吸收

主动吸收是指矿质元素逆电化学势梯度进入细胞内的过程，需消耗细胞代谢产生的能

量。植物体内的矿质元素离子浓度通常高于土壤溶液中的离子浓度，因此主动吸收是植物吸收矿质元素离子的主要方式。

(3) 胞饮作用

胞饮作用是指吸附在细胞膜上的物质，通过细胞膜的内折而转移到细胞质或液泡内的过程。当物质吸附在细胞膜上时，细胞膜内陷，物质便进入内陷区，然后逐渐将物质吞入细胞膜内折形成的小囊泡内，小囊泡脱离细胞膜移入细胞质内，随后小囊泡膜溶解并释放物质于细胞质内。小囊泡也可将物质吐出于液泡内。胞饮作用是植物细胞吸收矿质元素离子、液体及较大分子的方式之一，为非选择性吸收，甚至可以将病原微生物带进植物体内。

11.2.2　植物根系吸收矿质元素的部位

根系是植物吸收矿质元素的主要器官。根系吸收矿质元素的主要部位与吸水的主要部位一样，在根尖的根毛区。过去不少人分析进入根尖的矿质元素，发现根尖分生区积累矿质元素最多，由此以为根尖分生区是吸收矿质元素最活跃的部位。后来更细致的研究发现，根尖分生区大量积累矿质元素离子是因为该区域无输导组织，使矿质元素离子不能很快运出，而实际上根毛区才是吸收矿质元素离子最快的区域，根毛区积累矿质元素离子较少是由于矿质元素离子能很快转运出根毛区的缘故。伸长区虽然也能吸收矿质元素，但吸收面积较小，且离导管有一定距离，所以不是主要吸收部位。有周皮的老根已失去吸收能力。

植物根尖集中分布区域在树冠冠缘垂直投影内外。较大的树，侧根分开角度大，根尖集中分布区在树冠冠缘和主枝枝缘垂直投影内外。因此，施肥时应注意施用部位靠近这些区域，大树尽量采用放射状沟施肥。

11.2.3　植物根系吸收矿质元素的特点

(1) 根系吸收矿质元素与吸收水分既相互关联，又相互独立

矿质元素必须溶解在水中才能被植物吸收。过去认为植物吸收矿质元素是通过水分带入植物体的，按照这种观点，水分和矿质元素进入植物体的数量应该是成正比例的。但后来的大量研究证明，植物吸水和吸收矿质元素的数量会因植物和环境条件的不同而变化很大。

有人用大麦做试验，通过光照来控制蒸腾，然后测定溶液中矿质元素的变化。结果发现，光下比暗中的蒸腾失水量大 2.5 倍左右，但矿质元素的吸收并不与水分吸收成比例。磷酸根和钾离子在光下比暗中的吸收速度快，而其他无机盐离子如 Ca^{2+}、Mg^{2+}、SO_4^{2-}、NO_3^- 等，在光下反而吸收少。

总之，植物对水分和矿质元素的吸收既相互关联，又相互独立。前者，表现为矿质元素离子一定要溶于水中，才能被植物根系吸收，并随水流进入根部的质外体；而矿质元素离子的吸收，降低了细胞的渗透势，促进了植物的吸水。后者，表现在两者的吸收比例不同，吸收机理也不同：水分吸收主要是以蒸腾作用引起的被动吸水为主，而矿质元素吸收则是以消耗能量的主动吸收为主。另外，两者吸收后的分配方向不同，水分主要分配到叶片，而矿质元素主要分配到当时的生长中心。

(2) 根系对矿质元素离子的吸收具有选择性

植物对同一溶液中不同离子或同一种盐的阳离子和阴离子吸收的比例不同。

当供给 $NaNO_3$ 时，植物对其阴离子（NO_3^-）的吸收大于阳离子（Na^+）。由于植物细胞内总的正、负电荷数必须保持平衡,因此就必须有 OH^- 或 HCO_3^- 排出细胞。植物在选择性吸收 NO_3^- 时,环境中会积累 Na^+,同时也积累了 OH^- 或 HCO_3^-,从而使 pH 升高。故称这种盐类为生理碱性盐,如多种硝酸盐。

当供给 $(NH_4)_2SO_4$ 时,植物对其阳离子(NH_4^+)的吸收大于阴离子(SO_4^{2-}),根细胞会向外释放 H^+,因此在环境中积累 SO_4^{2-} 的同时,也大量地积累 H^+,使 pH 下降。故称这种盐类为生理酸性盐,如多种铵盐。

当供给 NH_4NO_3 时,则会因为根系吸收其阴、阳离子的量相近,而不改变周围土壤环境的 pH,所以称其为生理中性盐。

生理酸性盐和生理碱性盐的概念是根据植物的选择吸收引起外界溶液是变酸还是变碱而定义的。如果在土壤中长期施用某一种化学肥料,就可能引起土壤酸碱度的改变,从而破坏土壤结构,所以施化肥时应注意肥料类型的合理搭配。

(3) 根系吸收单盐会受毒害

任何植物,如果培养在某一单盐溶液中,不久即呈现不正常生长状态,最后死亡,这种现象称单盐毒害。无论是营养元素的盐溶液还是非营养元素的盐溶液,都可发生单盐毒害,而且在溶液浓度很小时植物就会受害。例如,把海水中生活的植物放在浓度与海水相同的 NaCl 溶液中,植物会很快死亡。许多陆生植物的根系浸入 Ca^{2+}、Mg^{2+}、Na^+、K^+ 等任何一种单盐溶液中,根系都会停止生长,且分生区的细胞壁黏液化,细胞结构被破坏,最后变为一团无结构的细胞团。图 11-1 中的(c)和(d)显示了小麦根受单盐毒害的生长状况。

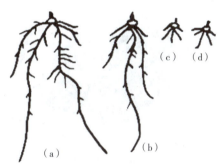

图 11-1 小麦根在单盐溶液和盐类混合液中的生长状况

(a) 在 $NaCl+KCl+CaCl_2$ 混合液中的生长状况
(b) 在 $NaCl+CaCl_2$ 混合液中的生长状况
(c) 在 $CaCl_2$ 溶液中的生长状况
(d) 在 NaCl 溶液中的生长状况

若在单盐溶液中加入少量其他盐类,这种毒害现象就会消除。这种离子间能够互相消除毒害的现象,称为离子颉颃,也称为离子对抗或离子拮抗。因此,植物只有在含有适当比例的多盐溶液中才能良好生长,这种溶液称平衡溶液。对于海藻来说,海水就是平衡溶液。对于陆生植物而言,土壤溶液一般也是平衡溶液,但并非理想的平衡溶液,而施肥的目的就是使土壤中各种矿质元素达到平衡,以利于植物的正常生长发育。金属离子间的颉颃作用因离子而异,钠不能颉颃钾,钡不能颉颃钙,而钠和钾与钙和钡相互颉颃。

11.2.4 植物根系吸收矿质元素的过程

根系吸收矿质元素离子要经过以下步骤:

(1) 离子被吸附在根系细胞的表面

根部细胞呼吸作用放出 CO_2 和 H_2O。CO_2 溶于水生成 H_2CO_3,H_2CO_3 能解离出 H^+ 和 HCO_3^-,这些离子可作为根部细胞的交换离子,与土壤溶液和土壤胶粒上吸附的离子进行离子交换。

根与土壤溶液的离子交换 根呼吸产生的 CO_2 溶于水后形成的 H^+、HCO_3^- 等离子可以与根外土壤溶液中的一些离子如 K^+、Cl^- 等发生交换，使土壤溶液中的离子被吸附到根表面(图11-2)。

根与土壤胶粒的离子交换　当根系与土壤胶粒接触时，根系表面的离子可直接与土壤胶粒表面的离子交换，这是接触交换。因为根系表面和土壤胶粒表面所吸附的离子，是在一定的吸引力范围内震荡着的，当两者间离子的震荡面部分重合时，便可相互交换。

离子交换按"同荷等价"的原则进行，即阳离子只与阳离子交换，阴离子只能与阴离子交换，而且所带电荷数必须相等。由于土壤颗粒表面带有负电荷，因此阳离子被土壤颗粒吸附于表面。根系表面的阳离子如钾离子可取代土壤颗粒表面吸附的另一个阳离子如钙离子，使得 Ca^{2+} 被根系吸收利用。

(2) 离子进入根部导管

离子从根表面进入根导管的途径有两种：质外体途径和共质体途径(图11-3)。

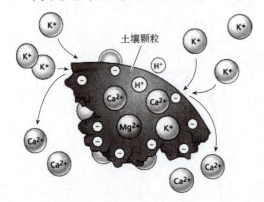

图11-2　土壤颗粒表面阳离子交换法则

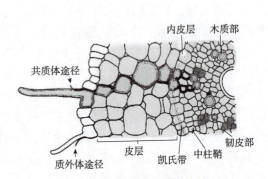

图11-3　根毛区离子吸收的共质体和质外体途径

质外体途径　植物根部有一个与外界溶液保持扩散平衡、自由出入的区域，称为质外体，又称自由空间。

各种离子通过扩散作用进入根部质外体，但是因为内皮层细胞上有凯氏带，离子和水分都不能通过，因此质外体运输只限于根的内皮层以外，而不能通过中柱鞘。离子和水一般只有转入共质体后才能进入维管束组织。但是根的幼嫩部分，其内皮层细胞尚未形成凯氏带前，离子和水分可经过质外体到达导管。另外，在内皮层中有个别细胞(通道细胞)的细胞壁不加厚，也可作为离子和水分的通道。

共质体途径　离子通过共质体到达表皮细胞表面后，可通过主动吸收或被动吸收的方式进入表皮细胞，然后通过内质网及胞间连丝从表皮细胞进入木质部薄壁细胞，再从木质部薄壁细胞释放到导管中。离子的释放可以是被动的，也可以是主动的，并具有选择性。木质部薄壁细胞的细胞膜上有 ATP 酶，推测这些薄壁细胞在将离子运向导管的过程中起积极的作用。离子进入导管后，主要靠水的集流而运到地上器官，其动力为蒸腾拉力和根压。

11.2.5　影响植物根系吸收矿质元素的因素

植物根系对矿质元素的吸收受环境条件的影响，其中以温度、土壤通气状况、土壤酸碱度和土壤溶液浓度的影响最为显著。

(1) 温度

在一定范围内，植物根系吸收矿质元素的速度随土壤温度的升高而加快，当超过一定温度范围时，吸收速度反而下降（图11-4）。

这是由于土壤温度能通过影响根系呼吸而影响根对矿质元素的主动吸收。此外，在适宜的温度下，各种代谢加强，需要矿质元素的量增加，根对矿质元素的吸收相应增多。低温下原生质胶体黏性增加，透性降低，吸收减少；而在适宜温度下原生质胶体黏性降低，透性增加，对离子的吸收加快。高温（40℃以上）可使根吸收矿质元素的速度下降，其原因可能是高温使酶钝化，从而影响根部代谢；高温导致根尖木栓化加快，减少吸收面积；高温还会引起原生质透性增加，使被吸收的矿质元素渗漏到环境中去。

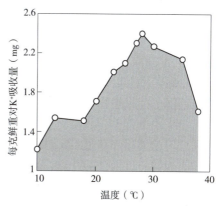

图11-4　温度对小麦幼苗吸收钾的影响

(2) 土壤通气状况

土壤通气状况直接影响到根系的呼吸作用。通气良好时，根系吸收矿质元素速度快。根据离体根的试验，水稻在含氧量达3%时吸收钾的速度最快，而番茄必须达到含氧量5%~10%时，才能出现吸收高峰，若再增加氧浓度，吸收速度不再增加。缺氧时，根系的代谢活动受影响，从而会减少对矿质元素的吸收。土壤通气除增加氧气外，还有减少CO_2的作用。CO_2过多会抑制根系呼吸，影响根对矿质元素的吸收和其他生命活动。如南方的冷水田和烂泥田，地下水位高，土壤通气不良，影响了水稻根系的吸水和吸肥。因此，增施有机肥料、加强中耕松土等改善土壤通气状况的措施能增强植物根系对矿质元素的吸收。

(3) 土壤酸碱度

土壤酸碱度对矿质元素吸收的影响因矿质元素离子的性质不同而异。一般阳离子的吸收速率随pH升高而加速，而阴离子的吸收速率则随pH升高而下降（图11-5）。

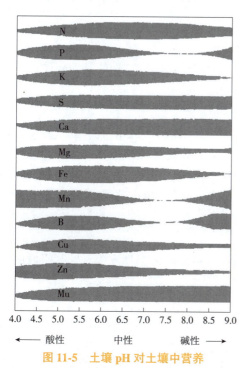

图11-5　土壤pH对土壤中营养元素利用的影响

注：阴影面积的宽度表示植物体根系利用养分的程度。在pH 5.5~6.5的范围内，所有的这些营养元素都可以被吸收利用。

(4) 土壤溶液浓度

当土壤溶液浓度很低时，根系吸收矿质元素的速度随着土壤溶液浓度的增加而增加，土壤溶液一旦达到某一浓度，再增加浓度，根系对矿质元素的吸收速度不再增加，这一现象可用离子载体的饱和效应来说明。而浓度过高，会引起水分的反渗透，导致烧苗。因此，向土壤中施用化肥过度，或叶面喷施化肥及农药的浓度过大，都会引起植物脱水死亡，应当注意避免。

11.2.6　植物叶片对矿质元素的吸收

植物除了根系以外，地上部分（茎叶）也能吸收矿质元素。生产上常把速效性肥料直接喷施在叶面上以供植物吸收，这种施肥方法称为根外施肥。

溶于水中的营养物质喷施于叶面以后，主要通过气孔（也可通过湿润的角质层）进入叶内。角质层是多糖和角质（脂类化合物）的混合物，分布于表皮细胞的外侧壁上，不易透水，但有裂缝，呈细微的孔道，可让溶液通过。溶液经过角质层孔道到达表皮细胞外侧壁后，进一步经过细胞壁中的外连丝到达表皮细胞的细胞膜。外连丝中充满表皮细胞原生质体的液体分泌物，从原生质体表面透过细胞壁上的纤细孔道向外延伸，与质外体相接。当溶液经外连丝抵达细胞膜后，就被转运到细胞内部，最后到达叶脉韧皮部。外连丝是营养物质进入叶内的重要通道，它遍布于表皮细胞、保卫细胞和副卫细胞的外围。

营养物质进入叶片的量与叶片的内、外因素有关。嫩叶比老叶的吸收速率和吸收量大，这是由于二者的表层结构差异和生理活性不同的缘故。叶片温度对营养物质进入叶片有直接影响。由于叶片只能吸收溶解在溶液中的营养物质，所以溶液在叶面上保留时间越长，被吸收的营养物质的量就越多。凡能影响液体蒸发的外界环境因素如光照、风速、气温、大气湿度等，都会影响叶片对营养物质的吸收。因此，向叶片喷营养液应选择在凉爽、无风、大气湿度高时（如阴天、傍晚）进行。

11.2.7　矿质元素在植物体内的运输和利用

根部吸收的矿质元素，只有少部分留存在根内，大部分运输到植物的其他部位。被叶片吸收的矿质元素的去向与此相似。

(1) 矿质元素运输形式

根系吸收的氮素多在根部转化成有机化合物，如天冬氨酸、天冬酰胺、谷氨酸、谷氨酰胺，以及少量丙氨酸、缬氨酸和蛋氨酸，然后这些有机物再运往地上部；磷酸盐主要以无机离子形式运输，还有少量先合成磷酰胆碱和 ATP、ADP、AMP、6-磷酸葡萄糖、6-磷酸果糖等有机化合物，再运往地上部；K^+、Ca^{2+}、Mg^{2+}、Fe^{2+}、SO_4^{2-} 等则以离子形式运往地上部。

(2) 矿质元素运输途径

植物根系吸收的矿质元素可沿木质部向上运输，也可横向运至韧皮部。叶片吸收的矿质元素主要是通过韧皮部向下运输，也有横向运输。

(3) 矿质元素的利用

矿质元素运到生长部位后，大部分与体内的同化物合成复杂的有机物质，如由氮素合成蛋白质、核酸、磷脂、叶绿素等，由磷素合成核苷酸、核酸、磷脂等，由硫素合成蛋白质、辅酶 A 等。它们进一步形成植物的结构物质。未形成有机化合物的矿质元素，有的作为酶的活化剂，如 Mg^{2+}、Mn^{2+}、Zn^{2+} 等；有的作为渗透物质，调节植物对水分的吸收。

加入生命活动中的矿质元素，经过一段时间后也可分解并运到其他部位，被重复利用。不同矿质元素被重复利用的情况不同，N、P、K、Mg 易重复利用，它们的缺乏症首先出现在下部老叶。其中，氮、磷可多次参与重复利用，有的从衰老器官转到幼嫩器官（如从老叶转到上部幼叶、幼芽）；有的从衰老叶片转入休眠芽或根、茎中，待来年再利用；有的从叶、茎、根转入种子中等。Cu、Zn 有一定程度的重复利用，S、Mn、Mo 较难重复利用，Ca、Fe 不能重复利用，它们的病症首先出现于幼嫩的茎尖和幼叶。

矿质元素不只在植物体内从一个部位转移到另一个部位，同时还可排出体外。已知植物根系可以向土壤中排出矿质元素和其他物质，地上部分通过吐水和分泌也可将矿质元素和其他物质排出体外。另外，下雨和结露能淋走植株中的许多物质，尤其是质外体中的物质。据报道，一年生植物在生长末期，钾的淋失可达最高含量的 1/3，钙的淋失达 1/5，镁的淋失达 1/10；在热带地区生长的籼稻在雨季淋失的氮可占所吸收氮的 30%。可见，阴雨连绵会破坏植物体内的元素平衡。然而，一些被淋洗和排出到土壤中的物质又可被根系再度吸收和利用。

11.3 植物所需矿质元素的补充途径和方法

植物体所含的碳和氧主要来源于空气中的 CO_2，氢的来源是水。氮主要是通过植物根系从土壤中吸收，部分由根际微生物的联合固氮和根瘤菌的共生固氮从土壤空气中吸收。植物体所需的矿质元素大部分是植物根系从土壤中吸收的，因此植物吸收矿质元素的种类和数量受土壤及施肥的影响很大。

11.3.1 植物所需矿质元素的补充途径

(1) 氮肥的补充途径

不同植物需氮量不同。叶菜类、水稻、玉米、小麦、桑树、茶树需氮量大，应多补充氮肥，而豆科植物虽然需氮量也比较大，但由于根瘤菌能固定空气中的氮，因此可以少施或不施氮肥。同一植物的不同生育期需氮量也不同，营养临界期需氮量不多，但要求很迫切，可用少量的速效性氮肥作种肥或基肥；最大效率期需氮量最大。

土壤的含氮量变幅极大，我国主要耕地土壤的全氮含量多数在 0.5～1g/kg。土壤中的氮主要呈有机状态，与土壤有机质含量一般呈正相关。土壤氮的含量与供应取决于有机质的积累和分解速率，受植被、气候、地形、土壤类型、土壤质地、耕作、施肥和其他农艺措施的影响。能被植物利用的氮素称为有效氮，包括水溶性铵盐、硝酸盐、代换性 NH_4^+ 和部分易分解的有机态氮，但是土壤无机氮仅占土壤全氮的极少部分（一般不超过 2%），所以植物利用的氮素大部分来自有机氮的转化。目前，我国普遍采用全氮、碱解氮（1mol/L NaOH）和铵态氮来衡量稻田土壤的供氮能力；用全氮、碱解氮（1mol/L NaOH）和硝态氮来衡量旱地土壤的供氮能力。一般认为，全氮可以指示土壤供氮的潜力，碱解氮与土壤有效氮的含量有一定联系，无机氮可以反映土壤供氮强度。

氮在土壤-植物体系中，主要补充途径为：生物固氮；施肥；动植物残体归还；降水和降尘；土壤吸附。主要损失途径为：植物吸收和收获物带走；挥发损失；反硝化作用；淋溶和流失。在农耕地上，施肥是土壤氮素的重要来源，而挥发损失、反硝化作用、淋溶和径流是造成氮肥利用率低下的主要原因。

(2) 磷肥的补充途径

植物需磷量因植物种类及生育阶段不同而有较大差异。一般来说，油料植物需磷量高于豆科植物，豆科植物需磷量高于禾本科植物；生育前期需磷量高于生育后期。

土壤的含磷量受多种因素如土壤母质、成土过程、耕作和施肥等的影响。我国耕地土壤中磷含量一般在0.4~2.5g/kg，但某些由花岗岩发育的侵蚀土壤磷含量可低至0.11g/kg；而受鸟粪影响的部分海岛土壤磷含量可达4.1g/kg以上。土壤平均磷含量从南到北、从东到西逐渐增加，呈明显的地带性分布。我国约70%的耕地土壤缺磷，需要施用磷肥，磷肥的消费量居世界第一。磷与氮不同，它在土壤中既不挥发，也很少损失，但极易被土壤固定。因此，尽量减少土壤对磷的固定，防止磷酸的退化作用，增加磷与根系的接触面积，是合理施用磷肥的关键。

在固磷能力强的土壤上，磷肥采用条施、穴施、蘸秧根等相对集中施用的方法。磷肥在土壤中移动较慢，应适当深施于根系密集分布的土层中。一般认为，在植物生长期的前1/3时间，植物吸收的磷占总吸磷量的2/3。因此，磷肥的施用应以基肥为主，配施种肥，早施追肥，达到提高磷肥的利用率的目的。

(3) 钾肥的补充途径

不同植物需钾量不同，吸钾能力不同，施肥的肥效也不同。油料植物、薯类植物、糖用植物、棉麻类植物、豆科植物以及叶用植物(烟草、桑、茶)需钾多；果树需钾较多，尤其是香蕉。同一植物不同生育期需钾量也不同。一般植物需钾高峰期出现在植物的生长旺盛期，如禾谷类植物分蘖到拔节期需钾较多，开花期以后需钾量明显下降；棉花的需钾高峰期是现蕾期至成铃阶段；蔬菜植物(如茄果类)需钾高峰期出现在花蕾期；梨树需钾高峰期在果实发育期；葡萄需钾高峰期在浆果着色初期。需要注意的是，钾肥应早施，因钾在植物体内移动性大，缺钾症状出现晚。若出现缺钾症状再补施钾肥，为时已晚。另外，植物在生长的前期一般都强烈吸收钾(一般植物苗期是钾素的营养临界期)，植物生长后期对钾的吸收显著减少，甚至成熟期部分钾从根系外溢，因此后期追施钾肥已无大的意义。应当掌握"重施基肥、轻施追肥、分层施用、看苗追肥"的原则。

对保水保肥力差的土壤，钾肥应分次施用。基肥、追肥兼施，比集中施一次为好，但原则上仍然要强调早施。钾在土壤中移动性较小，钾离子在土壤中的扩散速度相当慢，所以根系吸收钾肥量，首先取决于根量及其与土壤的接触面积。因此，钾肥应当集中施在植物根系多、吸收能力最强的土层中。追施一般应距植物6~10cm，深10cm左右，以利于根系吸收，也可减少因表土干湿度变化较大引起钾的固定，提高钾肥的利用效率。

(4) 铁元素的补充途径

植物中铁的充足范围一般是50~250mg/kg。通常以干物质计，铁的含量在50mg/kg以下时可能出现缺铁症。铁既可以Fe^{2+}、Fe^{3+}的形式到达植物根部，又可以有机复合铁或螯合铁的形式到达植物根部。Fe^{2+}形式的铁活性高且能更有效地结合到生物分子的结构中，因此植物代谢需要Fe^{2+}且以此形式吸收铁元素。一些富含Fe^{3+}的植物组织则有可能出现缺铁症状。缺铁在石灰性或碱性土壤生长的作物上最常见，当然，一些品种在酸性土壤上施磷水平高也会导致缺铁。柑橘和落叶果树常出现缺铁失绿。极酸土壤上生长的欧洲越橘和长在中性偏碱土壤上的高粱也常常发生缺铁。其他已知表现缺铁的作物为大豆、玉米、草莓、鳄梨、蔬菜和许多观赏植物。作物缺铁时，可施用硫酸亚铁或者螯合铁。此外，还要改善土壤酸碱度，一般 pH 较高的土壤表现缺铁比较多，因此要在土壤中加点硫黄粉调酸，或使用生理酸性肥料如硫酸铵等。

（5）硼元素的补充途径

土壤中有效硼临界值为 0.5mg/kg，硼含量低于 0.25mg/kg 的土壤为严重缺硼。硼是植物生长发育必需的 7 种微量营养元素之一。硼不是作物体内各种有机物的组成物质，但能加强作物的某些生理机能。硼素供应充足，植物根系良好，生长繁茂，种子颗粒饱满，丰收有保障；反之，硼素供应不足，植株生长不良，产量和产品的质量下降，甚至颗粒无收。硼肥补充方式有两种：a. 施放基肥时，对土壤的养分含量进行基本的检测，了解土壤内硼的含量，然后根据检测结果决定硼肥的施用量。如果前期检测中硼的含量比较合适，则只需要在定植的时候适量施用即可。充足的硼可以让苗期的根系更加强壮。b. 开花前期施放硼肥。由于硼元素的主要作用时期在开花结果期，这一时期对于硼的需求量相对较大，因此可以在这一时期叶面喷施硼肥，喷施两三次即可满足作物生长所需。

11.3.2 施肥时期和方法

（1）施肥时期

施肥时期的确定应以提高肥料增产效率，同时减少肥料损失，防止环境污染为基本原则。因此，植物的营养规律和土壤供肥特性应是确定施肥时期的依据。一般情况下，植物的需肥具有长期性和阶段性的特征，而且有养分临界期和最大效率期。

（2）施肥方式

应采取基肥、种肥与追肥相结合的方式。

基肥　播种或定植前结合土壤耕作所施的肥料，称为基肥。其目的是为植物创造生长发育所要求的土壤条件，在植物整个生长发育期间提供养分。基肥的作用：一是培肥、改良土壤；二是供给植物养分。

种肥　播种和定植时施于种子附近，或与种子同播，或用来进行种子处理的肥料，称为种肥。目的是供给幼苗养分，并改善种子床或苗床的理化性状。

追肥　是在植物生长期间施用的肥料，其目的是满足植物各个生长发育阶段的营养需求。一般施用速效性化肥或腐熟有机肥。既要避免供肥不足，影响植物对养分的吸收，又要防止施肥过多，出现烧苗现象，或者养分吸收不及时造成流失或挥发损失。

在养分总量确定的前提下，应合理安排基肥和追肥的比例。施肥的具体方式依植物种类、肥料性质、气候、土壤状况而定：生育期长的植物宜分次施肥，生育期短的应相对集中施肥；速效性肥料适宜作种肥或追肥，缓效肥应作基肥；干旱少雨的地区，或无灌溉条件时，应早施，以基肥为主；温暖潮湿多雨地区，或有灌溉条件的地区，应基肥和追肥结合施用。

（3）施肥方法

施肥方法包括土壤施肥、灌溉施肥和根外施肥等。

土壤施肥　是将肥料施于土壤，供植物根系吸收。方法有撒施和集中施肥。撒施即播种或定植前，将肥料撒施于土面，然后通过翻耕将肥料与土壤混合均匀。或在降雨、灌溉前，将速效性肥料撒于土面，让肥料随水渗入土中。集中施肥就是将肥料集中施于特定的位置。施肥量少，或肥料有限，土壤肥力较低，稀植作物或条播作物，根系不发达的作物等，适合此法。优点是肥效持久，养分吸收容易，肥料利用率高。常用的方法有条施、穴施、环状沟施、放射状沟施、带状沟施、浸种、拌种以及蘸根等。

  灌溉施肥 就是将肥料溶于灌溉水中，随着灌溉水将肥料施入土壤或生长介质。

  根外施肥 是将肥料配成溶液，喷洒在植物的茎叶上，靠叶片和幼嫩枝条吸收。根外施肥具有肥料用量省、肥效快等特点，特别是在以下情况下，采用根外追肥可以收到明显效果：植物生长后期根系活力降低、吸肥能力衰退时；因干旱土壤缺少有效水，土壤施肥难以发挥效益时；某些矿质元素如铁在碱性土壤中有效性很低时；Mo 在酸性土壤中强烈被固定等。常用于根外施肥的肥料有尿素、磷酸二氢钾及微量元素。谷类作物生长后期喷施氮肥，可有效地增加种子中蛋白质的含量。根外施肥的不足之处是对叶片角质层厚的植物(如柑橘类)效果较差。此外，喷施浓度稍高时，易造成叶片伤害。

11.4 植物常用的肥料

11.4.1 肥料的定义及分类

  凡是施于土中或喷洒于植物地上部分，能直接或间接供给植物养分，增加植物产量，改善产品品质，或能改良土壤性状、培肥地力的物质，都称为肥料。按化学性质，可将肥料分为无机肥料、有机肥料和生物肥料 3 种。

(1) 无机肥料

  无机肥料又称为化学肥料(简称化肥)。从狭义来说，化学肥料是指用化学方法生产的肥料；从广义来说，化学肥料是指工业生产的一切无机肥及缓效肥。

  氮肥：给植物提供氮营养，具有氮标明量的单质肥料。如尿素、碳铵等。

  磷肥：给植物提供磷营养，具有磷标明量的单质肥料。如过磷酸钙、重过磷酸钙等。

  钾肥：给植物提供钾营养，具有钾标明量的单质肥料或以钾为主要养分的肥料。如硫酸钾、氯化钾、硝酸钾等。

  复合肥：在一种化学肥料中，同时含有氮、磷、钾等主要营养元素中的两种或两种以上成分的肥料，称为复合肥料。含两种主要营养元素的称为二元复合肥料(如磷酸一铵、磷酸二铵、磷酸二氢钾等)，含 3 种主要营养元素的称为三元复合肥料，含 3 种以上营养元素的称为多元复合肥料。

  掺混肥：名称来源于英文 Bulk Blending Fertilizer，又称 BB 肥，是把单质肥料(或多元复合肥料)按一定比例掺混而成。

  控释肥料：是施入土壤中后养分释放速度比常规化肥大大减慢从而肥效延长的一类肥料。"控释"是指以各种调控机制使养分释放按照设定的释放模式(释放时间和释放率)与植物吸收养分的规律相一致。

  缓释肥料：养分能在一段时间内缓慢释放供植物持续吸收利用的肥料。"缓释"是指养分释放速率远小于速效性肥料的释放速率。

  包膜肥料：为改善肥料效果和(或)性能，在其颗粒表面涂以其他物质薄层制成的肥料。

  中微量元素肥料：在中、微量元素的养分中，仅具有一种或多种养分标明含量的肥料。如硝酸钙、硫酸镁、硫酸铜、硫酸亚铁、硫酸锌等。

(2) 有机肥料

有机肥料是利用各种来源于动植物残体或人畜排泄物等有机物料，积制或直接耕埋施用的一类肥料。

人粪尿：人体排泄的尿和粪的混合物。

堆肥：以各类秸秆、落叶、青草、动植物残体、人畜粪便为原料，按比例相互混合或与少量泥土混合进行好氧发酵腐熟而成的一种肥料。

沤肥：所用原料与堆肥基本相同，只是在淹水条件下进行发酵而成。

厩肥：指猪、牛、马、羊、鸡、鸭等畜禽的粪尿与秸秆垫料堆沤制成的肥料。

沼气肥：是在密封的沼气池中，有机物腐解产生沼气后的副产物，包括沼气液和残渣。

绿肥：利用栽培或野生绿色植物体作肥料。如豆科的绿豆、蚕豆、田菁、苜蓿、苕子等，非豆科绿肥有黑麦草、萝卜、小葵子、满江红、水葫芦、水花生等。

作物秸秆：是重要的肥料品种之一，含有植物必需的营养元素如氮、磷、钾、钙、硫等，在适宜条件下，通过土壤微生物的作用，这些元素经过矿化再回到土壤中，供植物吸收利用。

饼肥：包括菜籽饼、棉籽饼、豆饼、芝麻饼、蓖麻饼等。

泥肥：包括河泥、塘泥、沟泥、港泥、湖泥等。

土肥：包括熏土、坑土、老房土和墙土。

(3) 生物肥料

以有机溶液或草木灰等有机物质为载体接种有益微生物而形成的一类肥料。主要功能成分为微生物，它本身不能直接作为肥料提供养分。

11.4.2 常用无机肥料

(1) 常用氮肥

常用的氮肥可分为铵态氮肥、硝态氮肥、铵态-硝态氮肥和酰胺态氮肥4种类型。近些年又研制出长效氮肥(或缓效氮肥)新品种。铵态氮肥的肥效快，植物能直接吸收利用；在碱性环境中，铵易挥发损失；在通气良好的土壤中，铵态氮可经硝化作用转化为硝态氮，易造成氮素的流失。硝态氮肥易溶于水，溶解度大，为速效氮肥；吸湿性强，易结块，受热易分解释放出氧气，易燃、易爆；硝酸根可通过反硝化作用还原为多种气体，引起氮素流失。目前，铵态氮肥有碳铵、氯化铵、硫酸铵和液氨，主要施用的硝态氮肥为硝酸铵，常用的酰铵态氮肥只有尿素一种。

①尿素　学名碳酰二胺，化学分子式是CH_4N_2O，含氮量46%左右。尿素产品目前执行的标准是《尿素》(GB/T 2440—2017)。尿素一般为白色圆球状，有吸湿性，易溶于水，是一种中性肥料。尿素是一种优质肥料，不仅含氮量在目前所有氮肥中最高，而且施用后在土壤中不残留有害物质，对土壤酸碱度没有明显的影响，适合所有土壤和植物。尿素可以作基肥和追肥，但一般不宜作种肥。

②硫酸铵　简称硫铵，化学分子式为$(NH_4)_2SO_4$，含氮量为20%~21%。硫酸铵产品

执行的标准是《肥料级硫酸铵》(GB/T 535—2020)。硫酸铵纯品白色，吸湿性小，但受潮容易结块，故应当在贮存和运输过程中保持干燥。易溶于水，肥效快，是一种生理酸性肥料。硫酸铵由于含有硫元素，而缺硫是近年来我国土壤的普遍现象，因此硫酸铵的施用效果非常明显。硫酸铵可作基肥、追肥以及种肥。

③氯化铵　简称氯铵，化学分子式是 NH_4Cl，含氮量为24%～25%。氯化铵产品执行的标准是《氯化铵》(GB/T 2946—2018)。氯化铵纯品白色略带黄色，外观似食盐。其吸湿性比硫酸铵略大，较不容易结块。易溶于水，肥效快，是一种生理酸性肥料。氯化铵在忌氯植物上不能施用，可以作基肥、追肥，不宜用作种肥。

④碳酸氢铵　简称碳铵，化学分子式是 NH_4HCO_3，含氮量为17%左右。农用碳酸氢铵产品的执行标准是《农用碳酸氢铵》(GB 3559—2001)。纯品白色，易潮解，易结块。温度在20℃下时性质比较稳定，温度超过20℃或产品中水分超标时，容易分解为氨气和二氧化碳。较易溶于水，肥效快，是一种生理中性肥料，适用于各类植物和各种土壤。可以用作基肥、追肥，但不能用作种肥及叶面肥。作基肥及追肥时不可在刚下雨后进行，同时切记表面撒施。

⑤硝酸铵　简称硝铵，化学分子式是 NH_4NO_3，含氮量为34%～35%。农用硝酸铵产品的执行标准是《硝酸铵》(GB/T 2945—2017)。纯品白色，有颗粒状和粉末状。粉末状硝酸铵吸湿性很强，容易结块，贮运时应严格防潮。硝酸铵易溶于水、肥效快，是优质水溶性肥料，特别适合在北方旱地作追肥施用。遇热不稳定，高温下容易分解成气体，使体积突然增大，引起爆炸。可作追肥，不宜作基肥、种肥。

⑥硝酸钙　化学分子式是 $Ca(NO_3)_2$，通常有4个结晶水而形成 $Ca(NO_3)_2 \cdot 4H_2O$，含氮量为15%～18%。外观一般为白色颗粒。吸湿性很强，容易结块。肥效快，一般宜作追肥。虽然硝酸钙的含氮量偏低，但是硝酸钙含有超过20%的钙，加之水溶性极好，因此是植物良好的钙源和氮源，在滴灌、喷灌等设施农业中被广泛应用。可以作基肥、追肥，是水溶性肥料的良好原料。

(2) 常用磷肥

根据溶解度的大小和植物吸收的难易，通常将磷肥划分为水溶性磷肥、弱酸性(枸溶性)磷肥、混溶性磷肥、难溶性磷肥四大类。水溶性磷肥适用于各种土壤、各种植物，但最好用于中性和石灰性土壤。其中磷酸铵是氮磷二元复合肥料，且磷含量高，为氮的3～4倍，在施用时，除豆科植物外，大多数植物直接施用必须配施氮肥，调整氮、磷比例，否则会造成浪费或由于氮、磷施用比例不当引起减产。弱酸性磷肥不溶于水，但在土壤中能被弱酸溶解，进而被植物吸收利用。而在石灰质碱性土壤中，与土壤中的钙结合，向难溶性磷酸盐方向转化，降低磷的有效性，因此不适宜在碱性土壤中施用。混溶性磷肥最适宜在旱地施用，在水田和酸性土壤施用易引起脱氮损失。难溶性磷肥施入土壤后，主要靠土壤的酸使其慢慢溶解，变成植物能利用的形态，肥效很慢，但后效很长，适用于酸性土壤，用作基肥，也可与有机肥料堆腐或与化学酸性、生理酸性肥料配合施用，效果较好。各类磷肥主要品种如下。

①过磷酸钙　也称普通磷酸钙，简称普钙，含磷量(P_2O_5)为12%～20%。过磷酸钙产品执行的标准是《过磷酸钙》(GB/T 20413—2017)。过磷酸钙一般为深灰色或灰白色粉末，易吸潮、结块，含有游离酸，有腐蚀性。目前有过磷酸钙造粒的产品，便于施用。过磷酸

钙有效成分易溶于水,是速效磷肥。适用于各种植物及大多数土壤,可以作基肥、追肥,也可以用作种肥。

②重过磷酸钙　也称三料磷肥,简称重钙,含磷量(P_2O_5)为42%~50%。重过磷酸钙颗粒产品执行的标准是《粒状重过磷酸钙》(HG 2219—1991)。一般为浅灰色颗粒或粉末,性质与过磷酸钙类似。易吸潮、结块,有腐蚀性。颗粒状重过磷酸钙商品性好、施用方便。重过磷酸钙有效成分易溶于水,是速效磷肥。适用土壤及植物类型、施用方法等与过磷酸钙非常相似,但是由于磷含量高,应当注意用量。

③磷酸一铵　是氮磷二元复合肥料,其含磷量为50%~52%,含氮量为10%~12%。磷酸一铵产品执行的标准是《磷酸一铵、磷酸二铵》(GB 10205—2009)。外观为灰白色或淡黄色颗粒或粉末,不易吸潮、结块,易溶于水,其水溶液的pH为4~4.4,性质稳定,氨不易挥发。基本适合所有的土壤和植物,但不能与碱性肥料直接混合使用,否则铵容易流失、磷容易被固定。可以用作基肥、种肥,也可以作追肥叶面施用。

④磷酸二铵　是氮磷二元复合肥料,其含磷量为46%~48%,含氮量为16%~18%。磷酸二铵产品执行的标准是《磷酸一铵、磷酸二铵》(GB 10205—2009)。外观为灰白色或淡黄色颗粒或粉末,不易吸潮、结块,易溶于水,其水溶液的pH为7.8~8,相对于磷酸一铵而言性质不稳定,在湿热条件下氨易挥发。基本适合所有的土壤和植物,但不能与碱性肥料直接混合使用,否则铵容易流失、磷容易被固定。可以用作基肥、种肥,也可以作追肥叶面施用。

⑤磷酸二氢钾　是磷钾二元复合肥料,化学分子式是KH_2PO_4,含五氧化二磷和氧化钾分别为52%和35%。农业用磷酸二氢钾产品执行的标准是《肥料级磷酸二氢钾》(HG/T 2321—2016)。纯净的磷酸二氢钾为灰白色粉末,吸湿性小,物理性状好,易溶于水,20℃时溶解度为23%。由于磷酸二氢钾价格昂贵,目前多用于根外追肥和浸种。

(3) 常用钾肥

钾肥品种较多,如硫酸钾、氯化钾、硝酸钾、磷酸钾、窑灰钾肥、钾钙肥、钾镁肥、草木灰等。生产上常用的钾肥有硫酸钾、氯化钾、硝酸钾和草木灰等。

①氯化钾　化学分子式是KCl,含氧化钾60%左右。氯化钾产品执行的标准是《氯化钾》(GB 6549—2011)。氯化钾肥料中一般还含有氯化钠(NaCl)约1.8%、氯化镁($MgCl_2$)0.8%。氯化钾一般呈白色或浅黄色结晶,有时含有少量铁盐而呈红色。氯化钾物理性状良好,吸湿性小,易溶于水,属于生理酸性肥料。氯化钾是高浓度的速效钾肥,适宜作基肥和早期追肥,一般不适宜作种肥。

②硫酸钾　化学分子式是K_2SO_4,含氧化钾为40%~50%。氯化钾产品的执行的标准是《农用硫酸钾》(GB/T 20406—2017)。硫酸钾一般呈白色至淡黄色粉末,是化学中性、生理酸性肥料。易溶于水,不易吸湿结块。硫酸钾不含氯,对一些忌氯植物可取得较好的效果,也可施用在油菜、大蒜等喜硫植物上。硫酸钾可以用作基肥、追肥、种肥。

③硝酸钾　是一种以含钾为主的氮二元复合肥料,含氧化钾约46%,含氮13%左右,副成分极少。农业用硝酸钾执行的标准是《农用硝酸钾》(GB/T 20784—2018)。硝酸钾溶于水,微吸湿。市场上的硝酸钾多是由硝酸钠和氯化钾一起溶解并重新结晶而成,也有少量硝酸钾来源于天然矿物直接开采。硝酸钾含钾量高,含氮量低,适用于烟草、甜菜、马铃薯、

甘薯等不宜使用氯化钾的喜钾忌氯植物。硝酸钾可以用作基肥、追肥,都有良好效果。

④钾镁肥　一般为硫酸钾镁形态,硫酸钾镁的化学分子式是 $K_2SO_4 \cdot MgSO_4$,含氧化钾22%以上。硫酸钾镁外观为大小不等的颗粒,淡黄色或肉色相杂,不易吸潮,使用方便。除了含钾外,多数钾镁肥还含有镁11%以上、硫22%以上,因此钾镁肥是一种优质的、既含钾又含镁和硫的多元素肥料。钾镁肥既可以单独施用,也可以与复合肥、掺混肥一起施用,适用于任何植物。

⑤草木灰　植物残体燃烧后剩余的灰,称为草木灰。草木灰含有多种灰分元素,如钾、钙、镁、硫、铁、硅等。其中,含钾、钙最多,磷次之。禾本科草木灰含 K_2O 约8.1%、P_2O_5 约2.3%、CaO 约10.7%。草木灰的钾大约有90%可溶于水,有效性高,是速效性钾肥。草木灰适合作基肥、追肥和盖种肥。

11.4.3　常用有机肥料

市场上销售的有机肥料一般由农作物秸秆或禽畜粪便经腐熟、发酵、灭菌、混拌、粉碎等工艺加工而成。有机肥料原料多来自农业废弃物,产品的技术指标为:$N-P_2O_5-K_2O$ ≥5%、有机质≥45%。主要功能成分为有机物。品种主要为氨基酸肥料和腐殖酸肥料。

(1) 氨基酸肥料

氨基酸肥料是以植物氨基酸作为基质,利用其巨大的表面活性和吸附保持能力,加入植物生长所必需的营养物质(氮、磷、钾、铁、铜、锰、锌、钼、硼等),经过螯合和络合形成的有机-无机复合物。这种肥料既能保证大量元素的缓慢释放和充分利用,也能保证微量元素的稳效和长效。它对种子发芽、根系生长发育等均有明显的促进作用。尤其是它与植物的亲和性是其他任何一种肥料无法比拟的。因此,在农业上具有改土增收、综合调节、保花保果、膨果着色、增强抗逆性等多种功效。

(2) 腐殖酸肥料

腐殖酸主要是动植物的遗骸经过微生物的分解和转化以物理化学的一系列过程形成和积累起来的一类成分复杂的天然有机物质。制造腐殖酸肥料的原料来源主要是风化煤、褐煤和草炭。腐殖酸具有络合、离子交换、分散、黏结等功能,适量加入无机氮、磷、钾后,可提高肥料利用率。腐殖酸可缩小植物叶片气孔的开张度,减少水分蒸发,使植物保持更多的水分,同时可调节土壤中水、肥、气、热状况,提高土壤的吸附、交换能力,调节 pH,达到土壤酸碱平衡。

单元小结

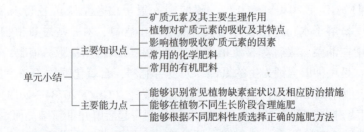

知识拓展

1. 矿质营养学说

植物的原始养分只能是矿物质的营养理论由德国学者李比希(J. V. Liebig)在1840年发表的《化学在农业和生理学上的应用》一书中提出。他认为土壤中的矿物质是一切绿色植物唯一的养分,厩肥及一切其他有机肥料对植物生长起作用,并不是由于其中所含的有机质引起的,而是由于这些有机质在分解时所形成的矿物质引起的。他明确反对泰伊尔(V. Thaer)的腐殖质营养学说,并认为碳的来源不是腐殖质,而是空气。至于腐殖质之所以是植物的养分,不是在于腐殖质能被植物吸收利用,而是在于它分解时不断地供给二氧化碳,因而腐殖质不是植物生长所必需的营养物质。李比希的这一学说在植物营养学科的建立和发展以及指导施肥方面起了积极的推动作用,同时也促进了当时化肥工业的兴起,对工农业生产起了促进作用。

2. 植物缺素症口诀

植物营养要平衡,营养失衡把病生,病症发生早诊断,准确判断好矫正。
缺素判断并不难,根茎叶花细观察,简单介绍供参考,结合土测很重要。
缺氮抑制苗生长,老叶先黄新叶薄,根小茎细多木质,花迟果落不正常。
缺磷株小分蘖少,新叶暗绿老叶紫,主根软弱侧根稀,花少果迟种粒小。
缺钾株矮生长慢,老叶尖缘卷枯焦,根系易烂茎纤细,种果畸形不饱满。
缺锌节短株矮小,新叶黄白肉变薄,棉花叶缘上翘起,桃梨小叶或簇叶。
缺硼顶叶皱缩卷,腋芽丛生花蕾落,块根空心根尖死,花而不实最典型。
缺钼株矮幼叶黄,老叶肉厚卷下方,豆类枝稀根瘤少,小麦迟迟不灌浆。
缺锰失绿株变形,幼叶黄白褐斑生,茎弱黄老多木质,花果稀少重量轻。
缺钙未老株先衰,幼叶边黄卷枯粘,根尖细脆腐烂死,茄果烂脐株萎蔫。
缺镁后期植株黄,老叶脉间变褐亡,花色苍白受抑制,根茎生长不正常。
缺硫幼叶先变黄,叶尖焦枯茎基红,根系暗褐白根少,成熟迟缓结实稀。
缺铁失绿先顶端,果树林木最严重,幼叶脉间先黄化,全叶变白难矫正。
缺铜变形株发黄,禾谷叶黄幼尖蔫,根茎不良树冒胶,抽穗困难芒不全。

3. 土壤中钾的含量

钾是构成地壳岩石矿物的主要元素之一,钾在地壳中的丰度居第七位,排在氧、硅、铝、铁、钙、钠之后。其含量以元素钾计为 $0.6 \sim 60 \text{g/kg}$,平均为 25.7g/kg。大多数矿质土壤含钾量在 $5 \sim 25 \text{g/kg}$,平均 11.6g/kg 左右。土壤的物质组成和性质对土壤含钾量影响很大。土壤颗粒越粗,含钾量越少;土壤黏粒含量越高,含钾量越高。在细颗粒的次生黏土矿物中,水云母、蛭石及蒙脱石含钾量相对较多,而高岭石及含水氧化物类矿物含钾量甚少。总的来说,南方热带、亚热带气候条件下,土壤风化、淋溶强烈,含钾量低。而北方由于气候干燥,土壤矿物风化、淋溶弱,因此含钾较高。因此,从南至北,土壤全钾、缓效钾及速效钾含量均呈递增趋势。但在相同纬度带,由于成土母质、风化程度及地形的不同,土壤钾素状况也会有很大差异。

4. 常用水溶(叶面、冲施)肥料种类

我国水溶肥料实行肥料登记管理。农业农村部登记的水溶肥料的种类有:大量元素水

溶肥料、中量元素水溶肥料、微量元素水溶肥料、含氨基酸水溶肥料、含腐殖酸水溶肥料、含海藻酸水溶肥料、有机水溶肥料等。此外，其他常见的很多肥料，如尿素、硝酸铵、磷酸二氢钾、硫酸钾、一些单质的微量元素肥料等，都可以作为很好的叶面肥或冲施肥使用。

(1) 大量元素水溶肥料

大量元素水溶肥料是一类以大量元素为主、辅以微量元素的水溶性肥料。仅从养分指标上看，这类肥料与我国的复混肥料标准类似，但是复混肥料对于粒度有较高的要求，并且对于水溶性没有明显的界定。近年来，喷施、滴灌、喷灌等施肥方式越来越普遍，这些施肥方式对于肥料的水溶性要求相当严格。同时，单纯的氮、磷、钾肥不能满足植物对于养分的全面要求。因此，大量元素水溶肥料应运而生。

大量元素水溶肥料执行的产品标准是《大量元素水溶肥料》(NY/T 1107—2020)。

(2) 中量元素水溶肥料

中量元素水溶肥料是指以钙、镁、硫为主要养分指标的水溶性肥料。我国长期大量施用氮、磷、钾化肥，而且追求高产出，同时秸秆还田比例不高，造成了土壤中养分恶化，特别是土壤中的中、微量元素及有机质含量减少。近年来，中量元素水溶肥料越来越受追捧，而且中量元素水溶肥料的效果非常明显。

中量元素水溶肥料执行的产品标准是《中量元素水溶肥料》(NY 2266—2012)。

(3) 微量元素水溶肥料

微量元素水溶肥料是指含有铜、铁、锰、锌、硼、钼中一种或几种成分的水溶性肥料。我国土壤中的微量元素含量呈降低或不平衡趋势，但植物对于微量元素的需要有限，通过叶面施肥能够矫正植物缺乏微量元素的状况。

微量元素水溶肥料执行的产品标准是《微量元素水溶肥料》(NY 1428—2010)。

(4) 含氨基酸水溶肥料

氨基酸是构成蛋白质的基本单位，植物可以通过叶面吸收利用。氨基酸同时是微量元素良好的螯合剂，对于提高植物对微量元素的吸收和利用非常有利。因此，目前所说的含氨基酸水溶肥料一般是指以氨基酸为主要成分，配合一定量微量元素的水溶性肥料。

含氨基酸水溶肥料执行的产品标准是《含有机质叶面肥料》(GB/T 17419—2018)。

(5) 含腐殖酸水溶肥料

腐殖酸是一种复杂的高分子有机化合物，具有一定的生物活性。腐殖酸对植物生长有明显的促进作用，表现在用合适浓度的腐殖酸液处理后，种子萌发率提高，萌发整齐，幼苗粗壮，还表现在使苗期抗逆性提高，以及增加果实产量、提高果实品质。

含腐殖酸水溶肥料执行的产品标准是《含腐殖酸水溶肥料》(NY 1106—2010)。

(6) 含海藻酸水溶肥料

该种肥料含有大量的非含氮有机物，以及陆生植物无法比拟的钾、钙、镁、铁、锌、碘等多种矿质元素和丰富的维生素。核心物质是纯天然海藻提取物，特别是含有海藻中所特有的海藻多糖、多种天然植物生长调节剂，具有很高的生物活性。其中所含的海藻酸能促进植物细胞分裂，延迟细胞衰老，有效地提高光合作用的效率，增强植物抗旱、抗寒、抗病虫等多种抗逆机能，从而提高产量，改善品质。海藻酸还能延长贮藏保鲜期。

(7) 其他有机水溶肥料

随着科学技术的发展，不断发现一些有机物质对于植物生长有非常好的作用，如壳聚糖、木醋液、生化黄腐酸，以及其他一些水溶性有机物。这些物质有些明确的含有几种物质，有些是一些有机物的混合物，如木醋液、生化黄腐酸等。实践证明，它们对于作物具有一定的效果。

实践教学

实训11-1　植物伤流量的测定与观察

【实训目的】

伤流量是植物根系活力的重要指标，通过测定伤流量来了解植物根系活力。

【材料及用具】

指形管、玻璃纸、脱脂棉、棉线、万分之一天平等。

【方法与步骤】

分小组进行操作：

(1) 在指形管内装入脱脂棉，松紧要适宜，然后在指形管口套一段乳胶管（长约3cm），将其与一段绑扎用的棉线一起在天平上称量，记录重量。

(2) 将待测植株地上部离地面2~3cm处用锋利的刀切去，然后立刻将上述准备好的指形管套上（注意务必使指形管内的脱脂棉与植株切口密切接触），用棉线扎紧，以免伤流液蒸发掉。

(3) 经过一段时间（3~4h）后取下套管，开口端用棉线扎紧，在天平上称量，前后两次称量的质量之差即为伤流量。求出单位时间内伤流量。

(4) 讨论植物根系活力与伤流的关系，并形成小组报告。

(5) 小组汇报。

【作业】

植物伤流量的测定与观察分析实训报告（每人一份）。

【考核评估】

着重考核操作过程中的主动性和完成实训任务的科学性、小组成员的配合与协调性、实训报告的完整性和创新性。操作过程成绩占50%，小组汇报成绩占10%，个人实训作业成绩占40%。

实训11-2　植物根系对离子的选择性吸收

【实训目的】

了解植物根系对土壤中阴离子和阳离子的吸收速率不同，从而改变了环境的酸碱度；了解生理酸性盐与生理碱性盐，加深对理论知识的理解，并能在生产实践中注意肥料性质和带来的问题，合理施用化肥。

【材料及用具】

0.5mg/mL（NH$_4$）$_2$SO$_4$、0.5mg/mL NaNO$_3$ 等；pH 计、精密 pH 试纸、移液管、100mL 锥形瓶；培养出根系的水稻(或其他植物)植株。

【方法与步骤】

分小组进行操作：

(1)在实训前 2~3 周培养根系完好的水稻(或其他植物)植株。

(2)实训开始时取 3 个 100mL 锥形瓶，吸取 0.5mg/mL（NH$_4$）$_2$SO$_4$ 和 0.5mg/mL NaNO$_3$ 各 100mL，分别置于其中两个锥形瓶中，剩下的一个锥形瓶中放 100mL 蒸馏水。用 pH 计或精密 pH 试纸测定以上两种溶液和蒸馏水的原始 pH。

(3)取根系发育完善、大小相似的水稻植株 3 份，每份株数相等，分别放于上述 3 个锥形瓶中，在室温下经 2~3h 后取出植株，并测定溶液的 pH，测定结果按表 11-5 记录。

表 11-5　植物从盐溶液中吸收离子前后溶液 pH 的变化

项目	0.5mg/mL（NH$_4$）$_2$SO$_4$ 溶液	0.5mg/mL NaNO$_3$ 溶液	蒸馏水
放植株前 pH			
放植株后 pH			

(4)根据测定结果，讨论并分析原因。

(5)小组汇报。

【作业】

植物根系对离子的选择性吸收分析实训报告(每人一份)。

【考核评估】

着重考核操作过程中的主动性和完成实训任务的科学性、小组成员的配合与协调性、实训报告的完整性和创新性。操作过程成绩占 50%，小组汇报成绩占 10%，个人实训作业成绩占 40%。

思考题

1. 植物需要哪些矿质元素来维持正常的生命活动？如何判断某种元素为植物的必需元素？
2. 植物缺素症状有的出现在幼叶上，有的出现在老叶上，为什么？举例加以说明。
3. 简述植物对矿质元素的被动吸收和主动吸收的机理，并阐述植物吸收矿质元素的特点。
4. 市场上销售的化学肥料有哪些？使用过程中应注意哪些事项？举例加以说明。
5. 生产中使用的有机肥料有哪些？如何正确使用有机肥料？举例加以说明。
6. 合理施肥增产的原理是什么？

单元 12　园艺设施小气候调控

学习目标

>> 知识目标

1. 了解园艺设施的类型与结构。
2. 了解设施栽培条件下环境因子的特点。
3. 熟悉引起设施小气候环境因子变化的因素。

>> 技能目标

1. 会进行常见园艺设施的操作与保养。
2. 能够根据生产需要选择合适的园艺设施。
3. 能够根据环境条件管理常见园艺设施。

课前预习

1. 设施栽培的类型有哪些?
2. 设施栽培需要调节哪些气候因子?

12.1　园艺设施的类型

园艺设施包括温室、大棚、小拱棚,以及夏季的遮阳网、防雨棚、防虫网等及相应的配套系统。目前园艺设施正朝着结构材料现代化、环境调控自动化、经营规模大型化的方向发展。根据规模、复杂程度及技术水平,可将园艺设施分为如下 4 个层次:简易覆盖设施、普通保护设施(包括塑料中小拱棚与简易避雨棚、塑料大棚、日光温室)、现代温室、植物工厂。

12.1.1　简易覆盖设施

简易覆盖设施主要包括各种风障畦、阳畦、温床、砂石覆盖、草、粪及秸秆覆盖,瓦盆和泥盆覆盖,以及浮动覆盖等。这些农业设施结构简单,建造方便,造价低廉,多为临时性设施或辅助性设施。简易覆盖设施主要用于育苗和矮秆作物的季节性生产,应用面积逐年减少，可以作为温室大棚内的辅助保温、保湿、遮阳设施。

(1) 风障畦

①风障畦的结构　风障是冬、春季设置在菜田栽培畦北面的防风屏障物，由篱笆、披风及土背3个部分组成。篱笆一般用芦苇、作物秸秆或竹竿等夹设而成；披风多用稻草、苇席、草包片等材料，近年来，也有利用废旧塑料薄膜代替稻草制作披风的。设立风障的栽培畦称为风障畦（图12-1）。

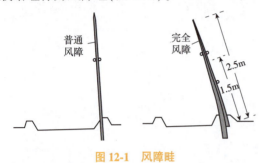

图12-1　风障畦

风障可以分为大风障和小风障两种。大风障的篱笆由芦苇、高粱秆、竹子、玉米秆等夹制而成，高2~2.5m；披风由谷草、塑料薄膜围于篱笆的中下部而成；基部用土培成30cm高的土背，一般冬季防风范围在10m左右。小风障高1m左右，一般只用谷草和玉米秆做成，防风效果在1m左右。风障主要应用于北方地区的幼苗越冬保护及春菜的提前播种和定植。

西欧和北欧应用的薄膜风障，多是用宽15cm的黑色塑料薄膜条编织在木桩拉起的铁网上。黑色薄膜条每编一条空一条（15cm），形成能透50%风的薄膜风障。

日本的网纱风障，是用防虫网绑在木桩或铁架上，形成单排风障或围障。

②风障的设置

风障的方位和角度　风障的方向与当地的季候风方向垂直时的防风效果最好，风向与障面夹角为15°时的防风效果仅有垂直时的50%。除考虑风向外，还应注意障前的光照情况，要避免遮阴。我国北方冬、春季以北风和西北风为主，故风障方向以东西延长、正南北（或南偏东5°）为好。

风障与地面的夹角　通常为：冬、春季以向南倾斜70°~75°为好，入夏后以90°（垂直）为好。即冬季风障与地面的角度小，增强受光，保温；夏季角度大，避免遮阴。

风障的间距　应根据生产季节、植物种类、栽培方式、风障类型和材料的多少而定。一般完全风障（有披风和土背）主要在冬、春季使用，每两排风障之间的距离为5~7m，或相当于风障高度的3.5~4.5倍，可保护3~4个栽培畦。

风障的长度和排数　风障越长、排数越多，防风效果越好。长排风障可减少风障两端风的回流影响，因此当风障材料少时，应优先考虑满足风障长度，再考虑满足风障排数。

③风障畦的性能　风障可以用于阻挡季候风，减弱风速，稳定畦面的气流。一般可减弱风速10%~50%，风速越大，防风效果越好。风障还具有提高畦内气温和地温的作用。风障前的阳光辐射及障面反射较强，畦内得到较多的辐射热，且障前局部气流稳定，可防止水蒸气扩散，减少地面辐射热的损失，因此白天障前的气温与地温均高于露地。夜间由于风障畦没有覆盖物保温，土壤向外散热，障前冷空气下沉，形成垂直对流，使大量的辐射热损失，因此温度下降较快，但障内近地面的温度及地温仍比露地要高。风障增温效果以有风晴天最显著，阴天不显著，如晴天距风障0.5m处地温高于露地2℃多，而在阴天时只比露地高0.6℃；距风障越近，温度越高；距地面越高，障内、外温差越小，50cm以

上的高度已无明显温差；障内、外地温的差异比气温稍大。

由于风障畦的结构特点，晴天昼间可增温，达到植物生长要求，但夜间保温效果差，易发生冻害，因此生产的局限性大。

(2) 阳畦

阳畦又称冷床、秧畦，主要利用太阳辐射来保持畦温。其保温防寒性能优于风障畦，可在冬季保护耐寒性蔬菜幼苗越冬。

阳畦是由畦框、风障、透明覆盖物、保温覆盖物(蒲席、稻草)等组成的。畦框用土做成，分为南北框及东西两侧框，其尺寸规格依阳畦类型而定。由于各地的气候条件、建造材料及栽培方式的不同，产生了畦框为斜面的抢阳畦和畦框等高的槽子畦等类型。在阳畦的基础上提高土框，加大玻璃窗角度，成为改良阳畦，其性能优于普通阳畦(图 12-2)。

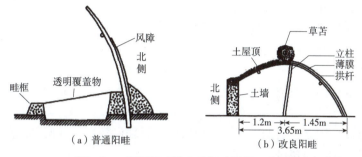

图 12-2 普通阳畦及改良阳畦结构示意图

(3) 温床

温床是在阳畦的基础上改进的园艺设施，它除了具有阳畦的防寒保温作用以外，还可以通过电热线加温等来提高地温，以补充日光增温的不足，因此是一种简单实用的园艺植物育苗设施。目前，生产中多采用电热温床。

①电热温床的结构 电热温床是在阳畦、小拱棚、大棚或温室内的苗床上铺设电热线而成。电热线埋入土层深度一般为 10cm 左右，但如果用育苗钵或营养土块育苗，则以埋入土中 1~2cm 为宜。铺线拐弯处，用短竹棍隔开，避免弯曲的电线无法拉直。

②电功率密度、总功率和电热线数量的确定 电功率密度是指单位苗床或栽培床面积上需要铺设电热线的功率。电功率密度应根据植物对温度的要求和应用季节的基础地温，以及设施的保温能力而定。我国华北地区冬季阳畦育苗时电功率密度以 90~120W/m² 为宜，温室内育苗时以 70~90W/m² 为宜；东北地区冬季温室内育苗时电功率密度以 100~130W/m² 为宜。

总功率 是指苗床或栽培床需要电热加温的总功率。总功率可以用电功率密度乘以面积来确定，即：

$$总功率(W) = 电功率密度(W/m^2) \times 苗床或栽培床总面积(m^2)$$

电热线数量 可根据总功率和每根电热线的额定功率来确定，即：

$$电热线数量(根) = 总功率(W) / 额定功率(W/根)$$

由于电热线不能剪断，因此计算出来的电热线数量必须取整数。

(4) 砂石覆盖

用大小不等的卵石和粗砂分层覆盖在土壤表面而成砂田。砂田可分为旱砂田和水砂田两种。旱砂田主要分布于高原和沟谷中,以种植粮食作物为主。水砂田分布于水源充足的地方,以种植蔬菜和瓜果为主。

①砂石的铺设　铺设砂田是一项费时、费工的农田基本建设,一般每公顷砂田用工 900~1200 个,用砂量 10 万~20 万 kg。在铺设前要进行土壤翻耕,并施足底肥、压实,铺砂后一般土壤不再翻耕,但有时前茬作物采收后进行翻砂,以多积蓄雨水,有利于下茬作物生长。旱砂田的铺砂厚度一般为 10~16cm,其使用年限可达 40~60 年;水砂田的铺砂厚度一般为 5~7cm,使用年限为 4~5 年。

因砂田使用年限较长,因此必须注意质量,具体应注意以下几个方面:底田要平整,并要做到"三犁三耙"并镇压,使其外实内松;施足基肥,一般每公顷施有机肥 3.75 万~7.5 万 kg,并需追施氮、磷、钾无机肥;选用含土少、色深、松散的适宜砂子,以及表面棱角少而圆滑、直径在 8cm 以下的卵石,砂、石比例以 6∶4 或 5∶5 为宜;铺砂厚度要均匀一致,旱砂田或气候干旱、蒸发量大的地区应厚些,水砂田或气候阴凉、雨水较多的地区应适当薄些;整地时应修好防洪沟渠,使排水通畅。

②砂田覆盖的作用

保水性能显著　因砂粒空隙大,降雨后雨水立刻渗入地下,减少了地表径流,增加了土壤含水量。

增加土壤温度　因砂、石凸凹不平,白天砂、石增温较快,并使其热量不断地传导到土层中,加快了土壤增温速度。

保肥和抑制杂草　砂田地表径流很少,因此具有保肥作用。此外,砂、石覆盖后,也可减少杂草的危害。

③砂田的应用　低温干旱地区可利用水砂田栽培喜温果菜类蔬菜,西北地区多栽培甜瓜、白兰瓜和西瓜等瓜果类作物。

(5) 秸秆及草、粪覆盖

①秸秆覆盖　是在畦面上或垄沟及垄台上铺一层厚 4~5cm 的农作物秸秆。秸秆覆盖具有如下作用:可保持土壤水分稳定,减少浇水次数。秸秆疏松,导热率低,因此南方地区高温季节可减少太阳辐射能向地中传导,降低土壤温度;而北方地区低温季节可减少土壤中的热量向外传导,从而保持土壤有较高的温度。可防止土壤板结和杂草丛生。覆盖秸秆后降雨时溅到植株上的泥土减少,因此减少了土传病害的侵染机会;减少土壤水分蒸发,降低空气湿度,也可起到减轻病害发生的作用。

秸秆覆盖在我国南方地区夏季蔬菜生产中应用较多;北方地区主要在浅播的小粒种子(如芹菜、香菜、韭菜、葱等的种子)播种时,为防止播种后土壤干裂而应用,也在防止越冬蔬菜受冻害时应用。

②草、粪覆盖　是在越冬蔬菜畦面上盖一层厚 4~5cm 的碎草或土粪(以马粪为宜)。一般在初冬大地封冻前(外界气温降至 -5~-4℃),且浇过封冻水的地面已见干时进行覆盖,在初春夜间气温回升到 -5~-4℃ 时撤除覆盖物。

草、粪覆盖可减轻表层土壤的冻结程度,防止越冬蔬菜受冻,同时可使土壤提前解冻,使植株提早恢复生长,达到提早采收和丰产的目的,而且可减少土壤水分蒸发,有利于土壤保墒。草、粪覆盖主要在我国北方越冬蔬菜生产中应用较多。

(6) 瓦盆和泥盆覆盖

瓦盆和泥盆覆盖是在早春夜间将瓦盆或泥盆扣在已定植的幼苗上，主要在我国西北地区一些地方应用。这种覆盖方式必须是傍晚扣上，早晨揭开并将盆放在幼苗的北侧，既可避免白天对幼苗遮光，还可防止西北风或北风吹苗，具有防风、防霜、提高温度的作用。但管理费工，保温效果也较差，只适合小面积应用。作物一般可提早定植 7~10d，提早收获 10d 左右。

(7) 浮动覆盖

浮动覆盖也称直接覆盖或飘浮覆盖，是在蔬菜播种或定植后，将轻型覆盖材料直接覆盖在作物表面，周围用绳索或土壤固定住。常用的覆盖材料主要有无纺布、遮阳网等。覆盖材料的面积要大于畦的实际面积，给作物生长留有余地。在大型落叶果树上应用时，可将覆盖物罩在树冠上，在基部用绳索固定在树干上。

浮动覆盖可提高气温 1~3℃，可使耐寒和半耐寒蔬菜栽培提早或延后 20~30d，喜温蔬菜及果树提早或延后 10~15d，在叶菜类蔬菜春提早和秋延后栽培、落叶果树春提早栽培及防止霜冻等方面应用效果较好。

12.1.2　普通保护设施

普通保护设施主要包括塑料中小拱棚与简易避雨棚、塑料大棚、日光温室等，是我国各地区园艺设施中的主要类型。

(1) 塑料中小拱棚与简易避雨棚

塑料中小拱棚（含遮阳棚）的优点是制作简单，投资少，作业方便，管理非常省事。其缺点是不适宜自动化温室设施的应用，并且劳动强度大，抗灾能力弱，增产效果不显著。其主要用于种植蔬菜、瓜果和食用菌等，也可以作为温室大棚内的辅助保温、保湿、遮阳设施。

简易避雨棚通常采用单行简易避雨棚，一般以水泥架为主，搭建成"V"形架，南北向，水泥柱间距 4.5~6.0m；柱上 1.3m 和 1.5m 处分别扎上长 60cm 和 100cm 的横梁。立柱离地 80cm 处和两端均拉一道铁丝，形成"V"形 5 道铁丝的架式，仅在植株生长的上方覆盖薄膜。其具有设施简单、投资小、见效快等优点，也通常存在不易控水和排水、叶片及幼果易受日灼和气灼、果面着色及果实成熟不均匀、雨天不便操作等缺点。

(2) 塑料大棚

塑料大棚是我国北方地区传统的保护设施，按照其内部结构用料的不同，分为竹木结构、全竹结构、钢竹混合结构、钢管焊接结构、钢管装配结构和水泥结构等。总体来说，塑料大棚造价比日光温室要低，使用期限 10 年以上，安装与拆卸简便，通风透光效果好，使用年限较长；比塑料中小拱棚保温效果好，便于机械和人工操作，主要用于瓜类果蔬的栽培。其缺点是棚内立柱过多，架面较低，不利于通风和作业，且抵抗台风和飓风风险能力差，一般不进行越冬生产。目前推广应用最多的塑料大棚是装配式镀锌薄壁钢管型大棚（简称钢管大棚）。

(3) 日光温室

日光温室为中国北方地区园艺设施十分重要的组成部分，主要用于作物的越冬保温，能够有效地解决冬、春两季中国北方地区的蔬菜、瓜果及花卉等的供应问题。日光温室依靠一定的建筑结构以及增温、蓄热、通风等环境调试设备，可以对各类环境要素如光、温、水、肥、土、气等进行人为的调节和控制，使其内作物在最适宜生长的环境中进行高效生长。不同地区日光温室结构差异非常大，与各地冬季气温关系较为密切。当前，日光温室的墙体结构及建造材料种类越来越多，温室外部覆盖物也逐步呈现出多样化，选择经济实惠、生产经营效益高的日光温室进行推广示范，对于提升日光温室种植效益尤为重要。

① 薄膜温室　结构形式有单栋和连栋，主要采用钢架结构，结合薄膜覆盖，可承受 9~10 级风。薄膜温室顶部可以为小齿型和单拱型，一般单栋跨度 6.0~8.0m、开间 4.0m、肩高 3.0~4.5m，可以添加部分功能设施和环境调控设施。使用期限 10 年以上，具有抗台风、光照充足、棚间利用率高、可结合都市休闲观光农业等优点，也存在造价高、棚内散热效果差等缺点。

② 玻璃温室　主要采用钢架结构，表面保护材料为玻璃，具有较好的透光性和耐用性，能承受恶劣天气，适用于强台风地区，可承受 12 级风。玻璃温室美观、结构多变，顶部可分为单脊、双脊等，一般单栋跨度 12m、开间 6m、肩高 6m，具有较强的支撑结构，可以添加更多功能设施和环境调控设施（如水帘、风机）。玻璃温室冬季保温能力强，适合进行葡萄冬季生产，也可以建设为观光生态温室，进行观光采摘，适合农业产业园及科研院所科普展示，但存在造价极高、耗能大、维护成本高等缺点。

12.1.3　现代化温室

现代化温室在全国各地多为玻璃或 PC 板连栋温室、塑料连栋温室。

玻璃或 PC 板连栋温室　具有自动化、智能化、机械化程度高的特点，温室内部具备保温、光照、通风和喷灌设施，可进行立体种植，属于现代化大型温室。其优点在于采光时间长，抗风和抗逆能力强；其缺点是一次性投资大，对技术和管理水平要求高。

塑料连栋温室　以钢架结构为主，主要用于种植蔬菜、瓜果和普通花卉等。其优点是使用寿命长，稳定性好，具有防雨、抗风等功能，自动化程度高；其缺点与玻璃或 PC 板连栋温室相似。一般作为玻璃或 PC 板连栋温室的替代品。

现代化温室多为智能控制温室，通过调整温度、湿度、CO_2 浓度、光照及营养液等改善或创造植物生长发育的适宜环境条件，实现作物周年生产。与普通的日光温室相比，现代化玻璃连栋温室具有空间大、密闭性好、环境稳定等特性，在生产中更容易实现机械化、自动化，同时还隔绝了外部病虫侵染，为作物的长提供了均一、稳定的环境，为生产出商品性一致的产品提供了条件。计算机环境控制系统是现代化温室作物生产中重要的组成部分。利用计算机环控系统不仅可以实时监测温室内环境的变化，还可以在计算机、手机、平板上实现对温室中温度、湿度、光照、CO_2 浓度及水肥的调控。

12.1.4　植物工厂

植物工厂是园艺设施的最高层次，其管理完全实现了机械化和自动化。植物在大型设施内进行无土栽培和立体种植，温、光、水、肥、气等均按植物生长的要求进行最优配置，不仅全部采用计算机监测控制，而且采用机器人、机械手进行全封闭的生产管理，实现从播种到收获的流水线作业，完全摆脱了自然条件的束缚。但是植物工厂建造成本过高，能源消耗过大，目前只有少数投入生产，大多正在研制之中，为以后的生产提供技术储备。

12.2　设施栽培的应用

12.2.1　种苗繁殖

在阳畦、塑料大棚、日光温室或玻璃温室内进行多种草本花卉的播种育苗，可以提高种子发芽率和成苗率。在设施栽培的条件下，菊花、香石竹等可以周年扦插，其繁殖速度是露地扦插的10~15倍，扦插的成活率提高40%~50%。组培苗的驯化也多在园艺设施内进行，可以根据不同种类、品种以及试管苗的长势对环境条件进行人工控制，有利于提高成苗率、培育壮苗。

12.2.2　周年生产

随着设施栽培技术的发展和花卉生理学研究的深入，花卉不同生长发育阶段对温度、光照、湿度等环境条件的需求日趋清晰，利用先进的温室设施，通过花期调控技术，大部分花卉的周年供应得以实现。

12.2.3　优质生产

不同种类的花卉具有不同的生态环境适应性，只有满足其生长发育不同阶段所需的环境条件，才能生产出高品质的花卉产品，并延长其最佳观赏期。良好的温室设施，有可能为温度、湿度、光照的人工控制提供保障。例如，与露地栽培相比，设施栽培的切花月季等表现出开花早、花茎长、病虫害少、一级花的比率提高等优点。在夏季高温、暴雨、台风和冬季冻害、寒害等气候条件下，先进的温室设施和栽培技术避免了灾害性气候条件造成的经济损失。

12.2.4　特化生产

花卉商品要求满足人们追求"新、奇、特"的消费心理，各种花卉栽培设施在花卉生产中的运用，使原产于南方的花卉如猪笼草、蝴蝶兰、杜鹃花、山茶等顺利进入北方市场，丰富了北方的花卉品种；通过光照、温度和湿度的生产环境控制，可使原产于北方的牡丹在春节前后花开南国。花卉设施栽培技术的成熟，可使多种花卉品种在不同区域、不同季节进行生产并就地供应，大大降低了运输销售成本，既满足了消费者需求，也为农业产业结构调整、增加农民收入提供了新途径。

12.2.5　集约化生产

设施栽培技术的发展，尤其是现代温室环境工程技术的发展，使花卉生产的专业化、集约化程度大大提高。目前，在荷兰、美国、日本等发达国家，从花卉的种苗生产到最后的产品分级、包装均可实现机械操作、自动化控制，提高了单位面积的产量和产值，人均劳动生产率大大提高。

12.3 设施栽培环境因子

12.3.1 设施内光照

设施内的光照条件不同于露地,受建筑方位、设施结构,透光屋面大小、形状,以及覆盖材料特性、干洁程度等多种因素的影响。

(1) 光照强度

设施内的光照强度一般比自然光弱,这是因为自然光是透过透明屋面覆盖材料才能进入设施内,这个过程中会由于覆盖材料的吸收、反射及覆盖材料内面结露的水珠折射、吸收等而降低透光率。尤其是在寒冷的冬、春季特别是阴雪天,透光率只有自然光的50%~70%,如果透明覆盖材料不清洁,使用时间长而染尘、老化等,透光率甚至不足自然光的50%。

(2) 光照时数

设施内的光照时数是指受光时间的长短,因设施类型而异。塑料大棚和塑料大型连栋温室因全面透光,无外覆盖,设施内的光照时数与露地基本相同。但单屋面温室内的光照时数一般比露地要短,因为在寒冷季节为了防寒保温,覆盖了蒲席、草苫,其揭盖时间直接影响设施内受光时数。在寒冷的冬季或早春,一般在日出后才揭苫,而在日落前或刚刚日落就需盖上,一天内作物受光时数7~8h,远远不能满足植物对日照时数的需求。

(3) 光质

设施内光组成(光质)也与自然光不同,主要与透明覆盖材料的性质、成分有关。以塑料薄膜为覆盖材料的温室,内部的光质与薄膜的成分、颜色等有直接关系。以玻璃或硬质塑料板材为覆盖材料,也影响设施内的光质。

(4) 光分布

露地条件下自然光的分布是均匀的,在园艺设施内则不然。受围护结构与骨架、立柱的遮光影响,设施内的光在不同位置分布是有差异的。例如,单屋面温室的后屋面及有墙的东、西、北三面都是不透光部分,在其附近或下部往往会有遮阴。朝南的透明屋面下,光照明显优于北部。据测定,设施内栽培床的前、中、后排黄瓜产量有很大的差异。前排光照条件好,产量最高,中排次之,后排最低,反映了光照分布不均匀。设施内不同部位的地面距屋面的远近不同,光照条件也不同。这种光分布的不均匀性,使得作物的生长也不一致。

12.3.2 设施内温度和湿度

(1) 温度

温度是影响植物生长发育的重要环境因子,它影响着植物体内一切生理变化。与其他环境因子比较,温度是设施栽培中相对容易调控的环境因子。

设施内温度明显高于露地,且温度分布不均匀。

(2) 湿度

设施内的湿度环境包含空气湿度和土壤湿度两个方面。

由于园艺设施内大多是密闭环境，设施内空气湿度主要受土壤水分的蒸发和植物体内水分的蒸腾影响。由于设施内作物生长势强，代谢旺盛，叶面积指数高，通过蒸腾作用释放出大量水蒸气，在密闭情况下水蒸气很快达到饱和，因此空气相对湿度比露地栽培要高得多。高湿，是设施内湿度环境的突出特点，特别是夜间，随着气温的下降，相对湿度逐渐增大，往往能达到饱和状态。

由于设施内土壤耕作层不能依靠降水来补充水分，故土壤湿度只能由灌水量、土壤毛细管上升水量、土壤蒸发量以及作物蒸腾量的大小来决定。

12.3.3 设施内气体

由于园艺设施内大多是封闭环境，空气流动性差，因此其气体构成与露地也有较大差异。

(1) 氧气

在不与外界进行气体交换的情况下，设施内白天氧气含量较高，光合作用弱；而夜间氧气含量较少，影响植物正常的呼吸作用。

(2) 二氧化碳

白天设施内二氧化碳浓度一般比露地更低，严重制约光合作用效率。夜间设施内二氧化碳含量较高，则会影响到植物正常的呼吸作用。

(3) 有害气体

设施内由于空气流动性差，有毒有害气体成分的浓度较高。

氨气　主要是由于施用未经腐熟的人粪尿、畜禽粪、饼肥等有机肥（特别是未经发酵的鸡粪），遇高温时分解发生。追施化肥不当也会引起氨气危害。氨气呈阳离子状态（NH_4^+）时被土壤吸附，可被植物根系吸收利用，但当它以气体形式从叶片气孔进入植物时，就会发生危害。当设施内空气中氨气浓度达到 $5mL/m^3$ 时，就会不同程度地危害作物。其危害症状是：叶片呈水浸状，颜色变淡，逐步变白或变褐，继而枯死。一般发生在施肥后几天。番茄、黄瓜对氨气反应敏感。

二氧化氮　是由于施用过量的铵态氮而引起的。施入土壤中的铵态氮，在亚硝化细菌和硝化细菌的作用下，要经历一个铵态氮→亚硝态氮→硝态氮的转化过程。在土壤酸化条件下，亚硝化细菌的活动受抑，亚硝态氮不能转化为硝态氮而积累产生二氧化氮。施入铵态氮越多，产生二氧化氮越多。当空气中二氧化氮浓度达 $2mL/m^3$ 时，可危害植株。危害症状是：叶面上出现白斑，以后褪绿，浓度高时叶脉也变白枯死。番茄、黄瓜、莴苣等对二氧化氮敏感。

二氧化硫　又称亚硫酸气体，是由燃烧含硫量高的煤炭或施用大量的肥料而产生的，未经腐熟的粪便及饼肥等在分解过程中也释放出多量的二氧化硫。二氧化硫遇水（或湿度高）时产生亚硫酸，亚硫酸是弱酸，能直接破坏植物的叶绿体，轻者组织失绿白化，重者组织灼伤、脱水、萎蔫枯死。

乙烯和氯气　设施内乙烯和氯气的来源主要是使用了有毒的农用塑料薄膜或塑料管。因为这些塑料制品选用的增塑剂、稳定剂不当，在阳光暴晒或高温下可挥发出如乙烯、氯气等有毒气体，危害植物生长。受害植物叶绿体解体，叶片变黄，重者叶缘或叶脉间变白枯死。

12.4　设施栽培小气候调控措施和方法

12.4.1　光照调控

园艺设施内对光照条件的要求：一是光照充足，二是光照分布均匀。我国目前主要以改善园艺设施内的自然光照条件作为光照调控手段，适当进行人工补光，而在发达国家，人工补光已成为改善园艺设施内光环境的重要手段。

(1) 改进园艺设施结构，提高透光率

①选择适宜的建筑场地及合理的建筑方位　其确定的依据是设施生产的季节、当地的自然环境(如地理纬度、海拔高度、主要风向)、周边环境(有否建筑物、有否水面、地面平整与否)等。

②设计合理的屋面角度　单屋面温室主要设计好前屋面与地面交角、后屋面仰角、后屋面长度，使其既保证透光率高，也兼顾保温性好。连接屋面温室屋面角要保证尽量多进光，还要防风、防雨(雪)，使排雨(雪)水顺畅。

③选择合理的透明屋面形状　生产实践证明，拱圆形屋面采光效果好。

④骨架材料选择　在保证温室结构强度的前提下尽量用细材，以减少骨架遮阴；如果是钢材骨架，可取消立柱，以减少骨架、梁柱等材料的遮阴，对改善光环境很有利。

⑤选用透光率和透光保持率高的透明覆盖材料　我国以塑料薄膜为主，应选用防雾滴且持效期长、耐老化性强的优质多功能薄膜以及漫反射节能膜、防尘膜、光转换膜等。大型连栋温室，有条件的可选用玻璃或质量好的硬质塑料板材。

(2) 改进管理措施

①保持屋面干洁　使塑料薄膜屋面的外表面少染尘，经常清扫以增加透光，内表面应通过放风等措施减少结露(水珠凝结)，防止光的折射，提高透光率。

②增加光照时间　在保温的前提下，尽可能早揭晚盖外保温和内保温覆盖物，增加光照时间。在阴天或雪天，也应揭开不透明的覆盖物，揭开时间越长越好(同样也要在防寒保温的前提下)，以增加散射光的透过率。双层膜温室，可将内层改为白天能拉开的活动膜，以利于光线透过。

③合理密植、安排种植行向　为减少作物间的遮阴，种植密度不可过大，否则作物在设施内会因高温、弱光发生徒长。作物行向以南北行向较好。若是东西行向，则行距要加大。单屋面温室的栽培床高度要南低北高。

④加强植株管理　对黄瓜、番茄等高秧作物及时整枝打杈，及时吊蔓或插架。进入盛产期时还应及时将下部老化的或过多的叶片摘除，以防止上、下部叶片互相遮阴。

⑤选用耐弱光品种。

⑥覆盖地膜　有利于地面反光，增加植株下层光照。

⑦利用反光　在单屋面温室北墙张挂反光幕(板)，可使反光幕(板)前光照增加40%~44%，有效范围达3m。

⑧采用有色覆盖材料　目的在于利用不同的光质，以满足某种作物或某个发育时期对该光质的需要，达到高产、优质的目的。但有色覆盖材料透光率偏低，只有在光照充足的

前提下改变光质才能获得较好的效果。

12.4.2 温度调控

园艺设施内温度的调节和控制包括保温、加温和降温 3 个方面。温度调控要求达到适宜植物生长发育的设定温度，温度的空间分布均匀，时间变化平缓。

(1) 保温

在不加温的情况下，夜间设施内空气的热量来源是地中蓄热，热量散失的方式是贯流放热和换气放热。

保温原理：减少向设施内表面的对流传热和辐射传热；减少覆盖材料自身的热传导散热；减少设施外表面向大气的对流传热和辐射传热；减少覆盖面漏风而引起的换气传热。

保温措施：增加保温覆盖的层数，采用隔热性能好的保温覆盖材料，以提高设施的气密性，减少向设施内表面的对流传热和辐射传热，且减少覆盖材料自身的热传导散热；采用大棚内套小棚、小棚外套中棚、大棚两侧加草苫，以及固定式双层大棚、大棚内加活动式保温幕等多层覆盖方法；适当降低园艺设施的高度，缩小夜间保护设施的散热面积，有利于提高设施内昼夜的气温和地温；经常保持覆盖材料干洁，增加白天土壤贮存的热量，土壤表面不宜过湿，并进行地面覆盖，以减少土壤水分蒸发和作物蒸腾量。

(2) 加温

随着外界气温的下降，可用人工加温的方法补充设施内放出的热量，而使其内维持一定的温度。我国北方地区进行园艺作物越冬栽培，要在严寒的冬季保证作物的正常生长发育，须进行加温，尤其对不能进行外覆盖保温的连栋温室更是必要。

①加温设计要求　为了既能使设施内的作物正常生长发育，又节省能源、降低成本，提高经济效益，在加温设计上必须满足如下要求：a. 加温设备的容量，应能保持室内的温度（地温、气温）达到设定温度。b. 设备费用和加温费要尽量少。据测算，现代化连栋温室的加温费可占年生产运行费的 50%~60%，相当可观，因此必须尽量节省加温费，否则难以获得经济效益。c. 设施内温度空间分布均匀，时间变化平稳，因此要求加热设备配置合理，调节能力强。d. 加温设备占地少，便于栽培作业。

②加温方式　温室和大棚冬、春季地温低，往往不能满足植物对地温的要求。提高地温有 3 种方法，即酿热物加温、电热加温和水暖加温。

酿热物加温　是用马粪、厩肥、稻草、落叶等填入栽培床内，用水分控制其发酵过程进而控制产生的热量的加温方式。该法在管理上凭经验掌握，产热持续时间短，地温不容易空间分布均匀，所以生产中用得不多。

电热加温　使用专用的电热线加热，埋设和撤除都较方便，热能利用效率高，采用控温仪容易实现高精度控制，但耗电多、电热线耐用年限短，因此一般只用于育苗床。

水暖加温　在地下 40cm 左右埋设塑料管道，用 40~50℃ 温水循环，对提高地温有明显效果，并可节省燃料。

(3) 降温

生产上主要采用以下几种方法。

通风换气降温法　设施内降温最简单的途径是通风，通风包括自然通风和强制通风。

自然通风效果与通风窗面积、位置、结构形式等有关。通常温室均设有天窗和侧窗，采用"扒缝"的方式通风换气降温。日光温室后墙上还应设通风窗，以利于春、夏季温度升高后与前屋面下风口对流通风。大棚跨度超过10m时顶部应留有通风口，一般通过卷膜器卷膜放风。大型连栋温室因其容积大，当自然通风后室内温度仍在30℃以上时，需强制通风降温。

遮光降温法 在塑料拱棚和日光温室进行夏季生产时，通常在设施骨架上采用遮光率为30%~80%的黑色或灰色遮阳网遮阳降温，室温相应可降低4~6℃。对于大型连栋温室，分外遮阳与内遮阳。前者在离温室大棚屋顶40cm左右高处张挂透气性黑色或灰色遮阳网，遮光率60%左右时，室温可降低4~6℃，降温效果显著。后者在顶部通风条件下张挂保温兼遮阳的通气性XLS遮阳保温幕，这是由高反射型铝箔和透光型聚酯薄膜各宽4mm的条带通过聚酯纤维纱线以一定方式编织而成，铝箔能反射90%以上太阳辐射，夏季内遮阳降温，冬季则有保温的效果。但在室内挂遮光幕，降温效果比挂在室外差。另外，也可在屋顶表面及立面玻璃上喷涂白色遮光物，但遮光降温效果略差。

屋面流水降温法 流水层可吸收投射到屋面的太阳辐射8%左右，并能用水吸热冷却屋面，室温可降低3~4℃。采用此方法时需考虑安装费和清除玻璃表面的水垢污染问题，水质硬的地区需对水质做软化处理后再使用。

湿垫排风法 在温室进风口内设10cm厚的纸垫窗或棕毛垫窗，不断用水将其淋湿，并在温室另一端用排风扇抽风，使进入室内的空气先通过湿垫窗被冷却再进入室内。一般可使室内温度降到湿球温度。但当室内距离过长时，室内常常降温不均匀，而且当外界湿度大时降温效果差。

细雾降温法 在室内高处喷以直径小于0.05mm的浮游性细雾，用强制通风气流使细雾到达全室，喷雾适当时室内可均匀降温。

屋顶喷雾法 在整个屋顶外面不断喷雾，使屋面下冷却后的空气向下对流。该法降温效果不如通风换气降温法与蒸发冷却法相配合的好。

采用湿垫排风法和屋顶喷雾法，水质不好时，需进行水质处理，否则蒸发后留下的水垢会堵塞喷头和湿垫。

12.4.3 湿度调控

(1) 空气湿度调节的目的

设施内空气湿度一般较大，且较易达到饱和，因此空气湿度调节方式主要是除湿。除湿的目的可归纳如下(表12-1)。

表12-1 除湿的目的

发生时间	直接目的		最终目的
早晨、夜间	防止作物沾湿	防止结露	防止病害
全天		防止屋面、保温幕上水滴下落	防止病害
早晨、傍晚		防止发生雾	防止病害
夜间		防止水分残留	防止病害

(续)

发生时间	直接目的		最终目的
全天	调控空气湿度	调控饱和差（叶温或空气饱和差）	促进蒸发和蒸腾；控制徒长；提高着花率，防止裂果；促进养分吸收，防止生理障碍
全天		调控相对湿度	促进蒸发和蒸腾；改善植株生长势，防止徒长；防止病害
全天		调控露点温度、绝对湿度	防止结露
白天		调控湿球温度	调控叶温

(2) 除湿方法

通风换气 设施内高湿是密闭所致。为了防止室温过高或湿度过大，在不加温的设施里进行通风，其降湿效果显著。一般采用自然通风，通过调节风口大小、通风时间和位置，达到降低室内湿度的目的，但通风量不易掌握，而且室内降湿不均匀。在有条件时，可采用强制通风，由风机功率和通风时间计算出通风量，便于精准控制。

加温除湿 湿度的控制既要考虑植物的生长时期，又要注意病害发生和消长的临界湿度，保持叶片表面不结露。

覆盖地膜 可有效减少土壤水分蒸发。覆膜前夜间空气湿度高达95%~100%，而覆膜后则下降到75%~80%。

选择合适的灌溉方式 采用滴灌、渗灌或膜下暗灌，能够节水增温，减少水分蒸发，降低空气湿度。

采用吸湿材料 在设施内张挂或铺设有良好吸湿性的材料，用以吸收空气中的水汽或者承接薄膜滴落的水滴，可有效防止空气湿度过高和植物沾湿，特别是可防止水滴直接滴落到植物上。如大型温室和连栋大棚内部顶端设置的具有良好吸湿性能的保温幕，以及普通钢管大棚或竹木大棚内部张挂的无纺布幕等，均能起到自然吸湿降温的作用。也可以在地面覆盖稻草、稻壳、麦秸等吸湿性材料，达到自然吸湿降温的目的。

12.4.4 气体调控

(1) CO_2 施用浓度

从光合作用的角度，接近饱和点的 CO_2 浓度为最适施肥浓度，但是 CO_2 饱和点受植物、环境等多种因素制约，在实际操作中很难掌握，而且施用饱和点浓度的 CO_2，在经济方面也不划算。通常以800~1500mL/L作为多数作物的推荐施肥浓度，具体依植物种类、生育时期及光照和温度条件等而定。如晴天和温度高时施肥浓度宜高，阴天和冬季低温弱光时施肥浓度宜低。CO_2 施用浓度过高易引起植物生长异常，产生叶片失绿黄化、卷曲畸形和坏死等症状。

(2) CO_2 施用时间及作物的生育阶段

CO_2 施肥必须在一定的光照强度和温度下进行。即在其他条件适宜，只因 CO_2 不足而影响光合作用时施用，才能发挥良好的效果。一般在上午，随着光照的加强，设施内的 CO_2 因被作物吸收而浓度迅速下降，这时应及时进行 CO_2 施肥。冬季（11月至翌年2月）

CO_2 施肥时间约为 9:00,东北地区可适当延后,可在温室内见光后 1h 左右进行,春、秋两季可适当提前。中午设施内温度过高,需要进行通风,可在通风前 0.5h 停止施用,下午一般不施用。施用的最佳生育期随植物种类而异,一般施用 CO_2 促进光合作用的效果取决于温室的大小,在植物器官形成速度快的时期施用效果较显著。

(3) CO_2 来源

CO_2 肥源及其生产成本,是决定在设施生产中能否推广及应用的关键问题。CO_2 来源有以下几种途径:

有机肥或作物秸秆发酵　依靠有机物分解产生 CO_2,肥源丰富,成本低,简单易行,但 CO_2 的发生较为集中,且发生量不便调控。

燃烧碳氢化合物　依靠燃烧煤油、天然气或液化石油气等燃料获得 CO_2。燃烧 1L 煤油可产生 2.5kg(约 1.27m^3) CO_2 和 33 440kJ 热量。要求燃烧后的气体中的 SO_2 及 CO 等有害气体不能超过对植物产生危害的浓度,因此要求燃料纯净,并采用专用的 CO_2 发生器。CO_2 发生器通常由燃烧筒、燃烧器、送风机和控制装置组成,燃烧产生的 CO_2 由送风机吹送扩散到设施内,该法容易控制,但成本较高,在国外采用较多,国内应用较少。

燃烧普通燃煤或焦炭　燃料来源容易,一般 1kg 煤燃烧后产生 2~4kg 的 CO_2,因此费用低廉;但燃烧中常产生 SO_2 及 CO 等有害气体,不能直接作为气肥使用。图 12-3 为国内厂家开发的采用普通燃煤的 CO_2 施肥设备,在使用中将普通煤炉燃烧的烟气经过过滤器除掉粉尘和煤焦油等成分,再用气泵送入反应室,烟气通入特制的溶液中,通过化学反应吸收有害气体后,输出洁净的 CO_2。

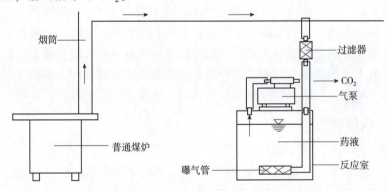

图 12-3　采用普通燃煤的温室 CO_2 施肥设备

液态 CO_2　作为乙醇工业等的副产品,CO_2 经压缩为液态后盛于钢瓶内,使用时打开阀门释放到设施内。为了能方便地控制,应在钢瓶出口处装设压力调节阀,将 CO_2 压力降至 0.1~0.15MPa 后释放。在采用自动控制系统时,还需增设电磁阀,根据温室内 CO_2 传感器检测的 CO_2 浓度和施用浓度的要求,控制电磁阀自动施用。为使 CO_2 在温室内均匀扩散,需采用管道输送。可采用直径 8~10mm 的塑料管,沿管长每隔 0.8~1m 开设小孔,并在温室内采用循环风机使空气流动,以促进 CO_2 均匀扩散。这种方式使用简便,便于控制,费用也较低,适合附近有液态 CO_2 副产品供应的地区使用。

单元小结

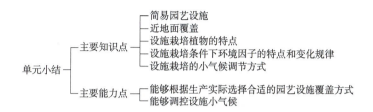

知识拓展

1. 现代化大型连栋塑料温室和玻璃温室

现代化大型连栋塑料温室和玻璃温室是近几年来在国内得到较快发展的新型园艺设施,其内部空间大,一般顶高3.5~5.5m,面积至少1000m²,大的可达几万平方米。内部可根据需要配置温度、湿度管理和灌溉等栽培所需的各类现代化设施,但投资较大,一般根据配套设施情况每亩需投资10万~30万元不等。这类现代化园艺设施大多分布于大中城市农业科技示范园,主要用于高档蔬菜的栽培、农业高新技术的示范及休闲观光农业。

智能连栋玻璃温室中使用的栽培方式是无土高效栽培,通过水肥一体化系统进行灌溉。生产过程中营养液管理有两个重要指标:EC值和pH。

2. 智能环境控制系统

目前世界上有三大主流环境控制系统,分别是普瑞瓦系统(Priva,荷兰)、豪根道系统(Hoogendoorn,荷兰)和骑士系统(Ridder,荷兰)。这三大环境系统属于计算机环境控制系统,是智能温室作物生产中重要的组成部分。不仅可以实时监测温室内环境的变化,还可以在计算机、手机上实现对温室中温度、湿度、光照、CO_2浓度及水肥的调控。

实践教学

实训12-1 设施内小气候观测

【实训目的】

通过小气候观测,了解小气候观测的原理、观测仪器及其安装方法;掌握辐射、空气温度、风等气象要素垂直梯度观测方法;学会整理小气候观测资料,分析小气候要素形成的原因;揭示不同下垫面小气候特征,了解不同下垫面产生的小气候效应,以便进一步改善小气候环境;学会思考小气候研究的意义,学会搜集相关文献。

【材料及工具】

照度计、空气温湿度计、曲管地温表、电动风速仪、天空辐射表、直接辐射表、三杯轻便风向风速表、便携式红外二氧化碳分析仪。

【方法和步骤】

1. 测点概况及描述

测点是方圆5m皆无他物的平直裸地，由人工浇水。测点北10m左右有一栋两层小楼，是气象站主楼。

2. 观测项目

直接辐射、散射辐射、反射辐射、总辐射；20cm和1.5m的空气温度、湿度；1m高度的风向、风速；0~20cm的土壤温度，地面最高及普通温度；气压。

3. 观测方法

每个正点所有气象要素都要观测一次。利用天空辐射表和直接辐射表观测直接辐射、散射辐射、反射辐射；利用三杯轻便风向风速表观测1m高度的风向、风速；用曲管地温表观测地面和0~20cm土壤温度。

【作业】

按要求撰写实验报告，根据观测数据绘出设施内、外温度和湿度的日变化曲线图。

【考核评估】

着重考核操作过程中的主动性和完成实训任务的科学性、小组成员的配合与协调性、实训报告的完整性和创新性。操作过程成绩占50%，小组汇报成绩占10%，实训作业成绩占40%。

思考题

1. 园艺设施的类型有哪些？
2. 地面简易覆盖的管理要点是什么？
3. 温室环境因子的特点是什么？
4. 如何对温室环境因子进行调控？

单元 13 植物群落与生态系统构建

> **学习目标**

>> 知识目标

1. 理解种群的概念、种群的数量特征及其表征意义。
2. 掌握群落的概念、群落的基本特征及常见植物类群。
3. 理解生态系统的成分、结构和功能。
4. 掌握生物因子之间的生态关系。

>> 技能目标

1. 能根据种群的数据特征分析种群的动态与保护措施。
2. 能根据群落种类组成理论分析当地现有园林植物群落种类组成的合理性。
3. 能根据群落的结构特征判断当地园林植物群落结构的优劣。
4. 能阐述生态系统的成分、功能及各成分之间的联系。
5. 能分析当前常见的环境问题,并用生态系统理论分析可能的成因。

> **课前预习**

1. 为什么城市园林建设要栽种不同种类的植物?
2. 城市园林生态系统包括哪些因素?它们之间的关系如何?

13.1 种群与群落

自然界没有一个生物个体能够长期单独存在,它们总是与自己的同类生活在一起,同时或多或少地与其他生物有着直接或间接联系。

13.1.1 种群

(1) 种群的概念

种群是在一定空间中同种个体的组合。这是种群最一般的定义,表示种群是由同种个体组成的,占有一定的领域,是同种个体通过种内关系组成的一个统一体或系统。种群往往与研究者的研究目的以及范围有关,可大至全世界的蓝鲸种群,也可小至一块草地上的蒲公英种群。如果一个种群是由同一种植物组成的,就是植物种群;如果是由同一种动物组成的,则是动物种群。

(2) 种群的动态

在自然界,种群往往分布在一定的空间范围,具有一定的数量或密度,由不同年龄阶段和性别比例的个体组成,种群的数量随着时间的变化会发生波动。自然界中的种群数量在时间与空间上的变动规律就是种群的动态。

影响种群数量变动的外部因素有食物、天敌、气候等。食物与天敌在一定程度上能够调控种群的大小。食物丰富、天敌少,种群数量大;食物贫乏、天敌多,种群数量少。对种群影响最强烈的外部因素是气候,特别是极端的温度和湿度条件。超出种群忍受范围的环境条件可能对种群产生灾难性的影响,因为它会影响种群内个体的生长、发育、生殖、迁移和散布,甚至会导致局部种群的毁灭。一般来说,气候对种群的影响是不规律的和不可预测的。种群数量的急剧变化常常直接同温度、湿度的变化有关。

出生率、死亡率、迁入率、迁出率、年龄结构和性别比例等因素决定种群的繁殖特性,属于内部因素。当某一物种出生率高、死亡率低、年龄结构与性别比例合理,而外界环境不限制或较少限制其生长、发育时,该种群数量会逐渐增大,直到环境资源被大量消耗而不能继续支撑时为止。

(3) 种群的进化

物种为了个体与种群的续存,在漫长的历史过程中形成了各种特有的生殖、取食、逃避、扩散等对策。有些生物,通常出生率低、寿命长、个体大、具有完善的保护后代的机制,一般扩散能力较弱,但竞争能力较强,即把有限的能量资源投入提高竞争能力上,如大熊猫、虎豹等珍稀动物以及红松等植物,称为K-对策者。有些生物出生率高、寿命短、个体小,一般缺乏保护后代的机制,竞争力弱,但一般具有很强的扩散能力,一有机会就入侵新的栖息生境,并通过高增殖能力迅速增殖,如飞蓬、看麦娘以及昆虫等,称为r-对策者。

r-对策者是以提高增殖能力和扩散能力取得生存机会,而K-对策者以提高竞争能力获得优胜。在一定范围内,r-对策者与K-对策者是一个相对的概念。r-对策的概念已被应用于杂草、害虫等的防除。一般来说,K-对策者灭绝的风险相对较高,是动植物保护中需要特别关注的物种。

(4) 种群平衡、衰退与生态入侵

种群始终有个体出生和死亡、迁入与迁出,环境也具有一定的波动与周期,因此种群数量在不断的变化之中。但各个种群的数量一般均有一个平均水平,当种群数量偏高时,就有重新返回原有水平的倾向,这就是种群的平衡。

当种群长久处于不利条件下,如在人类过度捕猎或栖息地被破坏的情况下,种群数量会出现持久性下降,种群会发生衰退,甚至灭亡。一些个体大、出生率低、生长慢、成熟晚的生物(即K-对策者)最易出现这种情况。

当人类有意识或无意识地把某种生物带入适宜于其栖息和繁衍的地区后,种群不断扩大,分布区逐步稳定地扩展,最终会造成生态入侵。这些被引进的物种就是外来物种,如大米草、水葫芦等植物，给我国的生态环境以及农林业带来严重的危害。

生态入侵的途径主要有4种：

自然传播 种子或病毒通过风、水流或飞禽等相关方式传播。

贸易渠道传播 物种通过附着或夹带在国际贸易的货物、包装、运输工具上，借货物在世界范围内广泛发散性地流转而广为传播。

旅客携带物传播 因旅客从境外带回的水果、食品、种子、花卉、苗木等带有病虫、杂草等造成外来物种在境内的定植与传播。

人为引种传播 由于人们对引入地的生态系统缺乏足够的认识，引入物种后致使引入地生态系统失衡，造成物种灭绝和巨大的经济损失。

外来物种入侵的过程通常分为4个阶段：侵入、定居、适应和扩散。侵入阶段，生物离开原生存地到达一个新环境。定居阶段，生物到达入侵地后进行了繁殖，且至少完成了一个世代。适应阶段，该种生物已繁殖了几代，虽然种群增长较慢，但每一代都对新环境的适应能力有所增强。扩散阶段，入侵生物已基本适应新环境，种群已具备有利的年龄结构和两性比例以及具有快速增长和扩散的能力。

在中国3万多种高等植物中，已知的外来物种就有近百种。它们分布在草原、林地、水域或湿地，生长在农田、荒地或铁路、公路两侧，与本地植物竞争土壤、水分和生存空间，造成了本地生物种类的下降或灭绝。更有甚者，严重威胁自然保护区的建设和发展，有些有毒植物造成当地牲畜死亡或生存力下降，同时还在气候、土壤、水分、有机物等方面产生连锁反应。

13.1.2 群落

(1) 群落的概念

自然界植物的分布不是杂乱无章的，而是遵循一定的规律集合成群落，每个群落都有特定的外貌。生物群落可定义为特定空间或特定生境下生物种群有规律的组合，它们之间以及它们与环境之间彼此影响，互相作用，具有一定的形态结构和营养结构，执行一定的功能。可以说，一个生态系统中具生命的部分即生物群落。如果研究对象是一定空间内的植物集合，那么这个集合体就是一个植物群落；若关注的焦点是一定空间内的动物集合，则该集合体即是一个动物群落。在自然界中，植物、动物、微生物等各物种的种群是有规律地组合在一起，密不可分地形成稳定的群落。

(2) 群落的特征

一个生物群落往往具有一定的种类组成，以及一定的结构、动态与分布范围，组成群落的物种之间是相互影响的，共同形成特有的群落环境。

①群落的种类组成 每个群落都是由一定的植物、动物和微生物种群组成的。种类组成是区别不同群落的首要特征，在一定程度上反映出群落的性质。以我国亚热带常绿阔叶林为例，乔木层的优势种类总是由壳斗科、樟科和山茶科植物构成，在下层则由杜鹃花科、山茶科、冬青科等植物构成。群落中的每一种生物都具有自己的位置与作用，可以根据各个种在群落中的作用而划分群落成员型。

优势种和建群种 对群落的结构和群落环境的形成具有明显控制作用的植物种称为优

势种，它们通常个体数量多、投影盖度大、生物量高、体积较大、生活能力较强，即优势度较大的种。群落的不同层次可以有各自的优势种，如森林群落中，乔木层、灌木层、草本层和地被层分别存在各自的优势种。其中，乔木层的优势种（即优势层的优势种）常称为建群种。

优势种对整个群落具有控制性影响，如果把群落中的优势种去除，必然导致群落性质和环境的变化。因此，不仅要保护珍稀濒危植物，也要保护优势植物，它们对生态系统的稳态起着举足轻重的作用。

亚优势种 个体数量与作用都次于优势种，但在决定群落性质和控制群落环境方面仍起着一定作用的植物种。

伴生种 为群落的常见种类，它与优势种相伴存在，但不起主要作用。

偶见种或罕见种 是在群落中出现频率很低的种类，多半是由于种群本身数量稀少的缘故。偶见种可能偶然地由人们带入或随着某种条件的改变而侵入群落中，也可能是衰退中的残遗种。有些偶见种的出现具有生态指示意义，有的还可作为地方性特征种来看待。

群落中种类成分的多少及每种的个体数量是度量群落多样性的基础。随着纬度的增加，或者随着海拔的增高，物种多样性有逐渐减少的趋势。在海洋或淡水水体，物种多样性随着深度增加有降低的趋势。

②群落的结构特点 生物群落是生态系统的一个结构单位，它本身除具有一定的种类组成外，还具有一系列的结构特点。

A. 群落的空间结构 是指群落的所有种类及其个体在空间中的配置状态，主要包括垂直结构与水平结构。

垂直结构 是指群落的垂直分化或成层现象。陆地群落的分层与光的利用有关。森林群落的林冠层吸收了大部分光辐射，往下光照强度渐减，依次发展为林冠层、下木层、灌木层、草本层和地被层等层次。群落的垂直结构保证了群落对环境条件的充分利用。群落的成层性包括地上成层与地下成层。

水平结构 是指群落在空间上的水平分化或镶嵌现象。环境因子在空间上的分布往往不均匀，地形的变化、土壤湿度和盐渍化程度的差异以及人与动物的影响，使群落在外形上表现为斑块镶嵌。

B. 群落的时间结构 群落结构随着时间的周期性变化而相应地发生更替，这就是群落的时间结构。时间结构是群落结构在时间上的分化或配置，它主要是由层片结构的季节性变化等引起的。群落结构是群落中相互作用的种群在协同进化中形成的。

③群落的动态 生物群落是生态系统中具生命的部分，生命的特征是不停地运动与变化，群落也是如此。一个植物群落形成后，会有一个发育过程，一般可把这个过程划分为三个时期，即群落发育的初期、盛期和末期，直到被另一个群落替代。其间群落会有一些变化，主要有季节性变化、年际变化和种群的更新等。

例如，一块农田弃耕休闲后，初期的1~2年内会出现大量的一年生和二年生的田间杂草。随后多年生植物开始侵入并逐渐定居下来，田间杂草的生长和繁殖开始受到抑制。随着时间的进一步推移，多年生植物取得优势地位，一个具备特定结构和功能的植物群落逐渐形成。相应地，适应于这个植物群落的动物区系和微生物区系也逐渐稳定下来。整个生物群落向前发展，当它达到与当地的环境条件特别是气候和土壤条件相适应的时候，成为稳定的群落。在草原地带，这个群落将恢复到原生草原群落；在森林地带，这个群落将进一步发展成为森林群落。

从弃耕地上出现先锋群落到稳定的群落的演变，是一个连续不断的变化过程。所谓生物群落演替，就是指某一地段上一种生物群落被另一种生物群落所取代的过程。它是植物群落动态的一个最重要的特征。植物群落演替因分类依据的不同可以划分为多种类型，其中，按照演替发生的时间进程，可分为世纪演替、长期演替、快速演替。世纪演替是指延续时间相当长久的一般以地质年代计算的演替。世纪演替常伴随气候的历史变迁或地貌的大规模改造而发生。长期演替延续达几十年，有时达几百年。快速演替延续几年或十几年，如农田弃耕地的恢复演替即为快速演替。

按照演替发生的起始条件划分，植物群落演替可以分为原生演替和次生演替。原生演替指开始于原生裸地或原生芜原（完全没有植被并且没有任何植物繁殖体存在的裸露地段）上的群落演替。次生演替指开始于次生裸地或次生芜原（不存在植被，但在土壤或基质中保留有植物繁殖体的裸地）上的群落演替。

按照基质的性质，植物群落演替可以分为水生演替和旱生演替。演替开始于水生环境中，但一般都发展为陆地群落，如淡水湖或池塘中水生群落向中生群落的转变过程称为水生演替。水生演替通常经过以下几个阶段：自我漂浮植物阶段、沉水植物阶段、浮叶根生植物阶段、直立水生植物阶段、湿生草本植物阶段、木本植物阶段，演替从水生生境趋向最终的中生生境。旱生演替是从岩石表面开始的，一般经过以下几个阶段：地衣植物阶段、苔藓植物阶段、草本植物阶段、木本植物阶段，演替使旱生生境变为中生生境。

群落受环境条件（特别是气候）的影响呈现周期性变化，如春季发芽开花、秋冬枯黄落叶等，这就是群落的季节动态。不同年度之间，生物群落常有明显的变动，这就是群落的年际动态。这种变动多数是由于群落所在地区气候条件的不规则变动引起的。

④群落的分布范围与边界特征　生物群落的分布受地理位置、气候、地形、土壤等因素的影响。任一群落都分布在特定地段或特定生境上，不同群落的生境和分布范围不同。无论是从全球范围看，还是从区域角度讲，不同生物群落都是按照一定的规律分布的。有些群落具有明显的边界，可以清楚地加以区分；有的则不具有明显的边界，而处于连续变化中。在多数情况下，不同群落之间都存在过渡带。

由于太阳高度角的差异，地球表面的热量随纬度的变化而变化，从赤道向北极依次出现热带雨林、亚热带常绿阔叶林、温带落叶阔叶林、北方针叶林和苔原等地带性生物群落类型，这种现象称为纬向地带性。

在北美大陆和欧亚大陆，水分随着距离海洋的远近以及大气环流和洋流特点而变化，沿着经度方向依次出现沿海湿润区森林、半干旱草原和干旱区荒漠等生物群落类型。这种从沿海向内陆方向呈带状发生的有规律的更替称为经度地带性。

随着海拔高度的增加，温度下降，降水呈现先增加后下降的趋势，生物群落也发生有规律地更替，称为垂直地带性。

(3) 常见植物群落类型

地球上因 3 种（三向）地带性的作用，以及其他区域性条件的影响，分布着各种各样的植物群落类型，下面简要介绍其中的几种主要类型。

热带雨林 一般分布在赤道南、北 5~100km 的范围内。群落内具有丰富的植物种类（尤其是乔木），可分为亚洲雨林、美洲雨林和非洲雨林 3 个群系，以亚洲雨林最为丰富，中国雨林处于亚洲雨林北缘。乔木层最高可达 60~80m。群落层次结构复杂，仅乔木层就可分 3 层以上。

亚热带常绿阔叶林 是亚热带地区的地带性植被类型。种类组成没有热带雨林丰富，以樟科、壳斗科、山茶科、木兰科、金缕梅科为群落优势种。结构比热带雨林简单，乔木层分 2~3 层。除欧洲和南极洲外各大洲均有分布，并集中分布在我国亚热带。我国 23°~34°N 的地区广泛分布着常绿阔叶林，又可分为南亚热带季风常绿阔叶林、中亚热带典型常绿阔叶林、北亚热带常绿落叶阔叶混交林 3 种，其中以中亚热带常绿阔叶林最为典型。

温带落叶阔叶林 为温带地区的地带性植被类型。构成乔木层的全为冬季落叶的喜光阔叶树种，季相变化明显。群落结构简单，乔木层多为一层。在世界上分布极为广泛，包括北美大西洋沿岸、西欧和中欧、东亚三大区域。我国的落叶阔叶林可分为典型落叶阔叶林、山地杨桦林和河岸落叶阔叶林 3 类。

寒温带针叶林 是寒温带的地带性植被类型。乔木层优势种为松柏类针叶树种，群落结构更简单。有明亮针叶林和阴暗针叶林之分。明亮针叶林优势种为松属和落叶松属种类，群落较稀疏，林下明亮；阴暗针叶林优势种为云杉、冷杉属种类，群落较郁闭，林下阴暗。针叶林在欧亚大陆和北美分布很广。

温带草原 是温带半干旱地区的地带性植被，由多年生耐低温的旱生草本植物（主要是禾本科植物）构成。草原的分布很广，在欧亚大陆、北美中部、南美南部以及非洲南部等地均有大面积分布。我国的草原可分为草甸草原、典型草原、荒漠草原和高寒草原。

荒漠 是极旱生的稀疏植被，其组成者是一系列特别耐旱的极旱生植物。荒漠按气候条件可分为热带亚热带荒漠、暖温带荒漠、寒温带荒漠、北极高山荒漠等。

冻原 是寒带的典型植被，在高山树线以上则存在着高山冻原。冻原植物种类贫乏，以苔藓和地衣占优势，并散生有一些灌木或小灌木。冻原在欧洲大陆和北美均有分布，中国没有极地冻原而有高山冻原。

13.2　生态系统

13.2.1　生态系统概念及其特性

生态系统是英国生态学家 Tansley 于 1935 年首先提出来的，指在一定的空间内生物成分和非生物成分通过物质循环和能量流动相互作用、相互依存而构成的一个生态学功能单位。它把生物及其非生物环境看成是互相影响、彼此依存的统一整体。

生态系统无论是自然的还是人工的，都具有下列共同特性：生态系统是生态学上的一个主要结构和功能单位，属于生态学研究的最高层次；生态系统内部具有自我调节能力，其结构越复杂，物种数越多，自我调节能力越强；能量流动、物质循环是生态系统的两大功能；生态系统营养级的数目因生产者固定能值所限及能流过程中能量的损失，一般不超过 6 个；生态系统是一个动态系统，要经历一个从简单到复杂、从不成熟到成熟的发育过程。

13.2.2 生态系统组成成分及三大功能类群

(1) 生态系统的组成成分

任何一个生态系统，都是由生物成分和非生物环境两部分组成的。生态系统中的生物成分包括植物、动物和微生物。非生物环境是生态系统中生物赖以生存的物质和能量的源泉，也是生物活动的场所。主要包括光、热量、水、空气、土壤、岩石等，也可以概括为驱动整个生态系统运转的能源和热量等气候因子、生物生长的基质和媒介、生物生长代谢的材料3个方面。

生态系统中的生物成分和非生物环境是密切交织在一起、彼此互相作用的。土壤系统就是这种相互作用的一个典型实例。植物的根系对土壤有很大的固定作用，并能大大减缓土壤的侵蚀过程。动植物的残体经过细菌、真菌和无脊椎动物的分解作用而变为土壤中的腐殖质，增加了土壤的肥沃性，反过来又为植物根系的发育提供了各种营养物质。

(2) 生态系统的功能类群

生态系统中的生物成分按其在生态系统中的作用可划分为三大类群，即生产者、消费者和分解者，被称为生态系统的三大功能类群。

生产者 指能利用简单的无机物质制造食物的自养生物，是生态系统中最基本和最关键的生物成分。包括所有绿色植物、蓝藻、绿藻和少数化能合成细菌等自养生物，这些生物可以通过光合作用或化能合成作用把水和二氧化碳等无机物合成为糖类、蛋白质和脂肪等有机化合物，并把太阳辐射能转化为化学能，贮存在合成的有机物的分子键中，不仅为自身的生长和繁殖提供营养物质和能量，而且其所制造的有机物质也是消费者和分解者唯一的能量来源。生态系统中的消费者和分解者是直接或间接依赖生产者生存的，没有生产者，也就不会有消费者和分解者。

消费者 是指依靠其他生物为食的动物，它们归根结底都是依靠植物为食。直接以植物为食的动物称为植食动物，又称为一级消费者；以植食动物为食的动物称为肉食动物，也称为二级消费者；其后还有三级消费者、四级消费者直到顶级消费者。消费者也包括既以植物为食也以动物为食的杂食动物。消费者还包括寄生生物，寄生生物靠取食其他生物的组织、营养物和分泌物为生。

分解者 在生态系统中的基本功能是把动植物死亡后的残体分解为比较简单的化合物，最终分解为最简单的无机物并把它们释放到环境中，供生产者重新吸收和利用。主要是细菌和真菌，也包括某些原生动物和蚯蚓、白蚁、秃鹫等腐食性动物。由于分解过程对于物质循环和能量流动具有非常重要的意义，所以分解者在任何生态系统中都是不可缺少的成分。如果生态系统中没有分解者，动植物遗体和残遗有机物很快就会堆积起来，影响物质的再循环过程，生态系统中的各种营养物质很快就会发生短缺并导致整个生态系统的瓦解和崩溃。

13.2.3 生态系统中生物因子之间的生态关系

生态系统中的生物因子在漫长的进化过程中相互适应，彼此之间发生复杂的相互关系。在这些关系中，发生在不同种生物之间的关系称为种间关系，发生在同种生物个体间的关系称为种内关系。根据其作用方式和机制，生物个体间通过接触来实现的关系称为直接关系，如寄生关系；相互分离的生物个体通过环境条件而发生的相互影响称为间接关系，如竞争关系。了解生物间的相互关系，对增加生物多样性，进而提高生态系统的稳定性具有重要意义。

(1) 植物间的相互关系

植物间的相互关系对于在同一环境中生长的植物而言，可能对一方或双方有利，也可能对一方或双方有害。

①营养关系

寄生　是指一种植物从另一种植物的体内或体表摄取营养和水分以维持生命的现象。被寄生的植物为寄主植物，从寄主体内吸取营养的植物为寄生植物。营寄生生活的高等植物可分为全寄生和半寄生两类。全寄生植物的叶绿素完全退化，无光合能力，因此营养完全来源于寄主植物，如菟丝子。半寄生植物体内含有叶绿素，能进行光合作用，但根系发育不良或完全没有根，所以水和无机盐类营养需从寄主植物体内获取，在没有寄主时则停止生长，如槲寄生和桑寄生。

根连生　密度大的植物群落中，植物根系有时相互连接在一起，这种现象称为根连生。根连生到一定程度以后，两个根系连生的个体间能够彼此交换营养和水分，促进生长发育，同时也容易相互感染病菌。健康的优势树木也能通过根连生夺取其他树木的养分和水分，造成其他树木生长衰退。

依存关系　任何植物的生存都会改变其周围的环境，一般表现为遮阴、降低温度、增加湿度等，而改变了的环境正是其相邻的植物的生存环境。如在植物群落中，高大的乔木为耐阴喜湿的灌木或草本植物创造适宜的生长环境，而灌木、草本植物的枯落物被微生物分解后为乔木提供营养物质。

②机械性相互关系

附生　指的是一种植物定居在另一种植物表面的现象。附生植物与被附生植物只在定居的空间上发生联系，它们之间没有营养物质的交流。如附生在树木上的地衣、苔藓、蕨类和兰科植物，它们通过自身的光合作用制造自己所需的有机养料，矿质元素、水分则从降水、尘埃或腐烂树皮中获得。

缠绕　指一些攀缘藤本植物本身茎不能直立，利用其他的树干作为机械支撑，从而获得更多光照的生活方式。若藤本植物生长过于茂盛，会与被缠绕树木竞争光照，影响树木的光合作用，还会使树干输导组织受阻、树干弯曲变形。

绞杀　绞杀植物最初只是像附生植物一样附着在树木的枝干上，而后一方面像藤本植物一样向上攀登与树木争夺阳光，另一方面又长出气根扎入土壤与树木争夺矿质营养，同时气根形成网状包围住被附生树木的树干，并逐渐愈合成绞杀植物自己的树干，最后被附生树木得不到阳光和矿质营养而死去，绞杀植物则形成了一株新的大树。

树干挤压　指林内两个树干部分或大部分紧密接触互相挤压的现象。树干挤压会造成摩擦，损害形成层，随着两个树干的进一步发育，也有可能互相连接，长成一体。

树冠摩擦　是指树枝受风的影响而产生的互相碰撞、摩擦。

③化感作用　也称异株克生、他感作用，指植物通过向周围环境中释放化学物质对邻近植物产生直接或间接影响的现象。植物的化感物质以酚类化合物和烯萜类为主，它们通

过挥发、根分泌、雨水淋溶和残体分解等途径释放出来，对其他植物的生长发育产生抑制或促进作用。

④资源竞争关系　是指植物间为争夺环境中的能量和环境资源而发生的相互作用。这种现象只有在它们的需求超过共同资源的供应时才发生，在种间和种内都存在。在种间，具有相似生态习性的植物种之间的竞争最为剧烈。在种内，由于个体间有完全相同的生态习性，因此竞争的激烈程度远远大于种间。植物间的竞争主要表现在对水分、营养、光、空间等的争夺上。

(2) 植物与动物间的关系

动物也是生态系统的组成成分，它们与植物间相互作用、相互影响。植物为动物提供了食物和栖息场所，动物对植物的生长发育、繁殖等也起着重要作用。

①营养关系　动物与植物之间互为营养关系。任何动物都直接或间接以植物为食，而动物的残体则是植物的重要养分来源之一。有些动物通过翻动、粉碎有机物，促进了土壤有机质分解，为植物提供了更多的有效养分。

②传粉关系　有些植物靠动物传播花粉。如地球上有90%的有花植物是虫媒植物，依靠昆虫传粉，还有些植物依靠蝙蝠和鸟类传粉，其中大约有2000种鸟类能传粉。

③种子散播关系　许多植物依靠动物散播种子，甚至有些种子只有经过鸟类的肠胃才能解除休眠而发芽。有些小粒种子常常通过蚂蚁的搬动而传播。有些种子外面生有刺毛、倒钩或能分泌黏液，可以黏附到动物的毛羽上传播到远方。有些植物的果实色彩鲜艳、香甜多汁，吸引动物来取食，以达到扩散种子的目的。

(3) 植物与微生物间的关系

互利共生　指植物与微生物共同生活在一起，相互依赖，对双方都有利的关系。如兰科、松科等许多高等植物与真菌共生形成菌根，菌根的菌丝体在土壤中分枝很多，能够分解有机物，改良土壤，促进植物根系新陈代谢并保护根系，而真菌从高等植物根中吸收糖类和其他有机化合物或利用其根分泌物，二者互利共生。

13.2.4　物质和能量在生态系统中的传递

(1) 食物链和食物网

在任何生态系统中都存在着两种最主要的食物链，即捕食食物链和碎屑食物链。前者是以活的动植物为起点的食物链，植物所固定的能量通过一系列的取食和被取食关系在生态系统中传递。后者是以死生物或腐屑为起点的食物链。在大多数陆生生态系统和浅水生态系统中，生物量的大部分不是被取食，而是死后被微生物所分解，因此能量是通过碎屑食物链为主传递的。据研究，一个杨树林的生物量除6%是被动物取食外，其余94%都是在枯死后被分解者所分解。在草原生态系统中，被家畜吃掉的牧草通常不到1/4，其余部分也是在枯死后被分解者分解的。

在生态系统中，生物之间实际的取食和被取食关系并不像食物链所表现的那么简单，如食虫鸟不仅捕食瓢虫，还捕食蝶、蛾等多种无脊椎动物，而食虫鸟本身不仅被鹰隼捕食，也是猫头鹰的捕食对象，甚至鸟卵也常常成为鼠类或其他动物的食物。可见，生态系统中的生物之间通过取食和被取食关系存在着一种错综复杂的普遍联系，这种联系像是一个无形的网把所有生物都包括在内，使它们彼此之间都有着某种直接或间接的关系，这就是食物网。

一个复杂的食物网是使生态系统保持稳定的重要条件。一般认为，食物网越复杂，生态系统抵抗外力干扰的能力就越强。在一个具有复杂食物网的生态系统中，一般不会由于一种生物的消失而引起整个生态系统的失调，但是任何一种生物的绝灭都会在不同程度上使生态系统的稳定性有所下降。当一个生态系统的食物网变得非常简单的时候，任何外力（环境的改变）都可能引起这个生态系统发生剧烈的变动。

(2) 营养级和初级生产量

自然界中的食物链和食物网反映了物种和物种之间的营养关系，这种关系是错综复杂的。至今生态学家已经绘出了许多复杂的食物网，但是还没有一种食物网能够如实地反映出自然界食物网的复杂性。为了使生物之间复杂的营养关系变得更加简明及便于进行定量的能流分析和物质循环的研究，提出营养级的概念。

一个营养级是指处于食物链某一环节上的所有生物种的总和，因此营养级之间的关系是指处于不同营养层次上的生物之间的关系。例如，作为生产者的绿色植物和其他所有自养生物都位于食物链的起点，即食物链的第一环节，它们构成了第一营养级。所有以生产者（主要是绿色植物）为食的动物都属于第二营养级，即植食动物营养级。第三营养级包括所有以植食动物为食的肉食动物。以此类推，还可以有第四营养级和第五营养级等。

生态系统中的能量流动主要开始于绿色植物光合作用过程中对太阳能的固定。因为这是生态系统能量流动过程中的第一次能量固定，所以所固定的太阳能或所制造的有机物质就称为初级生产量或第一性生产量。初级生产量通常是用每年每平方米所生产的有机物质干重或每年每平方米所固定能量值表示，所以也可称为初级生产力。动物和其他异养生物虽然也能制造有机物质和固定能量，但它们不是直接利用太阳能，而是依靠消耗植物的初级生产量，因此动物和其他异养生物的生产量称为次级生产量或第二性生产量。

(3) 生态系统的能量流动和物质循环

能量是一切生命活动的基础。生态系统的重要功能之一就是能量流动。生态系统的能量流动具有以下两个重要特点：生态系统中的能量流动是单方向和不可逆转的；能量在流动过程中逐渐减少。

在每一个营养级，生物的新陈代谢活动都会消耗相当多的能量，这些能量最终都将以热的形式散失到周围空间中。一般来说，生态系统中的能量在沿着捕食食物链传递的过程中，从一个营养级到另一个营养级的转化效率为 5% ~ 30%。平均来说，从植物到植食动物的转化效率大约是 10%，从植食动物到肉食动物的转化效率大约是 15%。由于受能量传递效率的限制，营养级的位置越高，归属于这个营养级的生物种类和数量就越少，当少到一定程度的时候，就不可能再维持另一个营养级中生物的生存。这也是为什么地球上的植物要比动物多得多，植食动物要比肉食动物多得多，一级肉食动物要比二级肉食动物多得多。越是处在食物链顶端的动物，数量越少，生物量越少，能量也越少，而顶位肉食动物数量最少。因此，食物链一般都很短，通常只由 4~5 个营养级构成，很少有超过 6 个营养级的。最简单的食物链由 3 个营养级构成，如草—兔—狐狸。

生命的维持不仅依赖于能量的供应，而且也依赖于各种化学元素的供应。生态系统中的物质循环又称为生物地化循环。物质循环的性质与能量流动不同。能量流经生态系统最终以热的形式消散，能量流动是单方向的，因此生态系统必须不断地从外界获得能量。而物质的流动是循环式的，各种物质都以可被植物利用的形式重返环境。能量流动和物质循环都是借助生物之间的取食过程而进行的，这两个过程是密切相关、不可分割的，因为能量是储存在有机分子的化学键内，当能量通过呼吸过程被释放出来的时候，该有机化合物就被分解并以较简单的物质形式重新释放到环境中去。

能量流动和物质循环是生态系统的两个基本过程，正是这两个基本过程，使生态系统各个营养级之间和各种物质成分之间组成一个完整的功能单位。

13.2.5 生态系统的生态平衡与反馈调节

生态系统的一个很重要的特点就是它常常趋向于达到一种稳态或平衡状态，使系统内的所有成分彼此相互协调。生态系统通过发育和自我调节所达到的这种稳定状态称为生态平衡，包括结构上的稳定、功能上的稳定和能量输入及输出上的稳定。生态平衡是一种动态平衡，因为能量流动和物质循环总在不间断地进行，生物个体也在不断地进行更新。在自然条件下，生态系统总是朝着种类多样化、结构复杂化和功能完善化的方向发展，直到生态系统达到成熟的最稳定状态为止。

生态系统的另一个重要特性是存在着反馈现象。当生态系统中某一成分发生变化的时候，必然会引起其他成分出现一系列的相应变化，这些变化最终又反过来影响最初发生变化的那种成分，这个过程就称为反馈。负反馈是生态系统常见的一种反馈，它的作用是能够使生态系统达到和保持平衡或稳态，反馈的结果是抑制和减弱最初发生变化的那种成分所发生的变化。例如，如果草原上的食草动物因为迁入而增加，植物就会因为受到过度啃食而减少，植物数量减少后，反过来就会抑制食草动物的数量。

13.2.6 生态危机与环境问题

当生态系统达到平衡的最稳定状态时，能够自我调节和维持自己的正常功能，并能在很大程度上克服和消除外来的干扰而保持自身的稳定性。但是，生态系统的这种自我调节能力是有一定限度的，当外来干扰因素(如火山爆发、地震、泥石流、人类修建大型工程、排放有毒物质、喷洒大量农药、人为引入或消灭某些生物等)超过一定限度的时候，生态系统的自我调节能力就会受到损害，从而引起生态失调，导致各种环境问题，甚至发生生态危机。

生态危机是指由于人类盲目活动而导致局部地区甚至整个生物圈结构和功能的失衡，从而威胁到人类生存。生态平衡失调的初期往往不容易被察觉，如果一旦发展到出现生态危机，就很难在短期内恢复生态平衡。

目前，纷繁复杂的环境问题大致可以分为两类：一类是因工业生产、交通运输和生活排放的有毒有害物质而引起的环境污染；另一类是由于对自然资源的不合理开发利用而引起的生态环境的破坏。其中，比较突出的全球性环境问题有气候变暖、臭氧层破坏、空气污染、酸雨、水土流失、土壤污染、水污染、沙漠化等。为了正确处理人与自然的关系，必须认识到整个人类赖以生存的生物圈是一个高度复杂的具有自我调节功能的生态系统，保持这个生态系统结构和功能的稳定是人类生存和发展的基础。

单元小结

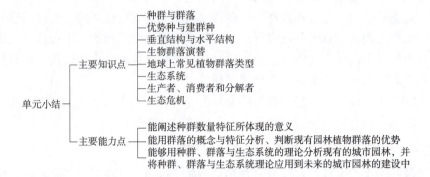

知识拓展

1. 生物多样性

生物多样性指的是地球上生物圈中所有的生物即动物、植物、微生物等与环境形成的生态复合体以及与此相关的各种生态过程的总和。它包含三个层次：遗传多样性、物种多样性和生态系统多样性。生物多样性是地球上的生命经过几十亿年发展进化的结果，是人类赖以生存的物质基础。

为了保护全球的生物多样性，1992 年在巴西的里约热内卢召开的联合国环境与发展大会上，150 多个国家签署了《生物多样性公约》。1994 年 12 月，联合国大会通过决议，将每年的 12 月 29 日定为"国际生物多样性日"，以提高人们对保护生物多样性重要性的认识。2001 年将每年的"国际生物多样性日"改为 5 月 22 日。

《生物多样性公约》是一项保护地球生物资源的国际性公约。该公约是一项有法律约束力的公约，旨在保护濒临灭绝的植物和动物，最大限度地保护地球上多种多样的生物资源，以造福于当代和子孙后代。该公约规定，发达国家将以赠送或转让的方式向发展中国家提供新的补充资金以补偿它们为保护生物资源而日益增加的费用，应以更实惠的方式向发展中国家转让技术，从而为保护世界上的生物资源提供便利；签约国应为本国境内的植物和野生动物编目造册，制订计划保护濒危的动植物；建立金融机构以帮助发展中国家实施清点和保护动植物的计划；使用其他国家自然资源的国家要与提供资源的国家分享研究成果、盈利和技术。

中国于 1992 年 6 月 11 日签署该公约，1993 年 1 月 5 日交存加入书。

2. 外来物种与物种入侵

外来物种也就是非本地物种，是指那些出现在其自然分布范围以外或在没有直接（或间接）引入或人类照顾之下而不能存在的生物种类，可以分为有益物种和有害物种两类。许多农作物、家畜和园林植物就属于前者，如玉米、马铃薯、辣椒、番茄等。有害物种会对当地生态环境、生物多样性、农林牧渔业的生产乃至人类健康造成危害，引起经济损失和生态灾难，形成生物入侵，故而也称为外来入侵种。事实上，我国地域辽阔，栖息地类型繁多，生态系统多样，大多数外来物种都很容易在我国找到适宜的生长繁殖地，这也使得我国较容易遭受外来物种的入侵。

以水葫芦(学名凤眼莲)为例,其引进我国一方面是为了满足短缺的牧草供应,另一方面是为了净化水体。但是,当水葫芦进入我国的水域之后,却对生活的水域采取了野蛮的封锁策略,它不仅挡住阳光,导致水下的植物得不到足够的光照而死亡,还破坏了水下动物的食物链,导致水生动物死亡。同时,人类的水上运输也受到水葫芦的困扰,大、小船只都不能在水葫芦所在的水域里来去自由。每到夏季,水葫芦就快速繁殖。由于其具有富集重金属的能力,其残体沉入水底形成高重金属含量层,这会直接杀伤底栖生物。

除了入侵植物,还有入侵动物、入侵微生物,外来物种的生物入侵就像是一场没有硝烟的生物战争。

总结起来,物种入侵的危害主要有三个方面:一是造成农林产品产量和品质的下降,并增加了成本;二是对生物多样性造成影响,特别是侵占了本地物种的生存空间,造成本地物种濒危和死亡;三是对人畜健康和贸易造成影响。因此,对于全球来说,全力抵御外来物种入侵的工作已刻不容缓。

实践教学

实训13-1 种群与群落认知

【实训目的】

了解种群、群落及其特征。

【材料及用具】

记录笔、记录纸(表)等。

【方法及步骤】

分小组进行操作:

(1)分别在选定环境条件下选择相应的种群,调查种群的组成成分、结构、数量特征。

(2)讨论种群的数量特征、影响种群数量的因素、种群与周围环境的相互关系等,分析种群的发展趋势、种群的进化策略等,并形成小组报告。

(3)在选定环境条件下选择相应的植物群落,调查群落的植物种类、群落成员型、群落的结构和环境等。

(4)讨论群落的组成、群落环境特征、群落中组成成分之间的相互影响、群落的结构、群落的类型、群落的动态变化等,并形成小组报告。

(5)小组汇报。

【作业】

种群与群落观察分析实训报告(每人一份)。

【考核评估】

着重考核操作过程中的主动性和完成实训任务的科学性、小组成员的配合与协调性、实训报告的完整性和创新性。操作过程成绩占50%,小组汇报成绩占10%,个人实训作业成绩占40%。

实训13-2　生态系统组成与结构、功能的观察分析

【实训目的】

了解生态系统的组成、结构与功能。

【材料及用具】

记录笔、记录纸(表)等。

【方法与步骤】

分小组进行操作：

(1)分别在特定环境条件下选定相应的生态系统，观察生态系统的组成、结构与功能。

(2)讨论生态系统的组成，分析生态系统中的生产者、消费者和分解者，分析并绘制生态系统中存在的食物链与食物网，阐述生态系统中的营养级与初级生产量，分析生态系统中的能量流动与物质循环。

(3)以某一物种为例，分析生态系统中这一物种与其他物种之间的生态关系，并绘制生态关系图。

(4)找出生态系统目前存在的问题，并形成小组提交报告。

(5)小组汇报。

【作业】

生态系统观察分析实训报告(每人一份)。

【考核评估】

着重考核操作过程中的主动性和完成实训任务的科学性、小组成员的配合与协调性、实训报告的完整性和创新性。操作过程成绩占50%，小组汇报成绩占10%，个人实训作业成绩占40%。

思考题

1. 简述种群的概念以及影响种群数量的因素。
2. 简述群落的基本特征。
3. 简述世界上主要的植物群落类型、分布及其特征。
4. 简述生态系统的功能类群及其作用。
5. 简述生态系统中生物因子之间的生态关系。
6. 简述生态系统的能量流动与物质循环过程。

参考文献

白由路，2015. 植物营养与肥料研究的回顾与展望[J]. 中国农业科学，48(17)：3477-3492.
陈忠辉，2007. 植物与植物生理[M]. 北京：中国农业出版社.
崔玲华，2005. 植物学基础[M]. 北京：中国林业出版社.
崔晓阳，方怀龙，2001. 城市绿地土壤及其管理[M]. 北京：中国林业出版社.
付豪，2020. 温度与光照强度对红心杉幼苗光合特性的影响[J]. 中南林业科技大学学报，40(7)：73-78.
关继东，李岩岩，张新山，2014. 植物生长与环境[M]. 2版. 北京：科学出版社.
郭学望，包满珠，2004. 园林树木栽植养护学[M]. 2版. 北京：中国林业出版社.
胡慧蓉，田昆，2012. 土壤与实验指导教程[M]. 北京：中国林业出版社.
姜汉侨，2004. 植物生态学[M]. 北京：高等教育出版社.
蒋高明，2004. 植物生理生态学[M]. 北京：高等教育出版社.
金为民，2001. 土壤肥料[M]. 北京：中国农业出版社.
金银根，2006. 植物学[M]. 北京：科学出版社.
劳秀荣，2000. 花卉施肥手册[M]. 北京：中国农业出版社.
冷平生，2003. 园林生态学[M]. 北京：中国农业出版社.
李小川，2002. 园林植物环境[M]. 北京：中国林业出版社.
廖飞勇，2010. 风景园林生态学[M]. 北京：中国林业出版社.
林大仪，2002. 土壤学[M]. 北京：中国林业出版社.
刘常富，陈伟，2003. 园林生态学[M]. 北京：科学出版社.
刘畅，2016. 植物反射光谱对水分生理变化响应的研究进展[J]. 植物生态学报，40(1)：80-91.
刘跃建，2002. 森林环境[M]. 北京：高等教育出版社.
路文静，2011. 植物生理学[M]. 北京：中国林业出版社.
马冬梅，2014. 植物生长环境调控[M]. 天津：天津大学出版社.
强胜，2006. 植物学[M]. 北京：高等教育出版社.
宋纯鹏，2015. 植物生理学[M]. 北京：科学出版社.
宋志伟，2011. 植物生长环境[M]. 北京：中国农业大学出版社.
唐文跃，李晔，2006. 园林生态学[M]. 北京：中国科学技术出版社.
唐祥宁，2006. 园林植物环境[M]. 重庆：重庆大学出版社.
王晶英，2003. 植物生理生化实验技术与原理[M]. 哈尔滨：东北林业大学出版社.
王三根，2013. 植物生理学[M]. 北京：科学出版社.
王衍安，2002. 植物与植物生理[M]. 北京：高等教育出版社.
韦三立，2001. 花卉无土栽培[M]. 北京：中国林业出版社.
武吉华，张绅，江源，等，2004. 植物地理学[M]. 4版. 北京：高等教育出版社.
武维华，2003. 植物生理学[M]. 北京：科学出版社.
肖金香，穆彪，胡飞，2009. 农业气象学[M]. 2版. 北京：高等教育出版社.
徐荣，2008. 园林植物环境[M]. 北京：中国建筑工业出版社.
徐师华，2002. 蔬菜栽培设施内的小气候观测[J]. 中国蔬菜(1)：56-58.
薛建辉，2005. 森林生态学[M]. 北京：中国林业出版社.
杨先芬，2001. 花卉施肥技术手册[M]. 北京：中国林业出版社.

杨玉珍，2010. 植物生理学[M]. 北京：化学工业出版社.
张慎举，2009. 土壤肥料学[M]. 北京：化学工业出版社.
张新中，2007. 植物生理学[M]. 北京：化学工业出版社.
张志轩，2014. 园艺设施[M]. 重庆：重庆大学出版社.
周健民，2013. 土壤学大辞典[M]. 北京：科学出版社.
朱建军，张娟，2020. 植物水分生理中几个争议性问题的理论分析[J]. 植物生理学报，56(7)：1329-1336.
卓开荣，逮昀，2010. 园林植物生长环境[M]. 北京：化学工业出版社.
邹良栋，2002. 植物生长与环境[M]. 北京：高等教育出版社.
邹秀华，2014. 植物生理生化[M]. 重庆：重庆大学出版社.
Li Yadong, 2020. Carbon dots as light converter for plan photosynthesis: Augmenting light coverage and quantum yield effect[J]. Journal of Hazardous Materials, 124534.
Martin-Avila Elena, 2020. Modifying plant photosynthesis and growth via simultaneous chloroplast transformation of rubisco large and small subunits[J]. The Plant Cell, 9(32): 2898-2916.